"十四五"国家重点出版物出版规划项目·重大出版工程

—— 中国学科及前沿领域2035发展战略丛书

学术引领系列

国家科学思想库

中国生物学 2035发展战略

"中国学科及前沿领域发展战略研究（2021—2035）"项目组

科学出版社

北 京

内 容 简 介

生物学是研究生物体的基本特征、探索生命活动基本规律和生命现象本质的科学,是当前科学研究发展迅速的前沿领域之一。生物学研究关系到生命与健康保障、农业及粮食安全、环境与生态文明等多个方面,是国计民生、战略安全和可持续发展的重大保障。《中国生物学2035发展战略》系统阐述了生物学科的科学意义与发展现状,分析学科发展态势,提出了我国生物学及相关分支学科和领域2021~2035年的发展思路与方向,关键科学问题、发展目标和优先发展领域,并提出了促进学科发展的相关政策措施建议。

本书为相关领域战略与管理专家、科技工作者、企业研发人员及高校师生提供了研究指引,为科研管理部门提供了决策参考,也是社会公众了解生物学学科发展现状及趋势的重要读本。

图书在版编目(CIP)数据

中国生物学2035发展战略/"中国学科及前沿领域发展战略研究(2021—2035)"项目组编. —北京:科学出版社,2023.5
(中国学科及前沿领域2035发展战略丛书)
ISBN 978-7-03-074779-2

Ⅰ.①中… Ⅱ.①中… Ⅲ.①生物学-发展战略-研究-中国 Ⅳ.①Q

中国国家版本馆CIP数据核字(2023)第019505号

丛书策划:侯俊琳 朱萍萍
责任编辑:刘红晋 / 责任校对:韩 杨
责任印制:师艳茹 / 封面设计:有道文化

科学出版社 出版
北京东黄城根北街16号
邮政编码:100717
http://www.sciencep.com
中国科学院印刷厂 印刷
科学出版社发行 各地新华书店经销
*
2023年5月第 一 版 开本:720×1000 1/16
2023年5月第一次印刷 印张:20 1/2
字数:346 000

定价:138.00元
(如有印装质量问题,我社负责调换)

"中国学科及前沿领域发展战略研究（2021—2035）"

联合领导小组

组　长　常　进　李静海

副组长　包信和　韩　宇

成　员　高鸿钧　张　涛　裴　钢　朱日祥　郭　雷
　　　　杨　卫　王笃金　杨永峰　王　岩　姚玉鹏
　　　　董国轩　杨俊林　徐岩英　于　晟　王岐东
　　　　刘　克　刘作仪　孙瑞娟　陈拥军

联合工作组

组　长　杨永峰　姚玉鹏

成　员　范英杰　孙　粒　刘益宏　王佳佳　马　强
　　　　马新勇　王　勇　缪　航　彭晴晴

《中国生物学 2035 发展战略》

编 写 组

组　　长　陈晔光

学术秘书　朱　冰

成　　员

于贵瑞	王天明	王立平	王秀杰	王宏伟
王泽峰	王海滨	王　韵	元英进	牛书丽
方　方	孔宏智	龙　勉	东秀珠	冯新华
杜卫国	李劲松	杨元合	杨运桂	宋保亮
陈良怡	范　明	罗凌飞	赵世民	胡小玉
聂广军	徐　涛	蒋争凡	程　功	鲁林荣
解慧琪	薛红卫	魏辅文	瞿礼嘉	

总　序

　　党的二十大胜利召开，吹响了以中国式现代化全面推进中华民族伟大复兴的前进号角。习近平总书记强调"教育、科技、人才是全面建设社会主义现代化国家的基础性、战略性支撑"[①]，明确要求到 2035 年要建成教育强国、科技强国、人才强国。新时代新征程对科技界提出了更高的要求。当前，世界科学技术发展日新月异，不断开辟新的认知疆域，并成为带动经济社会发展的核心变量，新一轮科技革命和产业变革正处于蓄势跃迁、快速迭代的关键阶段。开展面向 2035 年的中国学科及前沿领域发展战略研究，紧扣国家战略需求，研判科技发展大势，擘画战略、锚定方向，找准学科发展路径与方向，找准科技创新的主攻方向和突破口，对于实现全面建成社会主义现代化"两步走"战略目标具有重要意义。

　　当前，应对全球性重大挑战和转变科学研究范式是当代科学的时代特征之一。为此，各国政府不断调整和完善科技创新战略与政策，强化战略科技力量部署，支持科技前沿态势研判，加强重点领域研发投入，并积极培育战略新兴产业，从而保证国际竞争实力。

　　擘画战略、锚定方向是抢抓科技革命先机的必然之策。当前，新一轮科技革命蓬勃兴起，科学发展呈现相互渗透和重新会聚的趋

---

① 习近平. 高举中国特色社会主义伟大旗帜 为全面建设社会主义现代化国家而团结奋斗——在中国共产党第二十次全国代表大会上的报告. 北京：人民出版社，2022：33.

势，在科学逐渐分化与系统持续整合的反复过程中，新的学科增长点不断产生，并且衍生出一系列新兴交叉学科和前沿领域。随着知识生产的不断积累和新兴交叉学科的相继涌现，学科体系和布局也在动态调整，构建符合知识体系逻辑结构并促进知识与应用融通的协调可持续发展的学科体系尤为重要。

擘画战略、锚定方向是我国科技事业不断取得历史性成就的成功经验。科技创新一直是党和国家治国理政的核心内容。特别是党的十八大以来，以习近平同志为核心的党中央明确了我国建成世界科技强国的"三步走"路线图，实施了《国家创新驱动发展战略纲要》，持续加强原始创新，并将着力点放在解决关键核心技术背后的科学问题上。习近平总书记深刻指出："基础研究是整个科学体系的源头。要瞄准世界科技前沿，抓住大趋势，下好'先手棋'，打好基础、储备长远，甘于坐冷板凳，勇于做栽树人、挖井人，实现前瞻性基础研究、引领性原创成果重大突破，夯实世界科技强国建设的根基。"①

作为国家在科学技术方面最高咨询机构的中国科学院（简称中科院）和国家支持基础研究主渠道的国家自然科学基金委员会（简称自然科学基金委），在夯实学科基础、加强学科建设、引领科学研究发展方面担负着重要的责任。早在新中国成立初期，中科院学部即组织全国有关专家研究编制了《1956—1967年科学技术发展远景规划》。该规划的实施，实现了"两弹一星"研制等一系列重大突破，为新中国逐步形成科学技术研究体系奠定了基础。自然科学基金委自成立以来，通过学科发展战略研究，服务于科学基金的资助与管理，不断夯实国家知识基础，增进基础研究面向国家需求的能力。2009年，自然科学基金委和中科院联合启动了"2011—2020年中国学科发展

---

① 习近平. 努力成为世界主要科学中心和创新高地 [EB/OL]. (2021-03-15). http://www.qstheory.cn/dukan/qs/2021-03/15/c_1127209130.htm[2022-03-22].

战略研究"。2012 年，双方形成联合开展学科发展战略研究的常态化机制，持续研判科技发展态势，为我国科技创新领域的方向选择提供科学思想、路径选择和跨越的蓝图。

联合开展"中国学科及前沿领域发展战略研究（2021—2035）"，是中科院和自然科学基金委落实新时代"两步走"战略的具体实践。我们面向 2035 年国家发展目标，结合科技发展新特征，进行了系统设计，从三个方面组织研究工作：一是总论研究，对面向 2035 年的中国学科及前沿领域发展进行了概括和论述，内容包括学科的历史演进及其发展的驱动力、前沿领域的发展特征及其与社会的关联、学科与前沿领域的区别和联系、世界科学发展的整体态势，并汇总了各个学科及前沿领域的发展趋势、关键科学问题和重点方向；二是自然科学基础学科研究，主要针对科学基金资助体系中的重点学科开展战略研究，内容包括学科的科学意义与战略价值、发展规律与研究特点、发展现状与发展态势、发展思路与发展方向、资助机制与政策建议等；三是前沿领域研究，针对尚未形成学科规模、不具备明确学科属性的前沿交叉、新兴和关键核心技术领域开展战略研究，内容包括相关领域的战略价值、关键科学问题与核心技术问题、我国在相关领域的研究基础与条件、我国在相关领域的发展思路与政策建议等。

三年多来，400 多位院士、3000 多位专家，围绕总论、数学等18 个学科和量子物质与应用等 19 个前沿领域问题，坚持突出前瞻布局、补齐发展短板、坚定创新自信、统筹分工协作的原则，开展了深入全面的战略研究工作，取得了一批重要成果，也形成了共识性结论。一是国家战略需求和技术要素成为当前学科及前沿领域发展的主要驱动力之一。有组织的科学研究及源于技术的广泛带动效应，实质化地推动了学科前沿的演进，夯实了科技发展的基础，促进了人才的培养，并衍生出更多新的学科生长点。二是学科及前沿领域的发展促进深层次交叉融通。学科及前沿领域的发展越来越呈现出多学科相互渗透的发展态势。某一类学科领域采用的研究策略和技术体系所产生的基础理论与方法论成果，可以作为共同的知识基础适用于不同学科领域的多个研究方向。三是科研范式正在经历深刻变革。解决系统性复杂问题成为当前科学发展的主要目标，导致相应的研究内容、方法和范畴等的改变，形成科学研究的多层次、多尺度、动态化的基本特征。数据驱动的科研模式有力地推动了新时代科研范式的变革。四是科学与社会的互动更加密切。发展学科及前沿领域愈加重要，与此同时，"互联网＋"正在改变科学交流生态，并且重塑了科学的边界，开放获取、开放科学、公众科学等都使得越来越多的非专业人士有机会参与到科学活动中来。

"中国学科及前沿领域发展战略研究（2021—2035）"系列成果以"中国学科及前沿领域2035发展战略丛书"的形式出版，纳入"国家科学思想库－学术引领系列"陆续出版。希望本丛书的出版，能够为科技界、产业界的专家学者和技术人员提供研究指引，为科研管理部门提供决策参考，为科学基金深化改革、"十四五"发展规划实施、国家科学政策制定提供有力支撑。

在本丛书即将付梓之际，我们衷心感谢为学科及前沿领域发展战略研究付出心血的院士专家，感谢在咨询、审读和管理支撑服务方面付出辛劳的同志，感谢参与项目组织和管理工作的中科院学部的丁仲礼、秦大河、王恩哥、朱道本、陈宜瑜、傅伯杰、李树深、李婷、苏荣辉、石兵、李鹏飞、钱莹洁、薛淮、冯霞，自然科学基金委的王长锐、韩智勇、邹立尧、冯雪莲、黎明、张兆田、杨列勋、高阵雨。学科及前沿领域发展战略研究是一项长期、系统的工作，对学科及前沿领域发展趋势的研判，对关键科学问题的凝练，对发展思路及方向的把握，对战略布局的谋划等，都需要一个不断深化、积累、完善的过程。我们由衷地希望更多院士专家参与到未来的学科及前沿领域发展战略研究中来，汇聚专家智慧，不断提升凝练科学问题的能力，为推动科研范式变革，促进基础研究高质量发展，把科技的命脉牢牢掌握在自己手中，服务支撑我国高水平科技自立自强和建设世界科技强国夯实根基做出更大贡献。

"中国学科及前沿领域发展战略研究（2021—2035）"

联合领导小组

2023 年 3 月

前　言

　　生物学是研究生物体的基本特征，探索生命活动基本规律和生命现象本质的科学。随着 20 世纪分子生物学的发展，现代生物学的研究范式从宏观向微观、从外在描述向机理阐明，涌现出的大批新技术和新方法不断推动生命科学前沿研究，加速了对于生命本质的理解。与此同时，生物学与数学、物理、化学、信息科学、材料科学等学科领域逐渐交叉、渗透、会聚，产生了系统生物学、合成生物学和生物医学影像学等多个交叉学科，为生物学前沿探索和创新研究模式带来了无限潜力。生物学已成为当前科学研究发展最为迅速的前沿领域之一。

　　生物学研究关系到生命与健康保障、农业及粮食安全、环境与生态文明等多个方面，是国计民生、战略安全和可持续发展的重大保障。生物学研究不仅是对生命本质的了解，不断推进医药、农业的发展，也为环境保护、国家安全提供保障。

　　在自然科学基金委和中科院联合部署下，中国生物学 2035 发展战略研究项目组成立，旨在分析生物学发展规律与特点、发展现状与发展态势，提出未来十五年我国生物学领域的总体发展思路、关键科学问题、发展目标和优先发展领域，并提出促进学科发展的相关政策措施建议。

全书共分十四章，涉及的专业方向基本上覆盖了生物学科所有重要的领域，包括总论（概述）、动物学、植物学、微生物学、生态学、细胞生物学、遗传学与生物信息学、发育生物学、免疫学、神经科学／心理学和认知科学、生理学、生物物理与生物化学、分子生物学与生物技术、生物材料／成像与组织工程学等。项目组进行了相应的任务分工，明确了生物学总论及各分支学科的牵头负责专家及调研撰写小组。之后经过多次线上线下研讨、邮件微信交流等多种形式的讨论，并广泛征求同行科学家的意见，进行生物学相关文献资料调研分析。在此过程中，还在自然科学基金委—中科院学科发展战略研究项目交流会以及研究报告出版专家评议会等汇报并征求意见，经过多轮次修改、论证、归纳、综合整理形成了本书。

项目组汇集了国内生物学相关领域的杰出学科带头人，包括学术秘书朱冰；专家组成员：于贵瑞、王立平、王秀杰、王宏伟、王泽峰、王韵、元英进、孔宏智、龙勉、东秀珠、冯新华、宋保亮、罗凌飞、赵世民、徐涛、蒋争凡、薛红卫、魏辅文、瞿礼嘉；参编专家：王天明、王海滨、牛书丽、方方、杜卫国、李劲松、杨元合、杨运桂、陈良怡、范明、胡小玉、聂广军、程功、鲁林荣、解慧琪等。在此对各位专家学者同行在撰写过程中付出的智慧和辛勤劳动表示衷心的感谢！特别感谢中科院生物物理研究所的朱冰研究员，作为本项目的学术秘书，倾注了大量精力；感谢自然科学基金委生命科学部和中科院学部工作局给予的大力支持。

由于时间与认识所限，书中难免存在疏漏和不足之处，敬请各位同人和读者批评指正！

陈晔光

《中国生物学 2035 发展战略》编写组组长

2021 年 12 月

摘　　要

　　生物学是研究生物体的基本特征、探索生命活动基本规律和生命现象本质的科学。随着20世纪分子生物学的快速进步，现代生物学的研究范式从宏观向微观、从外在描述向机理阐明深入发展，涌现出大批新技术和新方法，不断推动生命科学前沿研究，极大加速了对于生命本质的理解。与此同时，生物学与数学、物理、化学、信息科学、技术科学、工程科学等多学科领域逐渐交叉、渗透、会聚，产生了系统生物学、合成生物学和生物医学影像学等交叉学科，为生物学前沿探索和创新研究模式带来了无限潜力。

　　生物学研究关系到生命与健康保障、农业及粮食安全、环境与生态文明等多个方面，是国计民生、战略安全和可持续发展的重大保障。《国家创新驱动发展战略纲要》中指出，要强化原始创新，增强源头供给；坚持国家战略需求和科学探索目标相结合。生物学研究天然具有科学探索和支撑国家战略需求的双重属性，是生命科学原始创新的发源地，是不断满足并推进医药、农业和生物技术等国家战略需求发展的源头供给。

　　高通量测序技术的革命性突破，以及各种成像技术和组学技术的变革性发展使得生物学研究迈入了大数据时代。涌现出生物信息学、计算生物学、定量生物学等新兴领域，生命科学逐步从描述和定性研究进入了定量研究阶段。通过生物学内部以及多学科交叉融合、技术集成，在生物学研究领域涌现出许多新的交叉学科和研究热点。具体表现为：对于生命活动的解析更加定量化和系统化，人工智能与脑科学研究不断深入，生物大数据的标准化与高效利用，改造、仿生、再生、创生能力不断加强。

瞄准世界科学前沿和国家重大需求，未来15年生物学的重要前沿领域包括：生物重要性状的进化机制，生物表型可塑性与环境适应机制，生态系统结构复杂性、功能多样性和系统稳定性的多尺度-多过程整合研究，基于单细胞及单分子分析技术的生物学研究，病原微生物的致病、耐药及传播机制，细胞命运可塑性与器官再生，细胞精细结构与可视化，遗传与表观遗传信息的建立与继承，个体发育与衰老机制，免疫应答及调控机制，行为与心理的认知过程与神经机制，生物大分子的结构功能与动态相互作用，营养代谢及其调控网络，基因编辑、基因递送与分子操控技术，基于智能生物材料的工程化组织构建、力学调控与医学应用等。

多学科领域的交叉会聚极大促进了生物学的快速发展，为生物学前沿探索和创新变革提供了更多可能性。同时，这些基础科学研究也在生物学的渗透下，开辟了许多新的研究方向。生物学的优先发展交叉领域包括：合成生物学及人工生命体，生物多样性和生态系统功能性状格局及演变的生物地理生态学研究，基于脑认知启发的人工智能和智能增强，光合作用与生物固氮的机制与模拟，类器官仿生构建与虚拟器官建模等。

生命科学是当今科学研究的前沿，新思想、新技术、新方法不断涌现，成为国际合作的活跃领域。国际合作既是生命科学发展的内生需求，也是生命科学发展的强大动力。生物学的重要国际合作方向包括：生物多样性和生命进化及野生动植物对全球气候变化的响应和适应，大尺度生态系统过程联网观测和功能预测生态学，人类表型组的系统分析及健康表型形成的遗传机制，免疫系统对病原微生物和危险信号的感受及功能研究，全球生物多样性与健康组学大数据共享和分析体系建设等。

立足于我国生物学学科发展现状和国家战略需求，本书提出如下发展机制和政策建议：

（1）聚焦两个关键问题：生命科学与生物技术的发展必须更加充分地与国家重大需求相结合，必须更加高效地应对科研范式变革所带来的新挑战。

（2）建立健全重要科学问题的提出机制：加强"自上而下"的顶层设计，针对生物学的发展趋势提出重点攻关方向；建立"从下到上"的自主建议通道，由专家委员会对于各方面的建议进行总结，遴选重要的科学问题列入指南。

（3）鼓励"从0到1"原创探索：对原创探索性科学问题给予专门的项目申请和评审绿色通道，特别是对于非共识项目应提供更为合理的评选机制和资助渠道。建立容错机制，推动颠覆性、变革性创新。

（4）加强成果识别与发现：探索设立专门机构，推动面向临床医学重大需求的基础研究成果落地转化。加强与其他部门、地方政府的合作，推动产出成果与经济社会发展需求对接。

（5）优化经费多元投入机制：探索支持企业投入基础研究的新机制；建立产业目标导向的基础研究问题库和重大基础研究项目悬赏制；探索社会力量以慈善捐赠等方式加大投入的有效机制。

（6）制定择优、长期、稳定的支持模式：着力推进优秀青年人才的培养，通过长期稳定支持一批具有国际竞争力的科学家，形成对生命科学前沿的引领能力。

（7）着力突破制约生物学研究发展的共性问题和瓶颈：推进国

家级生物数据中心和资源平台的建设；大力加强对于科学仪器设备研制的支持，规避"卡脖子"风险；加强生物医药转化平台建设，提供系统性和专业化的转化服务。

Abstract

Biology is a discipline that studies the basic characteristics of organisms, describes basic phenomena and explores fundamental principles of life. Thanks to the rapid progress in molecular biology and other disciplines, the research paradigm of modern biology has shifted from macroscopic to microscopic, from phenotypic description to the investigation of correlation and causation. The development of cutting-edge technologies and methodologies has greatly promoted the frontier research in life science and will continue to greatly accelerate the understanding of the essence of life. Meanwhile, the convergence of multidisplinary fields, like biology and mathematics, physics, chemistry, information science, technology science as well as engineering science, has produced interdisciplinary sciences including system biology, synthetic biology and biomedical imaging, contributing to the exploration of the endless frontiers in understanding life. Biological research is the foundation for life and health security, agriculture and food safety, environment and ecological civilization, making it a major contributor of our national economy and a guardian of people's livelihood, strategic security and sustainable development.

This book describes the scientific significance and development status of biology, and analyzes the trend of progression. In addition, the key directions in the field of biology and related sub-disciplines in China from 2021 to 2035 are highlighted, including the critical scientific questions, the goals and the priority areas, with suggestions of corresponding policies and measures to promote biological research.

Oriented towards the scientific frontiers and the major national interests in the coming 15 years, the critical areas in biological research include but are not limited to the following: the evolutionary mechanism of important biological traits; the principle of phenotypic plasticity and environmental adaptation; multi-scale and multi-process integration of ecosystem's structural complexity, functional diversity and system stability; biological studies based on single cell and single molecule techniques; pathogenicity, drug resistance and transmission mechanisms of pathogenic microorganisms; plasticity of cell fate and organ regeneration; cell fine structure and visualization; the establishment and inheritance of genetic and epigenetic information; ontogeny and aging mechanism; immune response and regulation; cognitive process and neural basis of behavior and psychology; structure, function and dynamic interactions of biological macromolecules; nutrient metabolism and regulation network; gene editing, delivery and molecular manipulation technology; intelligent biomaterial-based engineered tissue construction, mechanical regulation and medical applications.

The integration of multidisciplinary fields will greatly promote the rapid development of biology and provide more possibilities for frontiers exploration and innovative evolution. Meanwhile, deep integration of biology with other disciplines has opened up many new directions. The emerging cross-fields include: synthetic biology and artificial life; biogeoecological research on the pattern and evolution of biodiversity and ecosystem's functional traits; artificial intelligence and intelligence enhancement based on brain cognitive inspiration; mechanism and simulation of photosynthesis and biological nitrogen fixation; organoid bionic construction and virtual organ modeling.

Life science lies in the frontiers of scientific research nowadays, with the constant emergence of new ideas, technologies, and methods, making it one of the most active areas in the international cooperation. Recommended important international cooperation directions include: biodiversity, life evolution and the response and adaption of wild animals and plants to global climate change; large-scale ecosystem process networking observation and function prediction ecology; systematic analysis of human phenotype group and genetic mechanism of healthy phenotype formation; perception and function of immune system to pathogenic microorganisms and danger signals; big data sharing and analysis system construction of global biodiversity and health omics.

目　　录

第一章

生物学学科概述

第一节　生物学学科的内涵与战略地位

一、生物学学科的内涵

生物学是研究生物体的基本特征，探索生命活动基本规律和生命现象本质的科学。其研究对象包括动物、植物、微生物及人类本身，研究层次涉及分子、细胞、组织、器官、个体、群体及群落和生态系统，涵盖多个研究领域和分支学科，如动物学、植物学、微生物学、生态学、细胞生物学、遗传学与生物信息学、发育生物学、免疫学、神经科学、心理学与认知科学、生理学、生物物理与生物化学、分子生物学与生物技术、生物材料与组织工程学等。

二、生物学学科的战略地位

1. 支撑实现全方位全周期健康服务

我国经济全球化、工业化、城镇化进程不断加快，人口老龄化不断加剧，新发传染病和慢性非传染性疾病等多重威胁不断加大，导致卫生事业发展和国民健康保障压力激增，以生物科技带动生命健康发展成为重大战略需求。生物医学研究应紧密围绕"健康中国"建设目标，系统整合生物数据、临床信息和样本资源，突破体外诊断、健康促进、精准医学等关键技术，普及推广疾病防治技术，促进临床新技术、新产品转化应用。例如：在精准医学方面，促进生物和信息技术的融合发展，建立多层次精准医疗知识库体系和国家生物医学大数据共享平台，发展新一代基因测序、多组学研究和大数据融合分析等关键技术，开发一批重大疾病早期筛查和分子分型、个体化治疗和疗效监测等精准解决方案和决策支持系统，将极大推动医学诊疗模式变革。

健康需求不仅仅关注单一疾病的诊治，更需要从整体的角度对人体系统进行认知和调节。在此方面，生理学特别重视功能与整合，强调从整个机体的功能、调控、内稳态表型出发，在空间上，研究器官、组织、细胞、分子层面在内外环境作用下呈现的功能、规律、机制，特别是同一层次不同组织、细胞的交互作用；在时间上，研究发育、成年和衰老各个阶段的规律、机制与生物节律变化，特别是生命周期早期事件对于衰老发生、发展的影响。发育生物学则更加专注于发育的动态过程和调控机制研究，如细胞谱系建立及命运决定、器官稳态维持和再生修复、器官再生潜能的获得和丢失、细胞命运的在体改造和操控等，从而认识各种生殖发育缺陷和疾病的产生原因，实现器官再生的人工促进，延缓个体衰老过程。

2. 促进生物多样性保护

生物资源是生物科技创新的重要物质基础，生物多样性保护对于生态文明和可持续发展具有关键的保障作用。我国正处于科技大国向科技强国迈进的历史进程中，对于生物资源的收集、保藏、利用虽取得一定成效，但仍然存在诸多不足，主要体现为资源丰富但开发利用滞后。面对可持续发展及生物多样性保护的战略需求，还需要继续提升我国生物资源的保护保藏关键技术，加强生物资源功能评价及应用转化，建立以战略性生物资源保护、高值生物资源功能评价、特有生物资源挖掘为核心的生物资源转化新型模式与技术创新体系。

近年来人类活动导致地球环境迅速恶化，强烈的社会需求驱动着生态学的理论发展和技术进步，生态学已经为濒危物种保育、生物入侵预警和控制、退化生态系统恢复、生物资源管理、全球变化及应对等诸多问题提供了知识基础和研究方法的支撑。物种多样性的形成与维持机制一直是群落生态学的核心问题。

3. 确保国家生物安全

全球化进程和生物技术的飞速发展，导致生物安全形势日益严峻。生物安全及相关风险防控，逐渐成为一个涉及政治、军事、经济、科技、文化和社会等诸多领域的世界性问题。而生物科技本身呈现出明显的"两面性"，既是生物安全防控措施的关键基石，也是引发生物安全风险的重要因素。以美国为代表的发达国家，在生物安全领域投入巨资，与之相比，我国的生物安全防御能力亟待加强。针对维护国家生物安全的重大需求，需要着重解决我国生物安全领域的关键技术瓶颈与重要科学问题，例如：加快医药、农业、环境等生物技术的研究储备，研发抵御生物威胁的风险评估、监测预警、识别溯源、应急处置、预防控制和效果评价相关技术、方法、装备和产品。同时，建立生物安全相关的信息和实体资源库，构建高度整合的生物安全威胁防御体系，从而确保国家生物安全。

生物安全和防御体系是一个系统性工程，需要多学科共同参与。例如：由致病微生物引起的新发再发传染病，导致多起全球公共卫生紧急事件，研究病原微生物致病机制、传播机理、进化规律与宿主互作机制等，将为研发抗微生物感染的新型策略奠定基础。而这些传染性疾病的治疗，在很大程度上又依赖于免疫机制的阐明及其后续的药物、疫苗研制，因此，免疫学的基本方向和新兴技术，如免疫识别与免疫应答的机理机制、免疫细胞命运决定与调控、疫苗的理性设计等，都将成为构筑生物安全体系的重要环节。

第二节　生物学学科的发展趋势和现状

一、生物学学科的发展趋势

生命系统具有高度复杂性，同时与复杂多变的外部环境进行相互作用，导致生命活动呈现出非线性、多层次、开放性的特征。为解析生命系统中多组元、多尺度、跨时空、跨层次的相互作用，各国（地区）在生命科学技术方面，均致力于建立以细胞为单元、以个体为中心的多层级、系统化、定量化研究体系。

1. 对生命活动的解析更加定量化和系统化

以各类组学技术的发展进步为标志，对生命活动的研究更加趋向于采用定量化和系统化的方式，在多层次上对生命机制进行阐明，各类"图谱"研究方兴未艾。例如：在基因组图谱方面，借助三代测序技术突破了高度重复序列图谱绘制这一难点，获得了首个完整精确的人类 Y 染色体着丝粒图谱。单细胞转录组测序技术进步使不同细胞类型得到精确区分和标识，复杂器官乃至多细胞生物的细胞图谱取得重大突破，如小鼠下丘脑视前区细胞空间图谱为更好理解大脑运作方式奠定基础。蛋白质修饰组学技术取得重要进展，得益于修饰蛋白质富集和质谱分析技术的协同进步，深度覆盖、高特异性、高通量的蛋白质修饰组学研究成为可能。代谢组学在鉴定生物标志物和表征生物作用机制方面，已经成为一项有力工具。与此同时，图谱和组学技术正被广泛地应用于生物标志物和药物靶标发现，以及疾病病理研究。例如：美国癌症和肿瘤基因图谱计划基于多组学数据和临床数据的综合分析，成功绘制出"泛癌症图谱"。

定量化和系统化研究极大促进了生命科学中一些传统或宏观领域的研究，例如：动物系统与进化生物学的研究对象从单个个体扩展到群体甚至整个群落、区系的发展趋势过程；数据模型化和组学分析等技术的广泛应用，使得对于分子和表型进化、进化的动力与进化发育机制等核心问题的研究成为可能；在植物研究方面，得益于基因组学、生物信息学等新技术的应用，植物学的研究已经实现从模式植物到农作物的全覆盖，大大加深了对重要农作物、重要农艺性状分子调控机制的理解。

2. 人工智能与脑科学研究不断深入

近年来，脑科学研究新技术不断取得突破，从而推动神经、脑、认知等前沿研究持续深入。例如：基于 G 蛋白偶联受体的乙酰胆碱传感器实现了神经元交流的可视化；模拟血脑屏障的新型类脑芯片可作为研究血脑屏障与大脑相互作用的有效模型。在脑细胞普查和基因组研究方面，美国脑计划细胞普查网络项目产生的首批数据包含了 130 多万个鼠脑细胞的分子特征和解剖学数据。另外，人工智能技术（AI）开始应用于疾病风险预测、诊断和病理分析，在急性髓系白血病、心血管疾病风险预测，脑肿瘤、肺癌的诊断与分型，以及眼部疾病诊断等方面均展现出良好前景，一批人工智能医疗产品也相继获批，例如：美国食品药品监督管理局（FDA）批准了用于检测糖尿病患者视网膜病变的 AI 设备 IDx-DR，以及基于脑部 CT 图像的 AI 辅助分诊产品等。

脑是人类赖以认识外部世界和自我的物质基础，神经科学研究被视为人类科学最后的疆域，认识脑、保护脑和开发脑是人类认识自然与自身的终极挑战。解析神经环路结构的形成与功能，并融合经典还原论和系统论研究是神经科学发展的必然规律和态势。同时，以人工智能为代表的新工业革命即将到来，而把人脑智能赋予机器这一目标的实现，显然依赖于对人脑智能基础的深入研究。

3. 生物大数据的标准化与高效利用

随着生命科学研究定量化进程的发展，生物大数据的利用与发掘日益受到重视，其数据标准化问题已经成为关注的焦点。2018 年，美国国立卫生研究院（NIH）发布了《数据科学战略计划》，为 NIH 资助的生物医药数据科学生态系统现代化建设制定发展路线图，为生物数据存储和使用中的高效性和安全性问题，以及数据涉及的成果产出、伦理问题等制定相应的策略方针。英国在《产业战略：生命科学部门协定》中，也高度关注生物大数据这一热点，提出建设世界领先的健康队列这一目标，希望在未来 5 年完成全球首个

100 万人全基因组测序，并支持建设区域数字创新中心网络，提供临床研究数据服务等。

生物大数据的发掘利用促进了生物信息学的快速发展，随着各种高通量组学检测方法的开发和广泛应用，生物信息学的研究重点逐渐转向基因组组装、转录组数据分析、基因功能富集分析、表观修饰组数据分析等各种组学大数据的分析挖掘，另外，由于各种生命科学大数据的快速产生，生物信息学的研究重点也由"数据平台建设和方法软件开发"转向"数据平台建设和方法软件开发"与"信息挖掘和规律发现"并重。

4.改造、仿生、再生、创生能力不断加强

对生命活动愈加深入的认识理解，有效提升了对于生物体的改造能力。首先，基因编辑技术在编辑效率、精准度方面不断优化，高通量精确基因编辑的安全性进一步提升，基因编辑工具箱不断拓展，在人工改造染色体、动物模型构建等应用领域取得突破性进展。其次，再生医学应用转化进程不断推进，在基础研究方面，成功构建了孤雄小鼠，实现人类卵原细胞的体外构建；临床研究方面，利用干细胞结合基因疗法使眼盲小鼠重新产生视觉反应；组织工程疗法展现出在多种疾病治疗中的稳定效果。最后，合成生物学研究从单一生物部件的设计，拓展到对多种基本部件和模块的整合；首次实现了人工创建单条染色体的真核细胞，低成本构建大型基因文库的技术日渐成熟；同时，合成生物学在 DNA 编写器和分子记录器、组织细胞编程、生物电子学融合等技术领域不断拓展。

近年来，国际干细胞基础与前沿研究持续深入，干细胞调控基本原理和关键技术取得了一系列关键突破，基于干细胞的再生医学也因此得以迅猛发展。基于干细胞的组织和器官修复及功能重建，将是治疗许多终末期疾病的希望和有效途径。干细胞和再生医学不仅正引领现有临床治疗模式的深刻变革，而且还将成为 21 世纪具有巨大潜力的新兴高科技产业之一。此外，运用组织工程原理，通过三维（3D）培养技术在体外诱导干细胞或器官祖细胞分化为在结构和功能上均类似目标器官的类器官，以及不单一依赖于外源性种子细胞体内组织工程也将在器官移植、基础研究及临床诊疗各方面有重要的应用价值。

二、生物学学科的发展现状

1. 生物学学科学术论文发表情况分析

2011～2020 年，全球生物学领域的发文量呈逐年递增的趋势，平均每年发表 SCI 期刊论文 60 多万篇。全球发文量最多的 5 个国家依次为美国、中国、德国、英国和日本。美国在生物学领域的发文数量优势显著，中国则是本领域论文数量增长最快的国家。10 年来，中国每年的发文数量一直排名第 2。

发文量前 5 的国家主要发文方向较为一致，均在肿瘤学、生物化学与分子生物学、神经科学、细胞生物学、免疫学等方向发文较多。相较而言，中国在神经科学、免疫学方向的发文比例相对较低；在生物工程和应用微生物学领域的发文比例相对较高。（图 1-1）

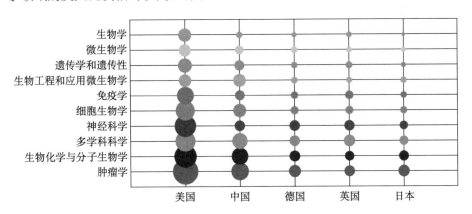

图 1-1　发文量前 5 国家主要发文方向

2011～2021 年，生物学领域的 CNS（*Cell*、*Nature*、*Science*）及其子刊收录论文 19 万多篇，每年的发文数量呈不断增加的趋势。发文量排名前 7 的国家依次为美国、英国、德国、中国、法国、加拿大和日本。美国在 CNS 及其子刊的发文数量优势显著，中国则是论文数量增长最快的国家，近 10 年来，中国的发文量排名由第 9 名上升至第 2 名。

2011～2021 年，发表高被引论文数量最多的 10 个国家依次为美国、中国、英国、德国、法国、加拿大、澳大利亚、荷兰、意大利、瑞士。（图 1-2）

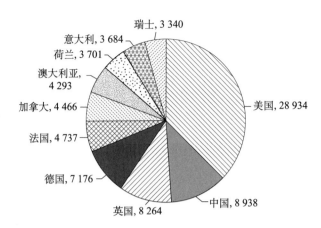

图1-2　2011～2021年生物学领域ESI高被引论文前10国家（及篇数）

2. 生物学领域重大成果

近年来我国科学家在生物学领域取得了一系列国际瞩目的突破。例如，揭示了RNA剪接的关键分子机制，从分子层面解释了剪接体执行RNA剪接的机制，极大地推动了RNA剪接这一基础研究领域的发展；基于体细胞核移植技术成功克隆出猕猴；创建了首例人造单染色体真核细胞；发现精子RNA可作为记忆载体将获得性性状跨代遗传，第一次从精子RNA角度为研究获得性性状的跨代遗传现象开拓了全新的视角，提出精子tsRNAs是一类新的父本表观基因，可介导获得性代谢疾病的跨代遗传；成功绘制出全新的人类脑图谱，突破了多年来传统脑图谱绘制的瓶颈；在国际上率先解析了高等植物菠菜光合作用超级复合物的高分辨率三维结构，为实现光能向清洁能源氢气转换提供了具有启示性的方案；提出了基于胆固醇代谢调控的肿瘤免疫治疗新方法，开辟了肿瘤免疫治疗的全新领域，证明了代谢调控的关键作用；构建出世界上首个非人灵长类孤独症模型，为深入研究孤独症的病理与探索可能的治疗干预方法做出了重要贡献；揭示了胚胎发育过程中关键信号通路的表观遗传调控机理，为发育生物学的基本原理提供了崭新的认识；以流感病毒为模型，实现了流感病毒由致病性传染源向预防性疫苗和治疗性药物的重大转变；发现了新型古人类化石，填补了古老型人类向早期现代人过渡阶段中国古人类演化上的空白；完成了酿酒酵母4条染色体的从头设计与化学合成；揭示了抑郁发生及氯胺酮快速抗抑郁机制，为研发抗抑郁药物或干预技术提

8

供了崭新的思路；研制出用于肿瘤治疗的智能型 DNA 纳米机器人，实现了纳米机器人在活体血管内稳定工作并高效完成定点药物输运功能；创建出可探测细胞内结构相互作用的纳米和毫秒尺度成像技术，提供了一个从机制上洞察关键生物过程的窗口。

此外，我国科学家还取得了其他一系列有国际影响的成果，例如：揭示了动物对特殊环境适应的遗传机制，大规模虫害（如飞蝗）发生机制，重要生物性状筛选和珍稀濒危动物的濒危成因与适应性进化机制等；阐明了植物重要生理和发育过程（如植物免疫、生殖发育、植物–微生物互作等）的遗传和表观遗传调控机制，揭示了中国植物区系的进化历史；在古菌生物地球化学作用、基本生物学过程、病毒与宿主免疫研究方面取得国际水平的研究成果，在棉花"癌症"黄萎病的土传真菌——大丽轮枝菌的侵染生物学、植物–真菌互作 RNAi 调控基础上第一次提出病原微生物的植物抗病小体概念；系统阐明了中国陆地碳汇的大小及其空间分布特征，量化了中国陆地生态系统固碳能力的变化及其形成机制，发现人类活动以及局部气候变化显著提高了中国陆地生态系统的固碳能力；揭示了全球根功能属性的生物地理格局，发展了"根经济谱理论"，提出了"根效率是植物进化的动力"理论，阐明了植物进化和传播的基本原理；揭示了不同功能型土壤真菌驱动亚热带森林群落多样性的作用模式，成功破译了亚热带森林生物多样性维持"密码"；首次提出了基于外生菌根真菌与病原真菌互作过程影响植物生存的物种共存新模式；首次对生物多样性是亚热带森林高产的直接原因给出了确切的证明，填补了森林生物多样性的生态系统功能研究的空白；系统性阐明了多个细胞信号通路（如 Hippo、mTOR、Wnt 等）在个体发育、肿瘤发生与转移过程中的分子机制；揭示了胞外体和迁移体可作为细胞间信号转导介质调控肿瘤细胞的增殖、代谢、行为和肿瘤转移的机制；发现了液–液分离相变在自噬信号通路的普遍作用；发现了程序性细胞死亡（如细胞坏死和细胞焦亡）过程中的关键因子，并阐明了细胞死亡分子机制；完成了多个干细胞研究和核移植技术首创和突破，包括孤雄小鼠、化学诱导多潜能干细胞系、扩展在体功能的细胞类型等；揭示了细胞代谢过程中的葡萄糖感知和 AMPK 激活的新机制；解析了 DNA 复制起始、偶联的核小体组装等机制，发现了大量人类疾病相关的重要基因和易感突变，完成了多个物种的基因组测序，鉴定到一系列与主要动植物重要性状相关的基因，建立了多种表观遗传修饰测序技术，鉴定了新型非编码 RNA（ncRNA）及其功能，发现了 RNA 修饰的可逆性规律；由中国科学院北京基因组研究所建设的生命科学大数据中心已经发展成为与美国的 NCBI、欧洲的 EBI 并列的国际数据资源库；新型超分辨显微成像技术、高通量低成本单细胞转录组 Microwell-seq 技术处于世界领先地位；解析了原始生殖细胞和早期胚胎发育的表观遗传特征，建立了单倍体胚胎干细胞，发现了器官发育与再生过程中多种细胞新功能，小分子离体操控细胞命运等；在天然免疫研究领域处于世界领先地位，发现了一系列感受病原微生物感染的细胞受体，发现了锰离子的免疫激活功能及其在抗感染、抗肿瘤及免疫佐剂中的应用前景；在活体化学神经递质检测技术、光遗传学神经调控新技术、荧光显微光学切片断层成像（fMOST）等脑连接图谱研究新技术等领域取得了多项重要突破，在本能行为的神经机制研究、类脑算法和神经拟态芯片研发领域已经居于世界领先地位；在睡眠过程中消除恐惧和痛苦记忆，为源于病理性记忆的精神疾病和行为障碍的治疗开辟了全新的视角；揭示了成人大脑皮层的深度可塑性，发现知觉学习会导致脑内功能的大尺度变化，挑战了传统的大脑可塑性理论和观点；揭示了心血管系统发生、重构与稳态维持的规律和调控机制，解析了体内造血干细胞发生、归巢、细胞异质性和微环境调控机制；从分子、细胞、环路和中枢整合等不同层次揭示了慢性瘙痒、慢性疼痛等的产生机制与转归；在发现低氧诱导因子通路重要基因 *EPAS1* 和 *EGLN1* 是藏汉族高原适应能力差异关键基因的基础上，对其作用机制进行了阐述；提出了高原肺水肿的炎症机制假说；解析了包括 30 纳米染色质、光合作用相关多个重要复合体、呼吸链重要蛋白质复合体、哺乳动物关键离子通道、G 蛋白偶联受体（GPCR）等超大生物分子复合体或膜蛋白的结构与机理；实现了基于单分子测序的精准医疗；蛋白质乙酰化调控代谢的原创发现已经成为国际经典本科教材内容，代谢物调控信号、胆固醇转运及新功能的发现、葡萄糖及氨基酸感知新机制的发现已经实现国际引领；产出了新型 RNA 分子的代谢与调控、新型基因编辑工具的开发等一系列亮点工作；阐释了力学因素对获得性免疫、肿瘤转移以及对称性发育过程的调控及机理，提出了"组织诱导性生物材料"新概念及"材料生物学"新方向，并在骨、软骨、肌腱、角膜、皮肤、神经等人工组织研发方面处于国际前列。

3. 生物学领域重大项目和基地建设

自然科学基金委生命科学部启动了"细胞器互作网络及其功能研究"和"糖脂代谢的时空网络调控"重大研究计划,在细胞命运决定的分子机制、配子发生与胚胎发育的调控机理、糖/脂代谢的稳态调控与功能机制、生物多样性及其功能等优先领域方向上布局资助了多项重大项目。科技部启动了"蛋白质机器与生命过程调控""干细胞及转化研究""重大慢性非传染性疾病防控研究""主动健康和老龄化科技应对""典型脆弱生态修复与保护研究""发育编程及其代谢调节""合成生物学"等一大批国家重点研发计划项目,并滚动支持"转基因生物新品种培育""艾滋病和病毒性肝炎等重大传染病防治""重大新药创制"三个重大科技专项。

同时,我国生物学领域的基地建设也在稳步推进:上海同步辐射光源的建成,对我国结构生物学的快速发展起到了极大的推动作用;国家蛋白质科学基础设施—北京基地顺利通过验收,成为我国开展大规模蛋白质科学研究与产品开发的核心基地,也是我国抢占世界生命科学研究战略前沿的重要基础;中国西南野生生物种质资源库围绕国家战略需求,在重要野生生物种质资源的收集、整理、保存方面发挥了重大作用。

4. 与主要发达国家之间的差距

我国的生物学研究已处于从量的积累向质的飞跃,从点的突破向系统能力提升的重要时期;但与主要发达国家相比,仍然存在一些差距和不足,主要表现在:

具有国际影响力的重大原创性成果缺乏,面向需求的支撑能力不足。近年来我国相关论文总量、高被引论文数量居世界第2位,但原创性重大成果不足,缺乏诺贝尔奖级重要奖项,由中国科学家提出的科学理论、原创思想少。同时,制约自主研发能力的基础科学问题亟待解决,基础研究成果难以适应产业发展的需要,难以迅速转移转化。新冠疫情凸显了将传染病等领域基础研究作为重点领域,着力提升新发突发传染病防控能力的战略意义。

基础研究投入比例偏低,中央财政支持力度有较大提升空间,投入结构仍不合理。近年来我国基础研究经费有较快增长,但与美国等发达国家相比仍存在较大距离。尽管地方和企业投入基础研究的积极性有所提高，但投入比例没有明显提升，投入来源主要依赖中央财政。

对战略性基础研究项目和国家战略科技力量的支持不稳定，"以人为本"的基础研究资助模式尚需完善。我国以竞争性的项目资助方式为主导的资助模式，对科研基地和优秀团队以及战略性基础研究项目的稳定支持不足，须注重基础研究的长期积累，让科研人员潜心研究、大胆探索。

国家层面的顶层规划设计尚需加强，"独立、完整的基础研究体系"尚需建立和完善。当前，我国对生物学基础研究战略布局的系统性不够，长远规划和顶层设计仍有不足，迅速应对学科前沿发展变化的布局能力有所欠缺，科技计划项目的问题导向、目标导向尚未强化。在我国处于由"技术追赶"到"原始创新"过渡的关键阶段，建立、完善"独立、完整的基础研究体系"应成为国家创新体系建设的核心内容，"独立、完整的基础研究体系"应作为国家战略和意志的高度体现。

第三节　生物学的重要前沿领域和优先发展交叉领域

一、生物学的重要前沿领域与关键科学问题

1. 生物重要性状的进化机制

动物、植物及微生物重要性状的起源和进化一直是生命科学的前沿与热点研究领域。近年来，随着进化生物学、分子系统学、遗传学、分子生物学、"组学"和发育生物学等学科的交叉融合，我国科学家在生命之树重建、物种形成和生物进化发育研究等方面取得了诸多举世瞩目的成果，为深入开展重要性状的进化机制研究奠定了坚实的基础。未来利用高通量测序技术和基因编辑技术，并结合多种"组学"，特别是宏基因组学、单细胞测序技术和细胞高分辨成像等

先进技术，开展进化发育生物学研究，探讨重要性状的起源及其进化发育机制，将阐明地球生命起源和适应性进化以及特殊进化形式（如趋同进化、平行进化、协同进化和拟态等）形成的模式和机制，可望产生前所未有的创新性成果。

关键科学问题：

（1）物种演化与生活史调控的细胞与遗传基础；

（2）生物的适应策略及其基因组与表观遗传学机制；

（3）生物适应性辐射和趋同进化的进化发育机理；

（4）种间互作关系的进化与协同进化机制；

（5）基于计算生物学和人工智能的进化发育大数据分析方法。

2. 生物表型可塑性与环境适应机制

环境变化是驱动生物表型可塑性发生的原动力，是生物对环境信息流整合、处理和反应的复杂调控过程。生物表型的可塑性是生物在长期的适应性进化过程中逐步发生和发展的，在动物中主要受到神经内分泌等因素的调控，在植物中主要受内源各种植物激素以及外源环境信号等的调节，而微生物更可能在转录后甚至翻译后修饰调控而快速响应环境变化。生物个体在对环境适应的基础上，经过选择性进化，最终实现表型的适应性进化和跨代遗传。在分子水平上阐明其驱动生物表型可塑性与环境适应的机制，不仅有助于理解动物、植物和微生物生长调控的本质规律，而且将为培育与人类密切相关的动物、农作物及微生物品种，为危及我国农林牧业生产的重要虫害的精准控制提供重要指导，这对于满足农业可持续、高效发展的重大需求具有重要意义。

关键科学问题：

（1）生物表型可塑性的起源、进化；

（2）环境信息流在生物表型可塑性中的传递途径；

（3）生物表型可塑性的跨代遗传机制和性状改良；

（4）动植物与微生物互作的分子调控机制；

（5）以表型可塑性调控为基础的重要虫害精准控制。

3. 生态系统结构复杂性、功能多样性和系统稳定性的多尺度-多过程整合研究

理解生态系统的结构复杂性和多尺度动态是生态学研究的前沿领域，也是预测全球变化下生态系统响应的基础。生态系统复杂性不仅体现在多样化的物种组成，还体现在物种间的互作关系及其功能。物种之间以及物种与环境之间的相互作用与反馈，调控生态系统的物质循环和能量流动，是生态系统维持其功能和稳定性的基础。不同时空尺度的生态学过程，尤其是生态–进化反馈、局域–区域交互作用等，共同决定了生态系统的多样性与功能。传统的生态学调查和实验通常在较短的时间尺度和较小的空间尺度开展，因而难以阐明不同尺度生态过程的互作机制。理解不同时空尺度下的生态系统过程，需要进一步推进长期生态系统观测网络建设，同时整合资源开展联网实验研究。此外，生态学理论模型可在统一框架下整合不同时间和空间尺度生态过程，是解析生态系统复杂性的维持和动态机制的重要手段。

关键科学问题：

（1）生态系统结构复杂性的形成和维持机制；

（2）时空多尺度作用下的生态系统稳定性与自组织；

（3）生物多样性与生态系统功能的生态–进化机制；

（4）全球变化下的生态系统适应与演化；

（5）多尺度–多过程生态系统整合理论框架。

4. 基于单细胞及单分子分析技术的生物学研究

近年来快速发展的单一细胞类型分离技术和单细胞测序技术，使"组学"检测进入了细胞层面，为系统研究细胞个体在生长发育过程中的精细调控模式和生物学特性创造了条件。对单分子的操纵与检测技术也飞速发展，为生命活动的微观机制研究提供了强有力的工具。然而，针对单细胞水平和单分子水平的组学与影像学等数据的分析方法与大量细胞来源的数据有较大不同，亟须加强单细胞、单分子水平大数据的分析能力，开发适用于单细胞数据分析的算法与软件。同时在生命科学的不同学科领域中拓展单细胞、单分子技术的研究对象，通过具体科学研究的牵引，不断提升技术能力和分析水平。

关键科学问题：

（1）发展和完善单细胞多组学技术（DNA、RNA、蛋白质、表观修饰、代谢物等）在新细胞定义、细胞分化、谱系追踪和人类细胞图谱绘制方面的应用；

（2）开发细胞类型特异标志物和新型标记方法，建立单细胞多组学技术的细胞分离、目标分子捕获、精准扩增的方法；

（3）单分子成像技术的开发与应用；

（4）新型单分子高通量测序技术研发；

（5）单细胞、单分子检测数据的处理方法，单细胞多组学数据的整合方法与数据库构建；

（6）单细胞尺度的细胞间相互调控网络的构建与解析方法。

5. 病原微生物的致病、耐药及传播机制

病原微生物与人类健康密切相关。病原微生物感染宿主并致病是一个复杂的病原–宿主博弈的过程。研究病原微生物的生长代谢、遗传变异、与宿主互作机制及宿主的免疫应答规律等将有助于全面理解病原微生物致病机制，为研发新型微生物防控措施提供理论基础。此外，在宿主的免疫压力下，微生物可发生遗传变异，实现对宿主的免疫逃逸或耐药。病原菌耐药性导致已控制的传染病死灰复燃。对病原微生物耐药性进化机制的认识仍任重道远。近年来世界范围内的新发再发传染病多为自然疫源性传染病，多通过媒介、空气或接触等方式传播。迄今，多数病原微生物感染传播的生物学机制还没有得到充分研究，因此阐明病原体跨种传播机制对于疾病防控、研发新型抗感染策略尤为重要。

关键科学问题：

（1）重要病原微生物感染相关因子的鉴定；

（2）重要病原微生物在自然界中的传播规律及传播媒介；

（3）重要病原微生物与宿主互作研究，重点关注病原微生物的免疫逃逸；

（4）超级细菌的耐药机制及防控新策略；

（5）研发阻断重要病原微生物传播的新型防控策略。

6. 细胞命运可塑性与器官再生

在多细胞生物体的发育成熟或者生理病理过程中，细胞命运的可塑性至关重要。细胞命运可塑性的建立和维持涉及染色质结构、表观遗传、转录组、蛋白质组、代谢组、信号网络等多个维度的复杂变化，同时与细胞微环境、细胞外信号密切相关，近年来单细胞多组学研究手段的突破大大加深了人们对于细胞命运可塑性建立机制等问题的深入理解。在多细胞生物中，器官成体干细胞代表了命运可塑性较强的细胞类型，各种类型成体干细胞的谱系建

立、干性维持、增殖分化都是多年以来生物学研究的热点。组织器官损伤后，特定的一种或多种具有命运可塑性的细胞类型会被激活，从而启动其损伤修复功能或直接贡献成为新生功能细胞。细胞增殖和命运可塑性是器官再生的基础，因此进化进程中器官再生能力退化甚至丢失也极可能与不同物种细胞命运可塑性的差异密切相关。深入理解多细胞生物体的细胞命运可塑性，是实现在体细胞命运操控以促进缺陷细胞重生或促进器官再生的基础，结合不同物种器官再生潜能的获得和丢失机制，为组织修复和再生医学提供关键性的理论和技术支撑。

关键科学问题：

（1）细胞命运可塑性的自主性（遗传、表观遗传、信号转导和代谢状态等）调控机制；

（2）细胞命运可塑性的非自主性（细胞微环境、细胞间相互作用与通信、细胞信号感知和转导等）调控机制；

（3）器官成体干细胞的鉴定及其谱系建立和干性维持机制；

（4）器官再生修复关键功能细胞的鉴定及其作用机制；

（5）进化进程中器官再生潜能的获得和丢失机制；

（6）基于谱系建立机制的在体细胞命运操控及类器官和类系统的体外构建。

7. 细胞精细结构与可视化

细胞精细结构和时空分辨能力是细胞生物学研究的主要瓶颈，新显微成像技术的发展不断加深对细胞内生命活动的认识。传统荧光显微镜光学衍射极限制约了对细胞精细结构的组成（如细胞器、蛋白质机器）在细胞生命活动过程中动态组装规律及其细节的研究。超高分辨率荧光显微成像突破了光学成像中的衍射极限，极大提高了成像分辨率。这些超分辨技术在过去的十年间不断进步，同时也用于研究细胞器及蛋白质机器的动力学。显微成像如冷冻电子显微镜技术（简称冷冻电镜技术）、光-电联合成像等技术的发展将实现更高的空间分辨率、更快的时间分辨率、更深的成像深度及更多的活细胞内生物大分子及其复合物和超大复合物的精细结构、动态变化、相互作用关系和功能等研究，获得对细胞活动的全新知识。

关键科学问题：

（1）膜性结构（如细胞器）和非膜性结构（如细胞骨架、纺锤体、生物大分子凝聚体）的生成、结构与功能的动态变化及其稳态维持的机制；

（2）亚细胞结构以及特异性蛋白质机器的互作网络、协同作用、调控机制和生理功能，以及新型亚细胞结构的鉴定与分析；

（3）染色质高级结构的形成和分布规律，包括染色体域、染色体区室、拓扑关联结构域、染色质环等；

（4）聚类分析和可视化机体内细胞信号网络、转录调控网络、蛋白质相互作用网络以及其他功能关联网络，并与超高分辨的细胞图谱相结合，建立机体内细胞结构和功能相整合的分子网络；

（5）细胞间相互作用机制，胞间连丝、微粒运输等功能和调控规律；

（6）适合结构细胞生物学研究的超高时空分辨显微术，单细胞动力学分析技术及质谱成像及细胞内空间特异性组分分析方法。

8. 遗传与表观遗传信息的建立与继承

遗传决定了基因序列的信息，而表观遗传信息受到机体内部和外界环境变化的影响，部分表观遗传信息还可以在细胞分裂的过程中得到传递。表观遗传信息的建立、维持及解读，与个体间发育、衰老、疾病发生和细胞编程与重编程等重要生命进程息息相关。随着研究方法的快速发展，表观遗传领域的研究正从多细胞水平向单细胞水平、从一维到多维转变，针对表观遗传的调控机制与功能解析也是当前生命科学研究的前沿热点。

关键科学问题：

（1）基因的结构、功能及其变异、传递和表达规律；

（2）非编码 RNA 的结构与功能解析；

（3）染色质装配及高级结构表观遗传机制解析；

（4）表观遗传信息的建立与继承机制解析；

（5）不同类型表观遗传信息协同作用机制；

（6）个体发育、分化与衰老的表观调控机制解析。

9. 个体发育与衰老机制

个体发育与衰老贯穿了生物体的生活史。从体细胞到原始生殖细胞再到功能性配子是有性生殖的重要环节。受精完成后，亲源因子和胚胎合子因子先后在早期胚胎发育中发挥重要功能。在原肠期形成胚胎原始三胚层后，胚胎发育进入组织器官形成阶段，开始形成由多种细胞类型组成、行使不同功能的各种组织器官。器官形成并发挥功能需要维持稳态，一旦稳态失衡，会导致病变和衰老。组织器官发育涉及细胞谱系建立和命运决定、细胞分化、细胞迁移和归巢、器官形态建成、器官生长与尺寸控制、器官稳态维持等基本科学问题。多种新技术的发展和日益成熟为深入理解个体发育和衰老各个阶段生物学过程的细胞和分子基础提供了契机，为相关先天性疾病和退行性疾病的预防和诊治以及延缓衰老奠定了基础。

关键科学问题：

（1）原始生殖细胞命运决定、归巢和减数分裂启动机制；

（2）重要亲源因子的功能机制及其与合子基因组激活的协调机制；

（3）配子对子代印迹与成年后疾病及环境适应的关系及其作用机制；

（4）器官发育过程中细胞谱系建立和分化的调控机制；

（5）衰老生物标志物的鉴定及组织器官的稳态维持与衰老机制；

（6）器官发育缺陷及退行性病变与衰老的干预研究。

10. 免疫应答及调控机制研究

典型的免疫应答过程包括免疫的识别、活化、效应、消退、记忆形成等多个阶段。天然免疫细胞通过模式识别受体识别病原体成分或自身细胞产生的危险信号被激活，进一步通过激活抗原提呈细胞来活化 T 细胞、B 细胞（T/B 细胞），并产生特异性受体识别抗原。受体交联导致免疫细胞活化及向效应细胞的分化，后者通过直接杀伤、分泌抗体或细胞因子等多种机制清除入侵病原体或危险因素。此后，大部分细胞将步入凋亡，但少数细胞会作为记忆细胞长期存活。为避免清除抗原的同时可能造成的组织损伤，免疫应答必须受到严格的调控。免疫应答是免疫学研究的核心，近年来进展最为迅速的方向包括天然免疫细胞识别机制、天然免疫活化获得性免疫机制、免疫记忆的分子基础、代谢和神经系统的免疫调控作用、肿瘤免疫等。此外，多种组织器官在免疫细胞组成和功能方面呈现明显的"区域"特征，与免疫微环境一起调节免疫应答。

关键科学问题：

（1）天然免疫应答的识别、效应机制及天然免疫细胞分化与功能；

（2）免疫应答中效应细胞的分化和记忆细胞的形成；

（3）免疫应答调控的新分子和新机制，尤其是代谢和神经系统的调控作用；

（4）新的免疫细胞亚群的发现与功能研究；

（5）重要组织器官的免疫学特性，如细胞组成、亚群分布、组学特征及动态变化；

（6）免疫应答异常在自身免疫、肿瘤、持续感染等病理过程中的作用。

11. 行为与心理的认知过程与神经机制

行为与心理的认知过程和神经机制是心理学和神经科学的核心领域之一，旨在从认知过程和神经机制两个角度探索多种行为和心理现象及其异常的发生、发展、作用规律及机制。在物种进化过程中，大脑发挥着极其重要的应对外界环境的作用，并选择性保留与物种生存、繁衍后代密切相关的本能行为，也演化出特定的习得性行为，跨物种理解行为的神经生物学机制是深刻认识物种进化规律的核心。分子生物学、基因工程技术、光学、纳米技术和深度学习等技术的交叉融合，为我们从分子、细胞、环路及个体水平跨物种地、系统地研究行为的神经机制提供了可能，对此领域的深入理解，将帮助我们加深认识物种进化过程中大脑的作用、意识的本质等重大科学问题。同时，心理学和神经科学研究为理解行为和心理的认知神经机制、提高国民心理素质与健康水平、促进社会和谐稳定与可持续发展不断提供新知识、新理论和新方法，服务国家、造福人民。我国心理学和神经科学的发展应以脑认知科学基础研究为依托，同时重视心理健康的长期促进和心理疾患的早期应对，最终实现提高我国人口素质、提升国民幸福和促进国家发展的目标。

关键科学问题：

（1）习得性行为和本能行为的相互调控机制；

（2）感知觉信息加工的认知神经机制；

（3）高级认知功能的认知神经机制；

（4）社会认知和社会行为的特征与规律及其神经机制；

（5）人类心理和行为的典型与非典型发展过程及其规律；

（6）心理疾病的机制、评估、诊断以及干预。

12. 生物大分子的结构功能与动态相互作用

DNA、RNA、蛋白质等生物大分子在生命过程中表现出了重要的生理活性。基于生物大分子及其复合体的空间结构可以深入探讨生理功能，研究相关疾病的发生机理。同时，生物大分子与体内的糖、脂和其他小分子代谢物的相互作用，及其发挥的新生物学功能也是富有潜力的前沿探索领域。近年来随着冷冻电镜、单分子操控等研究技术的不断发展，对生物大分子的结构功能研究逐渐从体外发展到细胞原位，从研究静态结构发展为研究动态相互作用。生物大分子的动态结构研究不仅能够加深对其行使功能的认知，还能指导对生物大分子功能的调控干预。在发展原位结构解析技术的基础上，研究生物大分子的动态结构和相互作用，将进一步带动靶向药物研发、新一代疾病诊疗等下游产业的发展。

关键科学问题：

（1）DNA复制和转录表达过程的新调控机理和整体规律；

（2）RNA选择性剪接、修饰、转运和降解过程的新调控机理和生物功能；

（3）非编码RNA研究（代谢、修饰、结构、功能、进化等）；

（4）蛋白质翻译过程的调控，以及应激条件下的非典型蛋白质合成；

（5）细胞原位水平的生物大分子动态结构与动态相互作用；

（6）生物大分子自组装、聚集、极弱相互作用以及相分离的机理与调控因素。

13. 营养代谢及其调控网络研究

营养代谢是基本的生命现象，代谢稳态的网络调控的研究对于深入认识代谢性疾病发病机制和机体对极端环境适应机制都有重要意义。近年来细胞水平的代谢调控研究已经取得重大的进展，代谢物具有细胞信号调控功能的发现是生物化学研究领域近年来最前沿的发现，为通过调控代谢物实现对生命过程的调控以及对疾病过程的干预开辟了新方向。器官（系统）之间的调控网络在机体代谢稳态中的作用有待深入研究，尤其是近年来发现骨、肌肉等非经典内分泌组织也可以分泌多种因子调节能量代谢，进一步提示了机体能量代谢网络的复杂性。

关键科学问题：

（1）营养物质吸收与多层次感知的新机制；

（2）非经典内分泌组织的新型代谢调控因子；

（3）肠道菌群等对代谢稳态和机体生理功能的影响规律与机制；

（4）机体适应极端环境机制的代谢组学研究；

（5）器官（系统）之间的调控网络在机体的代谢稳态中的作用。

14. 基因编辑、基因递送与分子操控技术

基因编辑技术作为新兴的颠覆式生物技术，在生物医药、生物农业、生物生态、生物能源、生物合成、生物材料和生物安全等方面展现了巨大的潜力。基因编辑工具的基础研究以及新型应用场景的拓展和优化，将对分子生物学及生物技术领域带来重大影响。基因递送技术是限制基因治疗、肿瘤免疫治疗、基因编辑发展应用的关键技术。现有基因递送技术（慢病毒、腺病毒、腺相关病毒、脂质体等）存在各自的局限，细胞、组织或器官特异性高效递送的要求对现有的基因递送技术提出了更高的挑战。开展基因递送技术的基础研究和应用开发，将对生物技术领域带来重要影响。

关键科学问题：

（1）拓展基因组和转录组编辑工具的源头，建立更广泛的微生物基因组和功能基因数据库，阐明关键编辑蛋白和核酸蛋白复合物的机理；

（2）开发基因编辑工具的功能鉴定评价平台，获得高效廉价、高特异性的基因编辑系统；

（3）基因编辑系统的体内递送，不同基因编辑工具和递送策略的毒副作用、安全性以及免疫应答；

（4）细胞、组织和器官特异性基因递送的新型策略和原理的基础研究；

（5）开发新型基因递送材料，以及不同技术路线的组合。

15. 基于智能生物材料的工程化组织构建、力学调控与医学应用

工程化组织构建是组织修复与再生以及植介入体研发的基础，需要充分关注种子细胞、支架材料、力学因素以及生理微环境之间的协同关系。生物支架材料是工程化组织构建的关键因素之一，涉及其化学组成、几何特征、荷电性、表面化学修饰等；生理力学微环境是调控生物材料活性、种子细胞功能进而影响工程化组织构建的关键因素和物理基础，呈现多尺度、三维、动态等

特征；构建具有人体组织/器官相似结构与功能的工程化组织需要针对特定组织的设计原理、制备方法与制造技术；工程化组织构建的过程控制、效应检测和功能表征需要生物医学成像和生物电子测量等技术和方法的支撑。此外，外源性生物材料还涉及免疫识别—耐受—排斥、再血管化、神经支配、功能调节、老化等诸多问题，需要具有传感、反馈、信息识别与积累、响应、自诊断、自修复和自适应等多种功能的智能化生物材料。掌握面向疾病的分子表型及其在疾病发生发展过程中的动态演化规律，利用纳米智能诊疗技术可精确解析生物活性分子的动态变化、分布及其与疾病微环境的相互作用，可更直接、准确地表征生命体的生理和病理状态，深入了解疾病发生的机理，认识与人类健康和疾病相关的科学问题，实现对疾病的早期预防、诊断和治疗。

关键科学问题：

（1）工程化组织构建的生物力学设计、调控与力学–生物学耦合；

（2）新型智能化生物材料的设计、开发及其生物学效应和细胞、分子机制；

（3）特定组织工程化构建的设计原理、制备方法与制造技术；

（4）工程化组织生物学效应的多模态融合与多时空整合的成像与检测技术；

（5）纳米智能诊疗系统时空构效关系、在体实时监控及其与疾病微环境的相互作用机制。

二、生物学的优先发展交叉领域与关键科学问题

1. 合成生物学及人工生命体

合成生物学是基于生命科学和工程学的最新成果，通过生物体进行有目标的设计、改造乃至重新合成，从生物元器件、模块到复杂调控网络等不同层次上对生命体的功能进行解耦，从而有目的地设计并合成或重构具有特定功能的人工生命体，为从分子水平理解生物过程提供了一条"从建造到理解"的研究思路和方法。国际上合成生物学的使能技术、体系构建、实用性转化已经取得了重要进展，逐渐从最初的概念验证和使能技术，迈向人工基因线路、底盘

生物设计构建和复杂生命体系运行机理等工程基础体系建立，复杂生命过程与生物结构的数学模型的构建，以及对特定生命功能和合成生命体等复杂人工生命体的理性设计。我国合成生物学研究在基因组合成、基因元件与基因线路设计、人工细胞工厂等方向多点突破，呈现良好的发展势头，但与国际先进水平相比，我国在人工生命体的基础理论、使能技术、核心体系、产业技术进展等方面尚存在不小的差距。因此应该对此领域进行长期的投入。

关键科学问题：

（1）生物基因元件、调控模块、功能模块、生物反应途径及回路的改造、构建、优化和模拟；

（2）生命机制的定量解析，以及生物过程新定量模型的建立；

（3）利用基因元件的"重放"和精确观测，研究生物体的衰老、疾病乃至死亡的过程；

（4）利用对生物体多尺度定量操控，对人工生命从出生复制到衰老死亡等生命过程进行干预，从而促进深层次系统理解；

（5）镜像人工生命的构建，生物分子的源头合成；

（6）嵌合非天然核酸和氨基酸等人工生物分子，获得不同于天然生命体遗传法则的人工遗传密码规则，进一步揭示生命的化学和物理本质。

2. 生物多样性和生态系统功能性状格局及演变的生物地理生态学研究

生物多样性是生态系统行使其功能并进一步为人类提供服务的基础，研究群落生物多样性维持及其对生态系统功能的影响为生物多样性保护和生态系统维持提供了科学基础。现有的生物多样性是不同尺度生态、地理过程综合作用的产物，了解群落多样性的维持及其生态系统功能需要整合生态学与地理学的手段。生态系统功能性状由一系列群落功能性状共同组成（如植物、动物和微生物群落功能性状），它们之间相互作用并在单位土地面积或群落尺度反映生物对环境的适应性或功能优化能力。近年来，生态系统功能性状为连接传统器官水平功能性状与宏观生态研究构建了新桥梁或新的研究视角。目前通过野外考察、长期监测以及实验操控的手段，研究多维度、多尺度以及多营养级的生物多样性分布格局及其对生态系统功能和性状的影响，已经成为国际发展的主流；中国是世界上少有的包含了全球主要生态系统类型的国家，在生物多样性、生态系统功能性状的长期监测与大尺度研究方面具有不可或缺的先天条件。该领域的发展目标在于阐明不同类群、不同维度的生物多样性分布格局及其尺度效应，回答多营养级生物多样性对生态系统功能的影响机制。

关键科学问题：

（1）生物多样性和生态系统功能性状的分布格局、成因及尺度效应；

（2）群落构建过程的区域分异与生物学机制；

（3）食物网结构对生态系统稳定性的影响机制；

（4）多营养级生物多样性和功能性状对生态系统功能的影响机制及其尺度效应；

（5）群落性状的协同变化规律、影响机制及其区域分化特征。

3. 基于脑认知启发的人工智能和智能增强

正确理解脑认知的基本规律，是真正实现类脑智能的重要基石。从神经系统功能的深刻认识出发，借助脑机交互形成脑机融合乃至一体化系统，或采用神经形态技术模拟仿真生物神经系统构成虚拟脑，实现智能计算，在一定理想状态下，有望使脑机融合智能形成兼具生物（人类）智能体的环境感知、记忆、推理、学习能力和机器智能体的信息整合、搜索、计算能力的新型智能形态，有望成为未来人工智能发展的新方向。既往类脑智能领域把注意力很大程度上放到了试图"模拟"大脑的习得性的行为和功能，然而除了习得性的行为与功能以外，大脑还具备很多与生俱来的基本功能。人类对这些本能行为的神经机制，以及本能行为与后天习得性行为关联的机制等的深入理解，将在一定程度上为新一代人工智能的发展提供理论和模型支撑。脑的高级认知功能包括抉择、注意、记忆、情感和情绪、动机、自我意识以及语言处理等，是大脑经过长期进化产生的应对复杂多变环境的一系列高级功能，是智能行为的基础，然而目前还不清楚这些高级认知功能的精细环路机制、计算模型以及自然条件下的行为规律。

关键科学问题：

（1）学习记忆在算法、架构和表示层面的生理实现；

（2）类脑计算与脑机智能融合；

（3）借鉴人脑认知信息的编码与表征机制，为人工智能提供新范式，提

升人工智能模型的鲁棒性;

（4）基于执行习得性和先天性行为网络的不同原理,构建新的类脑智能计算模型,获得更高效灵活的类脑系统;

（5）注意的产生、控制及其调控脑神经元活动和信息编码的神经环路机制;抉择的多脑区分工协同的神经环路机制。

4.光合作用与生物固氮的机制与模拟

光合作用是地球上最大规模的能量和物质转化过程,是生命生存和发展的物质和能量基础,其核心问题是光合膜上高效光能转化的机理。生物固氮,特别是豆科植物与固氮菌间的共生固氮,是效率最高的生物固氮形式,为植物提供基本氮源,在农业及生态环境氮循环中发挥着重要作用。光合作用和生物固氮不但是植物科学的基础和重大科学问题,也紧密衔接农业、能源和环境等国家重大战略需求。深入开展光合作用机理及人工模拟研究,阐明重要光合膜蛋白复合体组装、能量吸收、传递和转换、光合水裂解过程中氧-氧键形成、氢键网络水分子和质子通道的结构和功能、太阳能生物转化制氢机理和人工模拟等机理,以及开展植物共生固氮性状形成与演化规律、固氮菌和植物互作与共生固氮效率遗传机理研究,将有助于我国建立具有自主知识产权的太阳能生物转化制氢体系,创制具有共生固氮性状的非豆科作物,为减少氮肥污染和实现农业及生态可持续性发展提供重要的技术支撑。

关键科学问题:

（1）光合膜蛋白复合体的结构、组装、功能与分子调控机理;

（2）光合作用水裂解的机理;

（3）光合作用的人工模拟;

（4）植物与固氮菌及其他微生物识别和互作、共生固氮性状形成及演化规律;

（5）共生固氮器官形态建成和固氮效率、固氮菌固氮等分子调控机理;

（6）高效固氮菌和固氮非豆科作物的人工构建。

5.类器官仿生构建与虚拟器官建模

类器官构建是从系统水平研究生命体生物学功能,进而实现增强、修复、更换受损或患病组织或器官的重要途径,而器官的生物学功能离不开其特定的力学、物理微环境及空间定位，并与诱导性生物材料、工程化组织构建、（超）高分辨成像、定点药物递送等先进技术密切相关。理想类器官的构建不仅需要考虑其组成元素之间、组成元素与微环境之间的相互作用，还要充分考虑仿生的空间构型和理化环境，以及生物学功能的实现、表征和调控，是集生命科学、工程科学、数理科学、材料科学等为一体的交叉研究。此外，利用生理学长期研究积累的大数据，将不同器官（系统）功能实现与调控作为复杂系统，利用深度学习等方法揭示内在的规律并进行数学建模，研发虚拟的数字化器官（系统）和实体的类器官，是深入认识机体生理功能与网络化调控的机制，实现增强、修复、更换受损或患病组织或器官的另一重要途径。

关键科学问题：

（1）类器官构建的纳米系统设计、分子-细胞机制及微环境调控；

（2）类器官内蛋白质互作、细胞动力学与体内移植的成像与监测；

（3）类器官的生物力学评价与力学调控机制；

（4）智能生物材料调控类器官的组装及其功能化；

（5）基于 AI 的重要器官（系统）功能、调控与内稳态规律的数字化建模；

（6）基于 3D 打印的重要器官（系统）功能、调控与内稳态规律的虚拟仿真。

第四节　生物学的国际合作需求

一、生物学的重要国际合作方向与关键科学问题

1. 生物多样性和生命进化及野生动植物对全球气候变化的响应和适应

生物多样性丧失和气候变化是人类社会面临的重大威胁之一。开展生物多样性和生命进化及野生动植物对全球气候变化的响应和适应研究既是生

物多样性维持和保育的迫切需要，也是全球气候变化背景下生态系统适应性管理和退化生态系统恢复的迫切需求。另外，随着全球生态环境发生剧烈变化，全球气候变化如何影响生物多样性及野生动植物资源已成为人类社会面临的重大挑战。目前，生物多样性尤其是微生物多样性研究随着土壤微生物研究技术的发展（高通量测序、宏基因组方法、原位表征、同位素标记等）有了长足进步，生物多样性联网观测和实验、跨营养级物种竞争与协同进化、生物多样性与生态系统功能的关系、生物多样性对全球气候变化响应的模拟与预测，已经成为国际生态学发展的主流。未来亟须加快与欧美发达国家在上述方面的交流和合作。该国际合作优先领域的发展目标在于利用新技术、新方法、新理念从机理上认识和预测生物多样性丧失和全球气候变化对野生动植物资源的影响，提升我国在国际学术界的地位，推动我国生物多样性维持和保育工作，保护和恢复生态系统，服务于国家生态文明建设。

关键科学问题：

（1）生物多样性保育和维持机制；

（2）野生动植物对全球气候变化的响应与适应；

（3）全球气候变化对生物多样性影响的驱动机制和远景预测；

（4）应对全球气候变化的生物多样性保护策略与生态系统恢复战略。

2. 大尺度生态系统过程联网观测和功能预测生态学

生态和环境问题是区域和全球尺度上的，因此如何通过国际合作，揭示大尺度生态学问题，成为未来生态学研究的一个主要方向。通过对我国和全球不同区域生态系统的长期联网观测和试验，实现全球尺度上的整合研究；揭示典型陆地生态系统的植物生长、群落结构、生态系统功能尤其是碳、氮、水循环过程等对环境变化的响应和适应机理；探明陆地生态系统关键过程的空间格局、年际变异，以及调控这些时空变异的主要环境因子和过程，揭示不同空间和时间尺度上环境因子对陆地生态系统关键过程的影响和控制机理。用联网观测和试验数据约束生态系统模型，降低模型预测的不确定性，准确预测未来陆地生态系统的变化，为我国应对气候变化决策提供必需的基础科学数据和理论依据。

关键科学问题：

（1）生态系统结构和功能的生物地理学机制；

（2）生态系统变异规律及机理；

（3）区域生态对环境变化的响应与适应；

（4）宏系统生态学；

（5）数据–模型融合改进模型预测能力。

3. 人类表型组的系统分析及健康表型形成的遗传机制

人类遗传学研究涉及人类基因组 DNA 的变异及其在人群中的分布和变化规律，分析人类基因型与健康表型之间的相关性及其内在机制。该学科的发展一直是推动生命科学和医疗革新的原动力之一。在利用人类遗传学的理论和知识指导疾病的诊断、预防和治疗之前，需要首先解答"遗传变异与健康如何关联"，围绕"基因–环境–表型的互作机制"，全面、精准、深入地解析遗传与人群健康表型之间的关系与作用机制。人类遗传学成果最终是为全人类服务，因此需要把研究对象拓展到全球，这个分支学科需要高度的国际合作。

关键科学问题：

（1）宏观和微观人类表型的跨尺度系统分析；

（2）中华民族遗传结构的精细解析；

（3）人群起源与迁徙的遗传变异动态变化规律及其演化机制；

（4）人类健康表型的跨尺度关联规律；

（5）人类复杂性状和健康表型形成的遗传学基础；

（6）人群健康与衰老的表观遗传机制。

4. 免疫系统对病原微生物和危险信号的感受及功能研究

病原微生物的感染无时无处不在，是人类健康的大隐患，研究感染与免疫是"免除疫病"的根本保证。我国在研究病原微生物的感染与免疫方面做出了不少国际领先水平的工作，具有一定的优势，但是欧美国家的研究机构，如美国 NIH、得克萨斯大学西南医学中心、耶鲁大学、大阪大学和法国巴斯德研究院在感染与免疫应答及调控方面整体处于国际领先水平，我们需要进行合作，加大对病原微生物和危险信号的感受及功能研究。近年来，寨卡热、登革热、埃博拉出血热等在世界暴发流行，缺乏有效药物及预防措施，对致病及传播机制的研究尤为关键。与非洲、南美洲和东南亚等地开展国际合作，从公共卫生角度支持"一带一路"的建设。

关键科学问题：

（1）发现并研究天然免疫细胞识别各种感染的新模式识别受体及已知受体的新功能；

（2）寻找鉴定病原微生物未知的模式分子和危险信号；

（3）天然免疫与适应性免疫在感染与免疫中的相互调节；

（4）免疫应答维持与反馈的分子机制及疾病发生发展；

（5）病原和宿主相互作用及病原的免疫逃逸机制；

（6）感染与免疫应答中效应细胞的分化和记忆细胞的形成机制。

5. 全球生物多样性与健康组学大数据共享和分析体系建设

面向全球生物多样性和人群遗传资源，采集整合水生、陆生和特定生境的动物、植物、微生物、人类样本及其基因型、表型等多维数据，建立生物多样性与健康多维数据全生命周期的标准规范体系，开展基因组、变异组、表观组等多维组学数据的汇交归档、整合审编、智能挖掘、平台研发等研究，研发面向多维组学大数据整合分析与智能挖掘的关键方法和技术，系统揭示生物多样性遗传变化规律、人群环境适应性分子机制及演化模式，多角度、多层次解析人类对环境适应的遗传模式多样性和表型变异多样性，建立"基因–表型–环境–健康"多因素复杂关系网络，建成服务全球的生物多样性与健康多维组学大数据共享云平台，提供生物多样性与人类健康的多层次全方位数据、信息、知识及应用服务，促进全球生物多样性的保护和利用、生态环境可持续发展和人类健康。建成全球较大的生物多样性与健康组学大数据创新基地，提升我国在生命科学领域的国际地位和影响力，打破国际数据中心对生命科学数据的主导地位，推动我国及全球生物多样性与人类健康的公益性科学研究和产业创新发展。

关键科学问题：

（1）生物多样性与健康多维数据全生命周期的标准规范体系；

（2）多维组学数据汇交归档、整合审编和智能挖掘的关键技术；

（3）动植物关键性状遗传多样性及适应性演化规律；

（4）人群健康与表型多样性的遗传机制；

（5）全球生物多样性与健康组学大数据共享云平台。

二、开展国际合作的重要举措

1. 加强人才和机构的国际化合作力度

支持我国科学家参与国际大科学研究计划和国际学术组织；充分利用国际科技资源，培养和引进顶尖科技人才；推进中外联合研究机构和国际科学研究中心建设；支持中国科学家组织、创建国际科学组织；加大基础研究计划对外开放力度。

2. 区分对待与关键小国和创新大国之间的国际合作

利用全球创新资源，不断深化与科技大国和关键小国的基础研究合作，联合开展科学前沿问题研究。围绕"一带一路"倡议，创新合作模式，扩大与"一带一路"国家的开放合作。

3. 鼓励和支持"以我为主"的国际合作

在优势领域积极推进"以我为主"的国家大科学计划和工程，并借助更加灵活的项目形式和管理方式，促成一批具有我国优势特色的重大国际合作研究计划，实现我国在特定优势领域国际合作中从参与向主导的转变。

第五节　发展机制与政策建议

1. 聚焦两个关键问题

一是生命科学与生物技术的发展必须更加充分地与国家重大需求相结合，以基础研究成果满足人口健康、粮食安全、生态文明、生物产业等国家重大战略需求，同时从需求中不断提出前瞻性的科学问题。二是必须更加高效地应对科研范式变革所带来的新挑战，包括从实验驱动向数据驱动的转变，从局部对象向系统对象的转变，从单一学科向交叉学科的转变，从理解生命向设计生命的转变。

2. 建立健全重要科学问题的提出机制

加强"自上而下"的顶层设计，成立覆盖主要领域方向的专家委员会，针对生物学的发展趋势提出重点攻关方向；建立"从下到上"的自主建议通道，由专家委员会遴选重要的科学问题列入指南。以国家自然科学基金为例，可以考虑在目前"重大研究计划"或"重大项目"的框架下安排，通过设立"培育"项目的形式对重要科学问题给予资助，培育期满后择优正式列入"重大研究计划"或"重大项目"范畴。

3. 鼓励"从 0 到 1"原创探索

对原创探索性科学问题给予专门的项目申请、项目评审绿色通道，建立随时申请机制，特别是对于非共识项目应提供更为合理的评选机制和资助渠道。建立容错机制，营造创新氛围，推动颠覆性、变革性创新。

4. 加强成果识别与发现

探索设立专门机构，推动生物医药、重大疾病检测和治疗方法等面向临床医学重大需求的基础研究成果落地转化。加大各类国家科技计划间的精准推送力度。加强与其他部门、地方政府的合作，推动产出成果与经济社会发展需求对接。

5. 优化经费多元投入机制

加大生物学研究投入规模，提高投入强度，一方面积极争取中央财政支持，另一方面加强顶层设计和统筹协调，稳步扩大区域创新发展联合基金范围，加强与地方开展联合资助工作；加大力度组织与企业建立联合基金，探索支持企业投入生物学基础研究的新机制；拓宽国家自然科学基金申报渠道，建立产业目标导向的基础研究问题库和重大基础研究项目悬赏制，提高中小企业投入基础研究的积极性，引导大型骨干企业加强与前沿方向对接，以协同合作、众包众筹等方式，精准破解产业发展的重大生命科学问题；积极探索社会力量以慈善捐赠等方式加大投入的有效机制和可行办法，优化全社会支持生物学基础研究的环境。

6.制定择优、长期、稳定的支持模式

着力推进优秀青年人才的培养，激发他们的潜能和创新活力。包容多元化思维，吸引全球人才聚集，通过长期稳定支持一批具有国际竞争力的海外知名科学家，形成对生命科学前沿的引领能力，实现基础研究的重大创新与突破，尤其是在"人无我有"方面发挥领衔作用。

7.着力突破制约生物学研究发展的共性问题和瓶颈

我国缺乏生物医学大数据的专业管理机构，大量数据分散存储，交互共享效率低下，数据流失严重，数据安全难以保证，需要尽快推进国家级生物数据中心建设；我国生命科学领域所用仪器设备，特别是大型精密仪器设备，主要依赖进口，存在较为严重的"卡脖子"风险，需要大力加强对于科学仪器设备研制的支持；我国生物医药转化体系较为薄弱，特别是面临生物大分子新药早期研发过程中上游创新能力不足、中游转化效率不高的瓶颈，需要重点加强生物医药转化平台建设，提供系统性和专业化的转化服务。

第二章

动物学发展战略研究

第一节 内涵与战略地位

动物学是研究动物形态、分类、生理、行为、生态、进化和遗传等现象及其规律的科学。动物学研究促进生态环境保护，提高人类的衣食住行和精神生活享受。全面认识动物的多样性以及研究动物与动物、动物与植物之间的关系等方面有很多"热点"和"难点"问题有待解决。在全球变化、人口爆炸、经济全球化等的影响下，物种灭绝、外来生物入侵、虫鼠害暴发、媒介生物携带的病原传播、转基因生物安全、食品安全、野生动物非法贸易等问题日益突出；动物克隆、转基因等新技术的出现，为农业、畜牧业发展，人类健康和生物多样性保护及资源管理提供了新的发展机遇。解决这些人类共同关注的问题对现代动物学研究提出更高的要求。随着现代科学技术的发展，动物学研究的广度和深度得到前所未有的提高。动物学研究所涉及的领域越来越广，学科也越分越细，分支学科纷繁复杂。要推动 21 世纪动物学向前发展，需要整合不同分支学科的一些先进的研究方法，来解决动物学研究中所面临的难点问题。

动物系统与进化生物学是动物学的经典和核心学科。其通过对纷繁复杂的动物物种进行科学鉴定、分类，重建物种及种上阶元之间的系统发育关系。动物进化是动物多样性的核心和基础。动物系统与进化的核心内容包括物种形成与灭绝、协同进化和适应性进化等。动物系统与进化理论的巩固和发展，不仅对动物物种的鉴定、动物生态保护、动物资源开发和动物医学创新具有深远的意义，而且在物种多样性的形成、人类自我认知和自身发展，建设美丽中国等方面具有重要意义。

动物行为是动物对内部或外部刺激的反应引起的活动变化。动物行为学研究动物行为的成因、发育、进化和功能。动物行为学的研究涉及生命科学的方方面面，与生理学、心理学、生态学、遗传学、神经生物学等众多学科密切相关。动物行为学的研究对于理解动物特有的适应和进化是必不可少的。

动物生理学是研究动物生理功能的科学，多层次、多学科、多途径进行整合研究是该分支学科发展的特点和主流。动物生理学与生态学、进化生物学、基因组学等宏微观学科的交叉越来越深入，有利于深入认识自然界动物复杂的生理功能及性状。动物生理学研究成果将对动物保护、人类生理学和医学等领域做出重要贡献。

动物繁殖和发育是动物生活史特征和适应策略的重要方面，重点关注不同野生动物类群繁殖和发育的特征、过程、机制和适应策略，包括野生动物繁殖和野生动物进化发育两个主要研究方向。其中野生动物繁殖研究主要关注不同动物类群的繁殖生物学特征、规律及其环境适应策略。进化发育研究则旨在揭示动物表型起源进化的发育分子机制，为理解动物的起源和进化规律提供重要支撑。

种群生态学是动物学的核心研究领域之一，主要研究动物种群数量的时空动态及内在机制。研究领域包括动物种群的数量变动、种群的结构和特征、种群的自我调节、种间互作及其与环境的关系等。种群生态学的研究不仅可以揭示种群数量变化的基本规律与影响因素，还可为濒危动物的保护、动物资源的合理利用以及有害生物的防控提供科学依据。

动物多样性是地球上生物多样性的重要组成部分，是人类生存和社会发展的物质基础及国民经济可持续发展的战略性资源。然而，随着地球上人口的增加和人类活动的加剧，动物的生存在世界范围内受到了越来越严重的威胁，许多物种出现了资源的衰退、枯竭，甚至濒临灭绝。因此，开展动物多样性的科学保护，实现濒危动物的种群复壮，对我国的生物多样性保护和生态安全维护至关重要，也能服务于国民经济与社会发展。此外，动物资源不仅是人类食物、衣物、药品以及其他工业产品的重要来源之一，而且其基因资源的拥有量又被认为是衡量一个国家基础国力的重要指标之一。因此，合理地保护和利用野生动物资源具有重要意义。

野生动物疫病与防控是以危及野生动物种群健康的疫病为研究对象，阐明病原生态学与流行病学特征、建立特有预防和控制技术、解析野生动物作为"病原库"公共卫生学意义的学科。明确野生动物病原谱，揭示野生动物携带病原体生态分布特征、遗传衍化规律和致病机制，了解野生动物独特免疫特点，完善和发展疫病防治新手段，对于防止濒危野生动物因传染病灭绝、保护野生动物资源多样性、有效预防和控制人类新发和再发传染病、维护公共卫生安全均具有重要作用。

媒介动物与病原是一个高度交叉的学科，包括病原学、昆虫学、媒介生物学、分子生物学、兽医学和医学等。我国人口众多、幅员辽阔、对外交往频繁，面临着沉重的本土媒介传播疾病负担和巨大输入风险。因此，开展媒介生物学研究是我国生物安全和全球化发展的战略保障，也是推动生物农药/杀虫剂等产业创新发展的重要支撑，保障我国粮食及经济作物高产和稳产的战略需求。

实验动物学是发现和培育实验动物资源，研究实验动物生命活动，建立实验动物模型，发展实验动物研究相关规范、设施、技术和方法的综合性科学。实验动物学是现代生命科学和生物医学的基础和支撑，对认识生命活动机理、建立疾病动物模型、研发疾病诊断预防干预方法、鉴定生产创新药物具有重要价值。同时，实验动物学研究也为农牧生产、植物保护、环境生态、航空航天等领域的发展做出不可替代的重要贡献。

第二节　发展趋势与发展现状

一、动物学的发展趋势

现代动物学从早期的形态学、分类学逐渐发展为具有众多分支学科，宏观和微观相互渗透的综合性科学。随着分子生物学、基因组学、神经生物学、生物化学、生物物理等学科理论与技术的发展，动物学研究可以深入揭示动物表型变化的微观机制。同时，全球生态学、数学与计算机科学、信息科学等基础学科理论和技术的发展，促进我们在区域和全球尺度上认识动物多样性及其影响因素，进而分析动物生命过程适应与进化的大格局。学科的交叉融合突破了传统动物学基础理论，催生了新的边缘学科、交叉学科和综合学科，从深度与广度上推动了动物学的发展，有利于更加深入、系统和全面地揭示动物生命现象的本质，并可为探索解决农业、医学等领域的实际问题开辟新途径。因此，现代整合动物学的发展显著地提高了动物学在社会、经济、生态和文化等方面的地位，为经济和社会的发展提供了高科技支撑。具体表现在以下几方面。

动物系统与进化生物学的研究越来越向着更广泛、更深入、更交叉的方向发展。当前发展的前沿方向为：①从单个个体的研究到群体甚至整个群落、区系的发展趋势过程。②研究手段和方法从原来的单一化发展成采用多特征标记甚至总特征标记来研究，而且数据模型化，以求可重复分析和后续实验验证。③基因组学、蛋白质组学等组学分析及前沿细胞生物化学等技术已广泛应用。④计算机前沿技术如神经网络、三维重建、大数据数学建模分析等开始应用。⑤分子和表型进化、进化的动力与进化发育机制等核心问题在宏进化与微进化等层面的研究是当前的热点。

动物行为学是一个经典学科，随着现代技术和理论的发展，动物行为学呈现出新的活力和面貌。现代动物行为学不仅探讨行为的成因，而且关注行为的功能。应用广义适合度、亲缘选择、社会生物学、利益和代价等进化生物学思想揭示觅食、争斗、栖息地选择、婚配制度和配偶选择、合作与竞争、动物通信等行为的适应意义。行为神经生物学则是另一个研究热点，主要探索神经系统如何获得和处理诱发行为产生的外部刺激信息，譬如动物行为和脑的关系。另外，动物福利、保护行为学和进化心理学等也日益受到关注。

现代动物生理学从分子、个体、种群等不同层次研究动物适应环境的特定生理学现象与机制，因此整合生理学是动物生理学发展的重要趋势。当前，发展迅速的领域方向有：①宏生理学、进化生理学和保护生理学——与生态学、进化生物学和保护生物学等学科结合产生的新兴学科。②动物分子生理学——与生物信息学、基因组学、蛋白质组学、转录组学、代谢组学和结构生物学等微观新兴学科结合，深入探索生理表型适应的分子机制。

动物繁殖和发育研究的发展规律和态势主要表现在如下方面：①动物繁殖研究已从现象规律描述向生殖调控、适应机制和生态策略的探索等方面转变；②不同动物类群发育模式和分子机制的比较研究已成为当前进化发育研究领域的热点；③基因编辑和单细胞组学等新技术和新方法的建立和突破成为深入开展动物繁殖和发育研究的重要基础。

动物种群生物学以种群为基本研究单元，揭示内外环境因子对动物种群时空动态的影响及机制，这些因子包括气候、食物、栖息地、天敌、竞争者、病原微生物等。未来发展趋势有以下几个方面：①动物种群对全球变化的响应和适应机制；②动物与植物、微生物互作及其对种群动态的调节机制；③动物种群的行为学、生理学及神经生物学调控机制；④动物种群分布区快速变化规律及机制；⑤小种群、斑块种群及种群生存力研究；⑥有害生物的种群控制及资源种群可持续利用。

动物保护生物学主要揭示动物濒危的过程和影响机制，可以为其科学保护和种群复壮提供对策和依据，具有重要的价值和意义。近年来，受威胁动物的保护与复壮研究已经从宏观描述性的静态研究进入宏微观相结合的功能性动态研究；从进化的角度研究受威胁动物的进化历史、现状及预测未来，并产生"保护进化生物学"新分支学科；从小尺度、区域性研究转入大尺度、全球性的研究，从单纯的野外观测到室内外相结合的机制研究，从单一学科、单一层次向多学科、多层次的整合研究转变，特别是数学模型、全球变化、大数据分析、组学等理论和技术的发展，大大促进了我们对濒危动物受胁机制的揭示，从而推动了保护生物学的长足发展。

野生动物疫病呈现出种类多、变异快、传播广、危害大等特点，严重威胁野生动物保护，直接威胁家养动物甚至人类的生命健康。目前，野生动物疫病与防控研究的主要发展趋势如下：①野生动物是众多病原天然储存库，针对野生动物源性传染病预警溯源的病原生态学研究为应对新发突发传染病提供参考。②分析野生动物重要病原感染谱，以及经迁徙动物全球传播机制与宿主的协同进化关系。③开展野生动物特有免疫应答机制研究，利用新理论和新技术研发野生动物疫病防控新产品。此外，21 世纪初，媒介生物学领域快速发展，在重要媒介传播疾病监测与流行病学研究、媒介生物基因组学研究、媒介生物的杀虫剂抗性、媒介生物控制等方面都取得重要进展。未来应聚焦于媒介动物传播病原的过程与机制，阐明媒介传播病原的生物学基础。

实验动物资源和实验动物模型研究是现代实验动物学迅速发展的前沿。新的实验动物资源的开发与鉴定，为神经生物学和药物研发提供了前所未有的可能。利用靶向或插入诱变技术系统培育的基因突变实验动物资源，推动着对实验动物生命活动的全面认识。高通量、智能化的实验动物表型分析技术和流程的开发应用，已经使昆虫和鱼类实验动物用于大规模药物筛选。人源化动物模型与技术的发展，使实验动物能更有效地服务于疾病机理研究和个性化治疗。同时，这些新品种、新技术、新方法的发展也提出了更多动物福利与伦理命题。

二、动物学的发展现状

动物系统与进化生物学是我国的传统优势学科。近十年来，我国科学家在生物资源调查、生命之树重建、生物多样性保护、物种形成以及重要性状的起源和多样化机制等方面取得了一系列令世界瞩目的成果，在国际顶级刊物上发表了一系列有重要影响的研究论文，研究结果得到了国际同行的高度关注和积极评价。一个具适度规模、学科齐全、以中青年为主且具广泛国际合作基础的动物系统与进化生物学研究队伍已逐渐形成。综合分析国内外的发展趋势，对关键生命性状的起源、基于比较基因组的物种成种机制、物种表型特征的进化发育机制、特殊环境或特种功能基因的挖掘等方面的研究应予以前瞻布局。

我国动物行为学研究得到了快速的发展，在行为生态、行为生理、动物通信、动物认知、社会行为、种间互作、集群机制、性选择、亲缘选择、神经生物学和行为遗传学等方面取得了国际水平的成绩。但是，我们在动物行为学专业层面的原创性成果很少，多数研究是利用学科交叉，探索某些行为学现象的机制，或者对某个特有类群的行为现象的阐述。未来应该注重：重要行为功能的比较研究，探索适应和进化的特点；通信行为、动物认知与物种隔离和分化的关系及机制；动物行为学在有害动物控制和珍稀动物保护中的作用。

我国动物生理学研究近年来发展较快，研究成果的水平和重要性不断提升。在生态因素的作用、环境胁迫、表型可塑性、极端环境适应、生理适应的神经内分泌调控和分子机制等领域取得了丰硕的成果。综观国际学科发展态势和研究热点，我国动物生理学的未来发展方向应关注以下几方面：①动物的生理组学及其进化适应机理。②全球变化如何影响动物生命过程、地理分布以及动物的响应与适应机理。③动物生理学与其他学科的融合产生新的研究热点。譬如，宏生理学、保护生理学、代谢生态学和行为生理学等。

我国学者近年来针对不同野生动物类群的繁殖生物学开展了大量研究，研究对象、内容、方法和技术手段都在不断拓展，但是囿于野生动物研究的固有困难，尚缺乏在适应机制和生态策略层面的系统和深入研究。动物进化发育生物学作为新兴的学科分支，在我国的研究起步较晚，但近年来涌现出一些优秀的研究团队，在哺乳动物适应性状的进化发育机制研究方面取得一系列有重要国际影响的代表性成果。未来的学科布局可优先考虑以下几方面：①从系统进化的角度研究不同动物类群在其繁殖生物学特征和规律方面的适应机制和策略；②不同动物类群生活史各阶段的发育分子机制与进化模式之间的内在联系是当前国际研究热点，须进一步加强对具有重要进化地位的非模式野生动物类群的研究。

我国学者在气候变化、人类活动、城市化和栖息地片段化对动物种群的影响方面取得了一系列重要进展，如揭示了大尺度气候与环境因子、动植物互作等对种群的影响机制。当前，种群生态学研究存在的问题是长期监测数据、区域性数据及野外操纵实验缺乏，制约种群生态学的进一步发展。在发展布局方面应重点考虑：①加强典型生态系统中重要类群的种群长期监测和定位研究，以利于揭示全球变化对种群动态的影响；②加强区域性重要类群的监测和调查，以利于了解动物分布区快速变化的规律和机制；③加强对野外操纵实验的支持，以利于阐明关键因子对种群的调控作用；④加强整合研究，鼓励新技术、新方法、学科交叉在种群生态学的应用研究；⑤支持大数据研究与理论创新，深入探讨种群调控与动态机制，形成新的学说或观点。

在全球变化背景下，动物资源的保护与利用越来越受到关注。在动物多样性调查、整理和编目，重要动物资源的收集和保存，濒危动物长期、系统的保护研究等方面，取得了一系列具有世界性影响的成果，并为制定保护措施和启动栖息地保护工程提供了科学指导。今后需要重点考虑以下几个方面：①加强我国珍稀动物资源收集与保存，完善基于 DNA 条形码、形态、生态信息的珍稀动物资源库和数据库。②通过多种组学技术的应用，结合基于大数据的生物信息学分析，深入揭示动物资源多样性的产生、演变、适应等过程和机制。③强化宏观技术与微观技术的结合，揭示受胁动物的濒危机制、种群动态与变化机理、复壮对策等。此外，我们还应当关注动物资源（如遗传资源、功能成分资源、仿生资源、衍生产品资源、生态资源等）价值的合理评估和利用。

我国野生动物疫病防控研究取得了丰硕成果，主要体现在：解析了我国野鸟禽流感病毒携带规律与特点，以及犬瘟热和非洲猪瘟等重要疫病对野生动物种群的威胁和公共卫生风险；对引发人类公共卫生危机的病原的溯源。未来应优先考虑以下学科布局：①继续支持对野生动物新发病毒病尤其是人兽共患病毒的发现、鉴定与序列注释。②阐明野生动物独特免疫应答特点，亟须研制适用大熊猫、虎等旗舰物种重要疫病新型安全高效疫苗。③揭示禽流感、犬瘟热、野猪非洲猪瘟等野生动物携带病原的适应性、遗传进化特点、跨种与跨洲传播机制。

我国在媒介生物学的分子生物学领域也取得了长足的进展，具有一定国际影响力；通过转录组和蛋白质组学，对媒介生物的生理机制，以及媒介与病原的互作机制有了一定了解，其中在传播植物病毒的媒介昆虫研究领域具有一定优势。目前主要问题是缺乏原始创新以及创新驱动的应用研究。

我国实验动物学近年发展迅速但不均衡。一方面，克隆猴、小型猪等新的实验动物资源取得突破，规模化的基因突变小鼠和斑马鱼资源已经出现并参与国际合作与竞争，人源化实验动物模型正在兴起。另一方面，我国实验动物标准化管理仍显薄弱，实验动物福利与伦理研究几近空白，严重制约实验动物学对科学和社会发展的贡献。应重点关注：①实验动物标准化和动物福利与伦理等基础性工作，强化动物福利与伦理研究。②实验动物资源与模型研发，建立新的实验动物品种与资源。

第三节　重要前沿方向、新兴交叉方向和国际合作重点方向

一、重要前沿方向与关键科学问题

1. 动物重要性状的进化发育机制

生物类群重要性状的起源和进化一直是生命科学领域的前沿与热点研究领域。动物和植物等复杂性状的进化（如创新性性状的出现），是产生生物多样性的重要基础。然而，生物进化过程中所表现的表型变异归因于发育调控基因及其调控机制的变化。因此，探讨重要性状的进化离不开发育生物学思想和方法的强力支撑。进化发育生物学的兴起，为探讨重要性状的起源及其进化发育机制提供新的视角。近年来，随着高通量测序技术和基因编辑技术的快速发展，非模式生物的进化发育生物学研究迎来了新的发展机遇，不仅可以回答长期悬而未决的重要难题，更在促进各分支学科的发展和融合中发挥重要作用，为我们从更多角度、更深层次去认识生命现象及其本质提供了难得的契机。

关键科学问题：①动物适应性辐射与重要性状的进化发育机制；②动物趋同进化重要性状的进化发育机制；③动物种间互作关系的进化与协同性状的进化发育机制；④全球环境变化对动物重要性状和功能进化发育的影响；⑤基于计算生物学和人工智能技术的进化发育大数据分析方法。

2. 动物表型可塑性的驱动机制

动物表型可塑性是相同基因型的个体响应环境改变，在表现型上的重塑。其发生在多个生物学层次上，直接决定生物对环境的适应性。表型可塑性是在长期的适应性进化过程中逐步发生和发展的，主要受到神经内分泌等因素的调控。环境改变是驱动表型可塑性发生的原动力，是生物对环境信息流整合、处理和反应的复杂调控过程。生物个体在本代对环境适应的基础上，经

过选择性进化，最终实现表型的适应性进化和跨代遗传。其驱动机制的研究对于与人类密切相关的动物品种性状改良以及危及我国农林牧业生产的重要虫害的精准控制都具有重要意义。

关键科学问题：①表型可塑性的起源和进化；②表型可塑性的神经内分泌调控；③环境信息流在表型可塑性发生过程中的传递；④表型可塑性的跨代遗传机制和动物品种性状改良；⑤以表型可塑性调控为基础的重要虫害精准控制。

3. 单细胞动物多样性与生活史调控

单细胞动物作为原始的真核生物类群，既具有动物共有特征的保守性，又辐射进化出极高的多样性。该类生物在地球上发生了"爆炸式"的扩张和分化，其实质就是发生了适应各种生存环境的广泛适应性辐射。这种丰富多样性，不仅蕴含着从细胞、分子水平揭示生命进化与多样性形成奥秘的信息，也是其重要的生态功能和有用生物资源的基础。单细胞动物的生活史也极其多样：营养方式有自养、异养、两栖营养和混合营养等多种，并在此基础上形成自由生、腐生、寄生和共生等多种生活方式，还具有无性生殖、有性生殖和兼性生殖等不同生殖方式。开展单细胞动物生活史中不同营养与生活方式、不同生殖方式和不同细胞分裂方式等过程的研究，可多层次揭示动物生活史调控机制，系统和深入理解动物生殖方式和细胞分裂方式的进化。在目前多种组学，特别是宏基因组学、单细胞测序技术和细胞高分辨成像等技术迅猛发展的条件下，在该领域开展研究可望产生前所未有的创新性成果。

关键科学问题：①原生动物多样性"大爆炸"的细胞和遗传基础；②重要单细胞动物生活史调控及分子基础；③单细胞动物的适应策略及其基因组与表观遗传学机制；④单细胞动物分化、发育、繁殖的遗传决定因素；⑤单细胞动物新实验和分析技术的建立和突破。

4. 动物系统发育与适应性演化机制

不同区域分布着不同的生物，表明不同区域的生物在与其他生物和环境共存、变化的过程中经历了不同的进化历史。通过分析遗传结构、系统发育关系以及地理分布特征，并结合相关的环境或历史地理事件，追溯和解释物种的进化历程、分布格局的成因及影响因素。此外，应对环境变化，动物能够在短期内调节自身的表观性状，进而在漫长的进化过程中形成最佳的适应策略和遗传基础，获得最大的适合度。近年来全基因组测序技术和全基因组关联分析技术的快速发展，给动物复杂性状的产生机制及其适应性与分子机理研究带来了新的机遇。该领域的研究已从描述型向模型验证型转变，如生态位模型的应用、对自然选择作用的分析等，而且越来越多的生化、生理等研究分子功能的技术手段被引入进化生物学领域，为动物物种和种群的进化、分布格局的现状和成因提供理论基础。

关键科学问题：①动物系统发育重建、进化与生命之树构建；②动物成种的行为、发育和遗传学过程与机制；③动物进化的模式、过程、速率与机制；④动物重要同源、同功器官的趋异、趋同适应性演化机制；⑤动物复杂性状的遗传学基础与发育调控机制。

5. 动物行为的适应意义及其神经调控机制

动物行为对社会和非社会因素变化的适应特点及其调节机制是动物行为学研究的重要内容。现代动物行为学采取生态学、内分泌学、遗传学、分子生物学、基因组学、神经生物学和实验心理学等手段来研究行为学问题。神经系统对行为调控的基本方式是在中枢神经系统参与下动物对内外环境刺激做出规律性反应。随着脑认知科学和神经生物学的发展，人们对动物行为的神经调控机制研究也不断深入。动物行为生理学的热点也从早期的内分泌与行为的关系转移到基因、神经递质与动物行为的关系。但是，该领域尚缺乏脑认知和神经生物学以及基因组学等学科相结合的对繁殖、迁徙、社会、信号、通信和认知等行为机制的深入研究。

关键科学问题：①动物觅食、迁徙、扩散、归巢等行为的定向和导航的特点及适合度；②学习、记忆和空间定向等高级认知过程的神经调控和机理；③社会、生理和遗传因素对动物配偶选择和生殖成功的影响；④动物的性行为和社会行为的神经调控机制；⑤神经递质对动物应激、睡眠、摄食等行为的调节作用。

6. 动物对极端环境和逆境的生理适应

动物生理学的主题是动物对环境的生理适应，其核心问题是表型和基因型适应。我国动物环境生理学的研究一直比较薄弱，很多领域至今还是空白，如动物对各种极端环境（高寒缺氧、寒冷、干旱沙漠、高盐等）以及各种逆境的适应，大型动物的生态生理学，动物生理功能改变对种群动态、群落组织结构和功能的影响，急需加强。未来，应当针对我国各种不同地理条件和极端环境，从基因到整体研究动物不同组织层次上的生理适应变化，借助比较基因组学、功能基因组学、系统生物学等平台，理解生理功能的进化，挖掘潜在功能基因及其网络。这对于理解动物生理功能的多样性和各种生命现象，以及人类的生存和健康问题等都至关重要。此外，理解动物生理功能的多样性，可发现和挖掘人类健康和生物医学潜在的动物模型。

关键科学问题：①极端环境条件下动物生理功能的多样性及适应机理；②动物生理学特征对动物地理分布和数量动态的影响；③动物生理学特征的个体差异、分子调控及其进化意义；④动物蛰眠和冬眠生理学及其适应机理；⑤重要生理功能的发育、适应和进化机制。

7. 动物种群数量的时空动态与调节机制

动物种群生物学是研究动物种群的结构、形成、发展以及运动变化规律的科学。作为种群生态学的核心内容，动物种群动态方面的研究主要探讨种群数量在时间上和空间上的变动规律。随着种群遗传学的发展，通过对种群基因组数据的分析，可以对动物种群的历史动态进行检测和重溯。目前，我国还缺乏对很多动物的种群长期动态的系统研究，对其种群发展趋势和调控机制难于进行解释。针对我国珍稀濒危、特有和有害动物进行种群生物学的研究，在野外考察或长期监测的基础上收集种群数量和生活史特征的各种参数，不仅会有许多原创性基础研究成果产生，而且将为濒危物种保育、资源动物的合理利用、入侵物种的危害防控以及虫鼠害的综合防治提供依据。

关键科学问题：①重要经济动物的种群动态及其调控机理；②有害动物的种群动态与调控；③中国重要和特有动物类群的自然历史与种群动态；④外来入侵物种的种群动态与入侵机制；⑤动物种群的遗传结构与进化潜力。

8. 物种濒危的生态遗传原因与种群恢复

越来越多的动物物种或种群（特别是小种群）因种种原因而面临濒危/灭绝的风险。然而要了解其濒危/灭绝的原因，就需要开展珍稀动物的长期研究工作，关注动物濒危机理的理论、小种群保护与复壮机理等方面的研究，完善形态、生态、分子等信息的珍稀动物资源库和数据库，而且必须通过多种组学技术的应用，对其进化历史、分布格局特点、种群遗传结构和适应机制开展深入研究，结合生态模型，探讨气候变化和人类活动对其的影响等，进而深入分析受胁物种/种群的分布格局形成的影响因素，了解其受胁的生态与遗传学机制，揭示其濒危机理，进而为从就地保护和易地保护两个方面开展濒危动物的栖息地恢复和种群复壮提供理论基础。

关键科学问题：①濒危动物的种群历史及其演变过程；②濒危物种遗传多样性时空变化及其成因分析；③物种濒危的生态与遗传机制研究；④动物小种群的衰退和复壮机理；⑤全球变化与动物濒危过程和保护的关系。

9. 动物物种多样性产生、维持和适应机制

生物多样性是生命形式的多样性，是地球上生物与环境相互作用的历史产物之一。动物作为生物多样性的一个重要成分，其多样性的丧失将会导致生态系统服务功能的下降，从而直接影响到人类的福祉。开展动物多样性的起源和进化以及其多样性格局形成的基本特征与成因的研究不仅是理解生物多样性形成、维持和适应机制的钥匙，而且也是有效保护和科学利用动物多样性资源的基础。因此，动物多样性的形成和维持机制及其生命策略的研究，既是一个具有挑战意义的重大科学问题，也是实现可持续发展的重大和迫切需求。

关键科学问题：①动物多样性形成的基本特征与进化历史；②动物分布区历史变迁与地理格局形成的关系；③动物的适应策略与多样性维持机制；④动物对环境波动的响应机制；⑤动物多样性与生态系统稳定性的关系。

10. 动物与寄生物的协同进化

动物作为生态系统中的重要成分，在生态系统的维持与进化中发挥着重要的作用。在长期的历史进化过程中，动物与植物、动物与内共生菌、动物与病原微生物之间建立了密切的协同进化或共生互利关系，形成了复杂而有效的互作网络。作为病原微生物的重要传播媒介，动物与病原之间建立了密切而牢固的协同关系。动物与植物、内共生菌、病原的复杂的进化关系是不同生物之间相互影响、相互作用的有效体系，系统研究该体系的网络关系，揭示不同维度和不同尺度上该体系的进化关系，对探讨生物多样性形成与维持机制、生物间

复杂的互作机制，以及有害生物的防控策略具有十分重要的意义。

关键科学问题：①昆虫、植物与内共生菌的协同进化机制；②传粉动物和植物协同进化生物学研究；③动物与宿主的协同进化；④动物与共存生物相互作用的分子机制。

11. 野生动物肠道微生物组成与功能解析

动物的肠道微生物组成了一个独特的微生态系统，这一独特的微生态系统与宿主相互作用、协同进化，帮助宿主获取营养、影响动物行为、维持免疫系统发育与平衡等。动物的食性选择和觅食行为是受到长期而复杂的选择压力的进化结果，动物自身合成一些关键营养物质的能力缺失，转而依赖体内的共生物来完成相应功能。对野生动物肠道微生物组成与功能的解析，不但可以更深刻了解生态系统共生机制与生物多样性维持机制，同时也是生物能源开发的基础。因此，开展野生动物的肠道微生物组成与功能解析，不仅具有重要的科学研究价值，而且具有重要的经济价值，在未来的环境保护与社会发展中发挥重大作用。

关键科学问题：①动物肠道微生物的组成、动态变化及其维持机制；②动物与肠道微生物协同进化及其机制；③动物肠道微生物与动物的行为学、生态学特征的关系；④动物肠道微生物跨地区、跨种传播模式。

12. 实验动物资源与动物模型研究

实验动物是从个体水平了解生命分子细胞机制的必备模型，也是模拟人类生命活动和疾病过程，发展疾病诊断干预方法与新药研发不可或缺的研究体系。作为现代生命科学和生物医学的基础支撑，实验动物资源和实验动物模型的研究与培育是现代实验动物学迅速发展的前沿。我国近年来克隆猴、小型猪等实验动物新资源取得突破，规模化基因突变小鼠和斑马鱼资源已走上世界舞台，人源化实验动物模型也正快速兴起。以此为基础，建立新的实验动物品种与资源，研究实验动物模型新技术并进行示范应用是引领实验动物学发展赶超世界水平的必由之路。

关键科学问题：①创新实验动物资源开发与研究；②实验动物资源标准化研究；③疾病动物模型资源创制与分析技术研究；④人源化动物模型与比较医学研究；⑤实验动物福利与伦理研究。

二、新兴交叉方向与关键科学问题

1. 基于近地卫星与人工智能的野生动物识别及动态监测技术

监测是野生动物科学研究与保护的重要方面，然而受技术限制，目前野生动物监测面临最大的问题就是物种和个体的识别，尤其是森林分布物种。近年来，随着卫星/航空遥感、无人机以及人工智能等技术的快速发展，这些技术已开始逐渐尝试在动物识别和动态监测中应用。卫星/航空遥感将成为未来生态学研究的重要手段，为生态学研究提供观测、分析和预测数据，评估区域和全球尺度的生物多样性现状和变化趋势。未来可尝试利用卫星或无人机激光雷达技术，通过三维结构成像进行物种甚至是个体的识别。地面数字化监测系统主要利用（热）红外监测设备结合区域网络开展实地监测，与遥感技术结合，获取空天地一体化的物种数据。而人工智能已在人脸识别中广泛应用。因此，对通过上述技术获取的海量物种数据开展数字化模拟分析，进而实现个体识别，将是未来野生动物监测体系中不可或缺的重要技术手段。

关键科学问题：①星载或机载激光雷达识别动物物种多样性；②人工智能/机器人对动物进行个体识别；③近地卫星遥感获取动物种群数量信息；④整合以上技术实现动物种群动态、迁移扩散的监测。

2. 行为经济学的生物学基础

行为经济学作为实用的经济学，它将经济运行规律与心理学等学科有机结合，以发现经济学模型中的错误或遗漏，进而修正主流经济学一些基本理论的不足。行为经济学中的前景理论（非理性决策）获得诺贝尔经济学奖，前景理论在金融投资、广告营销、国家政策制定、国际关系等方面均发挥重要作用。然而，关于行为经济学的很多基础性问题，例如非理性决策的生物学基础、进化起源等，仍然不清楚。在动物的进化过程中，为了生存与繁殖，动物需要对收益与代价进行大量的权衡和抉择，这些抉择行为与人类的抉择行为在进化上有深层次的共同点。因此，以多个动物类群为研究对象，结合行为生态学、博弈论、心理学等学科的理论开展行为经济学的生物学基础研究，对于探索行为经济学的生理和心理基础、进化起源等重大问题，进一步理解、发展和丰富行为经济学理论具有重要意义。

关键科学问题：①行为经济学中非理性心理偏差的进化起源；②行为经济学的生理、心理基础；③性选择过程中配偶竞争和配偶选择的生物经济学分析；④博弈论在性选择理论研究中的应用。

三、国际合作重点方向与关键科学问题

1. 野生动物对全球气候变化的响应

全球气候变化及其对生物多样性的影响是国际科学研究的一个热点问题。我国作为世界上生物多样性特别丰富的国家之一，在全球生态系统中具有重要的地位和作用。全球变化正越来越深刻地影响野生动物的生存与繁衍，导致其分布格局变化、种群数量减少，甚至濒危与灭绝。越来越多的长期研究表明，气候变化以及人为因素已改变了许多物种的分布范围、活动节律、种群动态、生态系统过程以及种间关系，对动物资源的威胁日益明显，寻找和发展在全球变化背景下的动物资源保护对策是当前和未来的重要方向。

关键科学问题：①动物迁徙的时空格局及对全球变化的响应；②全球气候变化对动物生存和繁衍的影响过程和特点；③全球气候变化与重要动物类群分布格局的变化规律；④物种或种群间相互关系对气候变化的响应；⑤全球变化对动物多样性影响的监测、评估与应对措施。

2. 媒介动物与病原

媒介动物是一类特殊的动物，能通过生物或机械方式将病原体从传染源传播给人类、动物、植物等，主要以节肢动物为主，如蚊、蜱、飞虱、叶蝉等。媒介传播病原必须或主要通过媒介动物在宿主间传播，且对媒介没有明显的危害。作为一个交叉学科，本领域聚焦于媒介动物传播病原的过程与机制，阐明媒介传播病原的生物学基础。今后我国将继续发挥在媒介动物的特有生理生化领域的研究优势，围绕几类传播重要动物、植物病原的媒介动物，通过学科融合的手段，探索媒介动物实现病原传播的特殊的生理和行为基础，解析媒介、病原、宿主和共生物之间复杂的互作网络，解析媒介动物扩散的生物、环境和人类行为因素。筛选媒介传播过程中的关键靶点，通过阻断病原的媒介传播途径来寻求新的防控手段。

关键科学问题：①媒介传播病原的生物学基础，如吸血、发育、免疫和生殖等；②发展精准高效的媒介生物防治手段；③媒介-病原-宿主-媒介共生微生物的互作机制；④媒介动物大尺度扩散的生物、环境和人类行为因素；⑤解析媒介控制阻断病原传播的分子机制。

3. 环境污染对动物物种多样性和分布格局的影响

在人口压力大，工业化、城镇化进程迅速、资源过度利用和全球气候变化等因素综合影响下，生物多样性下降的趋势明显，尤其是工业化引发的环境污染问题对生态和健康的负面影响尤其突出。一些新型持久性污染物和环境内分泌干扰物，可通过长距离传输、转移，并经生物富集和食物链放大，对野生动物的生殖系统、免疫系统和神经系统等均具有潜在危害，尤其是生殖内分泌干扰效应对生殖健康的危害，直接影响到野生动物种群的生存和发展，地理分布格局和多样性。长期以来，物种多样性保护侧重于栖息地保护、遗传多样性评估等方面，而持久性污染物污染对栖息地生境影响的研究将进一步拓宽物种多样性保护思路。因此，研究环境污染物在环境介质中的迁移、转化，生物体内分布、积累格局和对物种的健康危害，是工业化大发展背景下迫切需要开展的工作，将进一步丰富物种多样性保护的内容，切实提高多样性保护成效。

关键科学问题：①持久性有机污染物在野生动物中的累积、代谢和富集规律；②持久性有机污染物暴露对野生动物的潜在危害；③综合污染胁迫下动物种群衰退和濒危的遗传学机制；④环境污染危害野生动物健康的风险评价技术体系。

第四节　发展机制与政策建议

1. 建立顶层设计和自由探索相结合的资助机制

围绕国家重大战略需求进行顶层设计，特别是生态文明（受胁动物保护）、人口健康（野生动物疫病和媒介动物）、生物产业（动物资源利用）等方面，提出明确的研究目标和科学问题，围绕目标设立项目群，集中力量攻关。同时，鼓励动物学家瞄准科学前沿进行自由探索，优先支持原创研究。

2. 培养优秀创新学术团队，探索相对稳定支持机制

采取有力措施，保障对现有优秀研究团队的长期稳定资助，以提升我国动物学的原始创新和集成创新能力，扩大国际影响。根据国际动物学的发展趋势和我国的国家战略需求，积极组建动物行为学、动物进化发育生物学、动物适应性进化和动物与全球气候变化等以动物学及分支学科为主体、相关学科人员参加的创新研究团队。选择重要研究领域和核心团队，择优进行更长周期支持，减少考核和评估次数，营造宽松科研环境。

3. 加强交叉研究，加强国际合作

动物学与其他学科的交叉是新增长点。动物学不仅要开展与生命科学其他学科的交叉，而且要与其他领域进行交叉，鼓励在交叉领域的创新性探索。此外，开展全方位、多领域、深层次的国（地区）际交流与合作。通过国际组织合作项目，研究探索建立具有实效性的长期双边和多边合作机制。积极参加国际技术合作计划，充分利用国际资源，加强国外先进技术的引进、消化吸收和再创新。

4. 加强平台建设

需要继续加大投入来加强实验室能力和环境建设。应加强博物馆、标本馆、野外研究台站等动物学科研基础设施和基地建设。设立专项，充分发挥平台的作用，形成比较完善的共享机制，实现动物学科技基础条件资源高效利用。此外，应积极推进我国动物资源尤其是珍稀濒危物种信息技术平台的建设，建立数据共享平台和网络，促进合作和发展，为政府决策提供服务。重点开展国家模式动物表型与遗传研究技术平台，国家实验动物胚胎、配子和干细胞库基础设施，国家模式动物资源保存基础设施等建设。

第三章

植物学发展战略研究

第一节　内涵与战略地位

植物学是研究植物形态、结构、生态、分类、分布、发生、发育、遗传和进化的学科，通过揭示植物生命现象和生命过程的客观规律，为开发、利用、改造和保护植物乃至环境提供理论依据。植物学的主要分支包括植物分类学、植物系统学、植物地理学、植物资源学、植物化学、植物形态解剖学、植物细胞生物学、植物生理学、植物发育生物学、植物生态学、植物病理学、植物遗传学和植物进化生物学等。从研究内容看，植物分类学、植物资源学及植物系统与进化等宏观学科关注植物资源的现状、变化和开发利用；植物生理学、植物发育生物学、植物病理学和植物细胞生物学等微观学科回答各种与植物生长、发育、生殖、衰老有关的理论和实际问题。

植物学的研究成果为农学、林学、生态学、园艺学和中药学等提供丰富的知识和理论基础，并为农业、医药、生物能源、生物新材料和环境保护等直接关系人类生存与健康的领域服务。当前，人类面临的能源、环境、粮食和健康问题非常严重，国家和社会对植物学研究的要求也越来越高。因此，植物学研究在揭示生命奥秘、探讨重要理论问题的同时，还要紧紧围绕国家需求，解决涉及国计民生的重大科学问题。植物学的发展还直接或间接推动了生命科学领域其他学科（如动物学、微生物学、遗传学、生理学和医学等）的发展。细胞理论的提出、遗传学定律的阐明以及转座子和 RNAi 等现象的发现都是最初在植物中完成并逐渐扩展到其他生物类群中的。很多基因在动植物中保守并具有相似的功能，对植物基因的研究也因此能够为动物和微生物中的相关研究提供借鉴。此外，植物还有一系列特殊的形态、结构和生理机制（如细胞壁、光合作用等），对这些现象和问题的研究有助于全面理解生命的奥秘。

为了进一步做好植物学科项目的立项资助工作，面向国家需求和科学前沿，促进学科发展，自然科学基金委组织专家就已经使用多年的申请代码进行了调整和优化，在一级学科植物学下设立了多个二级学科。当前的资助范围不仅涉及研究水平较高的植物系统发生、植物生长发育、植物激素、植物的环境适应性等领域，而且涉及古植物学、植物共生固氮、矿质元素与代谢、有机物合成与运输、水生/湿地植物与资源等较为薄弱的研究领域。此外，植物学学科还鼓励研究人员在植物系统学、入侵植物生物学、引种和植物种质保护、植物细胞的全能性、植物重要性状的分子基础、植物与其他生物的相互作用、植物对环境变化的响应等领域开展多学科综合研究；鼓励研究人员开展植物学与数学、物理学、力学、化学、地学、生态学、遗传学、生物信息学、仿生学、计算机科学和社会科学等学科的交叉。

第二节　发展趋势与发展现状

一、植物学的发展趋势

18 世纪瑞典博物学家林奈确立了双名法，拉开了现代植物分类学的序幕。19 世纪达尔文《物种起源》的出版，使进化思想渗透到了植物学研究的方方面面。到 20 世纪中期，各大类植物的形态特征、进化关系和分布规律都已基本清楚，植物系统学、植物地理学和植物生态学等宏观学科进入成熟时期。同时，随着植物细胞生物学、遗传学、分子生物学和计算机科学等的迅猛发展，以描述和观察为主的传统植物学逐步走向了以实验验证和还原分析为主的现代植物学时代，多学科结合和交叉的特点日益明显。

20 世纪 50 年代以来，植物生理学、生物化学和遗传学等植物学的分支学科得到了飞速发展。光合作用机理的阐明，光敏色素、激素和微量元素的发现，遗传育种技术的提高，同位素计年法的建立以及抗生物质的分离等，使植物学的经济地位更为重要。20 世纪 90 年代之后，分子生物学、数学、物理学和化学等的新概念和新技术的引入，使植物学在宏观和微观两个维度均取得了突出成就。如今，模式植物研究所积累的大量成果不仅为认识基因在生理、发育、细胞和生化等层次上的功能提供了重要依据，而且还促进了一些交叉学科的产生。例如，植物进化生物学与发育生物学和遗传学的融合，导致了植物进化发育生物学的建立，将植物性状演化机制的研究推向了一个新的高度；在植物基因组学、生物信息学和基因组测序技术的推动下，开展植物学研究的体系也从模式植物扩展到多种农作物，大大加快了对农艺性状的分子水平研究。

进入 21 世纪，分子生物学和功能基因组学等方面的研究带动了植物学的飞速发展。植物形态和结构功能、细胞结构与功能、生长发育、激素信号转导、环境适应性和次生代谢物等领域的研究取得了很多突破，已成为生物学的前沿和热点领域。同时，各种显微成像技术和蛋白质标记技术的应用，使得在细胞活体成像、各种蛋白质和细胞结构动态分析等方面有了突破性进展。另外，高通量 DNA 测序技术提供了海量的不同物种的全基因组序列，为解析不同物种的进化关系、阐释植物环境适应性的分子机制奠定了基础。这些进展扩大了模式植物的范围，极大地推动了植物学各个方面的发展。随着基因、蛋白质、功能和各种"组学"数据的积累以及以计算机科学和生物信息学为基础的大数据处理技术的发展，植物学研究飞速发展，学科的交叉和融合不断加强，数据的整合成为大势所趋。

随着现代科学的发展，植物学的发展趋势也由现象描述到机理揭示，多学科结合和交叉的特点日益明显，特别是在基因组学等各类组学技术以及生物信息学新方法等的推动下，植物学的研究已经实现从模式植物到农作物的全覆盖，大大加深了对重要农作物、重要农艺性状分子调控机制的理解。未来，高分辨率活细胞显微成像、生物学过程特异蛋白质标记、以冷冻电镜为代表的高通量蛋白质结构解析技术，特别是基于单细胞的各类组学分析技术以及以计算机科学为基础的大数据处理技术的发展，将进一步推动植物科学研究，以揭示植物生命活动的"本质"，为粮食安全、植物资源的保护和利用、生态环境的可持续发展等提供重要理论基础和科学指导。

二、植物学的发展现状

我国的现代植物学研究已有百年的历史。伴随着植物学研究队伍的不断发展壮大和我国经济的飞速发展，植物学研究的深度和广度也逐渐增加。如今，我国已经建立了规模庞大、方向齐全的植物学研究体系，涵盖了国际植物学研究的方方面面，如植物形态与发育、植物分类学、植物进化生物学、植物生理学、植物生殖生物学和植物资源学等。特别值得一提的是，我国的植物学研究极大促进和带动了农业、林业、牧业和园艺花卉等产业的发展，为植物资源的保护、开发和可持续利用提供了有效和重要支撑。

随着大量"组学"数据的产生以及以计算机科学和生物信息学为基础的大数据处理技术的发展，植物学研究飞速发展，学科的交叉和融合不断加强，"大数据"的整合成为大势所趋。在短短的几年内，我国植物学研究的产出规模和影响力均大幅提升。我国学者在植物系统进化、生殖发育、抗逆、光合作用、激素和信号转导、表观遗传调控和基因组进化等领域取得了一系列令人瞩目的突破性进展；在重要作物基因组测定和功能研究方面居于世界前列，阐明了植物重要生理和发育过程（如植物免疫、生殖发育、植物–微生物互作等）的遗传和表观遗传调控机制，揭示了中国植物区系的进化历史，解析了多个重要蛋白质（如光合膜蛋白复合体）的晶体结构并阐明了相关作用机制，在国际顶级刊物 *Nature*、*Science* 和 *Cell* 上发表多篇研究论文。此外，我国主办的植物学领域的国际杂志的学术质量、水平和影响力都显著提升，在国际上占据了一席之地。目前，我国已成为国际植物学研究的重要基地。

特别值得一提的是，在 2018 年植物学领域进入全球前 100 的机构中，14

个来自中国，在全球范围内排名第 2，表明了中国在植物研究领域综合实力的明显提升和重要地位（仅次于美国）。分析入选 π 指数期刊群的相关杂志 2014～2018 年的数据，中国的总发文量仅次于美国，位居全球第 2。这些分析充分表明了我国植物学研究机构的综合实力和整体水平。

作为我国植物学科的优势方向，植物系统进化、生殖发育、抗逆、光合作用、激素和信号转导、表观遗传调控和基因组进化等领域取得了明显进步和多项重要进展，也形成了良好的布局。但是由于学科发展的不平衡以及其他因素（如评价体系、技术手段）的制约，我国的植物学研究还存在一些问题，具体体现在：①关注各领域中制定研究框架相关的重大科学问题较少。②原创性和系统性成果尚显不足。研究内容和思路类似，技术方法缺乏创新，"跟跑"较多。③各领域间的发展不平衡。"冷门"和"热门"差别明显，有些方向的研究群体太小，有些研究方向非常薄弱。④学科交叉的意识不强。有些方向的研究方法比较保守，缺乏与其他学科合作解决科学问题的动力。⑤新技术和新方法的发展严重落后于其他学科，缺少专门研发植物特异相关技术和方法的专业人员。

第三节　重要前沿方向、新兴交叉方向和国际合作重点方向

一、重要前沿方向与关键科学问题

1. 植物资源的调查、分类、保护和挖掘利用

植物的调查不仅是研究植物多样性的前提，也是建设生态文明、开展植物资源的可持续利用和保育的基础。一个国家对植物资源研究、认识及开发利用的程度是其综合实力的体现。随着学科的发展以及相关学科的交叉，植物区系和分类学研究步入了多学科交叉融合、综合研究分析的阶段。《中国植

物志》中、英文版已相继完成，相对于大多数发展中国家而言，我国在植物志书编研方面处于领先地位。然而，由于受已有野外调查材料和研究手段限制，中国目前到底有多少植物物种、其具体分布如何等都还有待解答。因此，我国的植物资源调查以及区系和分类学研究仍然任重而道远。深入开展野外调查，收集更多的研究材料和影像资料，进行物种的重新界定，确认每个物种的空间分布，发展相应的物种 DNA 条码和人工智能鉴定手段，并开展多方面的植物资源应用和基础研究（包括分离特有的次生代谢物并挖掘其应用价值），阐明生物合成通路，寻找和驯化有重大应用价值的野生物种，利用转基因和生物合成等方法高效获得有应用价值的相关产物等是未来发展的重要趋势，也是我国急需的战略基础研究，更是我国植物科技腾飞的标志之一。

关键科学问题：①重要和疑难植物类群的物种界定、分类学修订和专著编研；②重要地域和特殊生境植物物种科学考察；③植物物种空间分布格局和区系地理；④ DNA 条码和人工智能等植物快速鉴定体系的理论与实践；⑤野生种质资源的挖掘、收集（特别是种子）、长期保存、驯化及生物技术改良；⑥植物重要次生代谢物的发掘、评价、结构解析、作用机理及其生物合成。

2. 植物进化的过程、原因和机制

对植物进化过程、原因和机制的研究既是植物学家和进化生物学家关注的热点，也是当今植物科学的前沿领域。国际上，在这一领域突出的研究，是将分子遗传学手段引入非模式生物，揭示特殊或关键性状起源和多样化的过程、模式和机制；将基因组数据用于系统发育或生命之树构建，阐明现有分布格局的形成与扩散路线；将基因组学和群体遗传学与分子功能验证相结合，解析非模式植物的环境（尤其是极端环境）适应性机制；整合研究系统发育、化石和物种多样化速率，阐明物种多样性形成的过程。然而，在该领域，我国的研究基础相对薄弱，目前仅有少数研究团队进入国际并跑阶段。未来多学科的深入交叉和融合以及新模式和技术体系的建立，将揭示重要和特殊植物类群的进化过程和模式、物种形成机制以及适应性进化的遗传基础，阐明关键性状起源和进化的分子机制，揭示不同生物类群间的互作模式，有望在进化生物学研究领域取得重大理论突破，全面提升我国在植物宏进化领域的国际引领作用。

关键科学问题：①重要植物类群的基因组系统发育和生命之树重建；②创新性性状起源和进化发育的分子遗传机制；③种间互作与协同进化机制；④基于化石与系统发育的物种多样化过程和古环境重建；⑤植物（极端环境）适应性进化的遗传基础；⑥植物物种形成和多倍体形成的机制。

3. 激素与环境信号调控植物形态发生和生长发育的机制

植物激素是植物体内合成的一系列微量有机物质，其与环境信号共同作用，通过干细胞介导，控制着植物生命活动的方方面面，从种子休眠、萌发、营养生长和分化到生殖、成熟和衰老。以植物激素和环境信号为主题的研究几乎涉及植物学研究的各个领域，对其调控机制的研究已成为人们认识和理解纷繁神秘植物生命现象的重要途径，是农作物产量和品质调控以及育种创新的重要理论源头。自我国启动"植物激素作用的分子机理"重大研究计划项目以来，我国科学家已经取得了一批世界一流的重要创新性研究成果，培养了一大批该领域的研究团队，奠定了我国在该领域的国际影响力。目前，虽然植物激素的受体已经被鉴定，各种激素和环境信号通路基本被建立，但是人们对激素和环境信号调控植物形态发生和生长发育机理的认识还十分有限。未来将围绕植物激素和环境信号的精准调控、植物干细胞和分生组织的维持和分化、植物可塑性的重编程及形态建成等问题开展全面系统的研究，深入了解植物形态发生与生长发育的分子调控网络，为进一步提高作物的再生能力、推动农业生物技术产业发展提供理论指导。

关键科学问题：①植物激素的稳态、剂量效应等介导的生长发育调控；②植物激素（包括多肽）的受体鉴定、新调控因子分离、信号转导调控机制解析；③激素间以及激素与生物和环境信号互作调控植物生长发育的分子机制；④植物干细胞命运决定、谱系建立、维持和分化的机制；⑤植物干细胞介导的器官/细胞/组织（保卫细胞、细胞壁等）形成机制；⑥植物器官/组织可塑性生长的调控机制；⑦植物环境可塑性的重编程及形态建成的分子调控网络。

4. 植物生殖调控与种子发育的机制

生殖调控和种子发育是植物生命周期中最为重要的阶段，不仅是植物繁衍和遗传后代的重要环节，也是重要农作物产量和品质形成的关键时期。生殖调控与种子发育过程中关键事件的调控机制是植物科学领域的重大基础理论问题，也是发育生物学研究的核心命题。近年来发展起来的转录组学、蛋白质组学、代谢组学等高通量分析手段为多层次研究植物生殖调控和种子发育的遗传和表观遗传调控提供了机遇。我国在植物茎顶端分生组织和花原基细胞的分化，花器官的形成，雌雄配子体和配子发育的起始、分化和成熟，双受精过程及其产物的形成，合子激活，胚胎模式建成，生长点发生，胚乳发育，营养物质累积和胚胎-胚乳相互作用等调控机制方面取得了多项重要进展。但是，目前对于这些关键问题仍缺乏时空程序性、单细胞或组织与整体关系等方面的系统性研究。未来研究将进一步关注植物受精过程中关键环节的调控机制、植物胚胎胚乳发育过程中细胞分化和器官发生以及胚胎-胚乳相互作用的调控机理等前沿科学问题，有效提升我国植物基础科学研究的全球引领作用，为促进农业分子育种提供坚实的理论支撑。

关键科学问题：①花原基发生与花器官分化的调控机制及网络；②雌雄配子体和配子的起始、细胞命运决定和发育机制以及雌雄配子体互作的分子调控机制；③双受精过程、合子激活、极性建立与胚胎早期发生的调控机制以及无融合生殖的遗传调控机制；④植物胚胎细胞分化和器官发生、胚胎-胚乳相互作用的调控机理；⑤单、双子叶植物胚乳的命运决定及发育异同，营养物质累积的分子基础；⑥种子发育的表观遗传调控机制以及种子成熟、休眠及萌发的发育与时序性调控机制。

5. 植物细胞的结构与功能

细胞是组成植物体的基本单元，也是植物进行各种生命活动的基础。揭示植物细胞结构与功能的相关研究一直是植物学研究的热点和重点。植物细胞具有复杂而精细的结构，其中各类大分子、特殊结构和细胞器等不仅是细胞的重要组分，也是完成各种细胞活动的基础元件。此外，植物细胞中还存在一些特有的细胞结构、组分和细胞器。已有研究表明，植物细胞通过精准的调控系统控制细胞的形态建成、细胞器的发生和功能、细胞器之间的动态联系和互作、细胞的可塑性发育、细胞间以及细胞与环境因素之间的信息交流，从而形成一个完整的生物学功能单元。未来研究将从不同层面揭示细胞不同结构和组分的发生机制和生物学功能，阐明细胞组分间的联系和互作模式，厘清细胞的基本结构、内部发生的各种细胞活动、结构和功能的关系，揭示生命活动是怎样在细胞中进行的。

关键科学问题：①植物细胞壁及其组分产生的机制和生物学功能；②植物细胞骨架的结构与功能；③细胞膜与内膜系统的产生与功能；④蛋白质分选与囊泡运输的机制；⑤细胞器（包括无膜细胞器）的发生、结构与功能的动态联系及互作；⑥植物细胞自噬的调控机理。

6. 植物与生物、环境因子互作的机制

无论是在自然还是人工农业生态系统下，植物无时无刻不在与生物因子（如病原或共生微生物、微生物群组乃至昆虫和其他植物等）和环境因子（如光、温、水、气、盐和 pH 等）发生着各个层面的动态相互作用。研究植物如何感受和适应生物和环境因子不仅是植物科学领域的重大基础科学问题，也是我国农业可持续、高效发展的重大需求。近年来，我国科学家已经初步阐明了植物对病原微生物的免疫机制及其与有益微生物之间的相互作用机制，揭示了植物响应非生物胁迫的信号通路并鉴定了一些重要的信号通路组分。然而，目前人们还不清楚在包含多类型、多层级的复杂互作系统中，植物生长发育如何适应环境，如何准确区分有益和病原微生物并建立共生或防卫反应。对于植物对不同生物信号和逆境信号的精确、多维度的感知过程，不同生物信号和抗逆信号之间的交互作用以及对植物生长发育的影响等科学问题还知之甚少。未来解析这些基础的生物学问题，将为现代作物分子育种提供重要的基因资源，为提高作物产量潜力、保障在不良生态环境下作物高产稳产提供理论依据。

关键科学问题：①植物–其他生物相互作用的系统解析与目标性重构；②植物与共生微生物互作的分子机制；③植物协同微生物组（非致病、非共生）适应环境（营养吸收、病害、逆境）及其互作机制；④植物感受和响应逆境信号及适应复合逆境的分子调控机制；⑤植物免疫的分子调控机制及新型分子挖掘；⑥植物抵御逆境胁迫新生物学现象的发掘和机理研究以及"超级抗逆植物"的分子设计。

7. 光合、固氮等重要植物生理过程的分子基础

光合作用通过将光能转化成化学能，将无机物转化成有机物，为地球上几乎所有生命活动提供物质与能量来源；生物固氮将分子态氮还原为氨，是植物获取氮素营养的重要途径。对光合作用和固氮机理两大重要生理过程分

子基础的研究能够为提高植物光能转化效率、降低农业化肥施用等提供理论指导，对于解决人类社会面临的粮食、能源和环境等问题具有重要的理论意义和应用价值。尽管过去对光能转化机理和豆科植物共生固氮机理进行了大量的研究，取得了一系列重要进展，但光合作用和固氮都是极其复杂的生物化学过程，其研究仍然存在许多瓶颈。全球气候和环境的变化，导致植物生长的光环境和土壤环境发生重大变化，深刻影响着植物的光合作用和固氮的效率。未来将结合当前环境因素，从光合膜蛋白、光合作用能量转化、光合碳代谢与同化、光信号转导和光能利用等方面揭示植物光合作用的机理，从植物与微生物信号识别、宿主植物和根瘤菌高效共生、非豆科植物共生固氮的改造等方面阐明植物固氮作用的机理，全面提升人们对两大重要生理过程的认识，同时为开辟太阳能利用和氮源利用新途径提供理论依据。

关键科学问题：①光合膜蛋白的结构与功能，光合作用能量吸收、传递和转化的机理以及光合碳代谢与同化产物分配运输的调控网络；②细胞核与叶绿体互作的分子调控机制；③光信号与其他环境信号协同调控植物发育、光能高效利用和光能固定的遗传调控及转化体系重构；④植物与根瘤菌间的信号识别机理；⑤固氮根瘤的形成、菌根共生及固氮的分子调控机理；⑥非豆科植物共生固氮、植物固氮体系的重构和高效利用。

8. 植物营养与环境修复

随着空气中 CO_2 含量升高以及土壤环境恶化，对植物营养与环境修复机制的研究已成为当今植物学研究的重要内容之一。目前该领域的研究已不再局限于 14 种必需矿质元素高效吸收利用的经典课题，而是面临诸多全新且紧迫的挑战，包括高 CO_2 和矿质营养之间的竞争与协同、必需营养元素与非必需元素间的识别及选择性吸收等。因此，植物细胞如何精准识别和感知体内外的矿质元素类别及丰缺度、如何协同 CO_2 与矿物质同化以适应高碳低肥的新要求、如何调控有毒元素的吸收分配，植物重要器官的建成和发育如何应答新的土壤和大气条件均已成为植物营养领域未来亟待解决的重要科学问题。对这些问题的回答不仅会极大丰富矿质营养调控及重金属植物修复的基础理论，推进人们对新形势下植物矿质营养更复杂内涵的认识，而且将为培育养分高效、重金属低积累以及兼具安全生产与修复于一体的绿色新型作物奠定理论基础。

关键科学问题：①植物细胞对矿物养分的识别和感知机理；②碳同化与矿质营养的相互作用；③重金属吸收、分配和解毒机理；④离子选择性吸收的分子调控机理和稳态建成；⑤矿质营养对器官发育的调控机制；⑥植物响应养分胁迫的分子机制和调控网络。

9. 植物染色质结构和表观遗传调控

染色体和组蛋白修饰的功能一直是生物学研究热点之一。自"组蛋白密码假说"提出至今，人们发现染色质和组蛋白修饰在生命体发育的多个层面发挥重要功能，如动植物细胞的重编程、染色体的稳定性、体节基因有序的表达调控、癌症的发生，植物的生长发育、逆境反应、环境适应性以及重要农艺性状的形成等。近年来，高分辨率成像及冷冻电镜技术的发展，为染色质及组蛋白修饰的重要性提供了一系列证据。然而，染色体和组蛋白修饰如何决定表型发育和环境适应还有待阐述；染色质及组蛋白修饰如何感知内、外界环境变化，继而调控生物体的生长发育；组蛋白上还存在哪些新的修饰位点及其生物学功能；尚不清楚。此外，在长期演化过程中，哪些组蛋白修饰与人工和自然选择有关，这些修饰有无可能参与长或短期记忆等；更为重要的是：哪些修饰是组蛋白修饰的核心，不同组蛋白修饰间如何协同调控，在转录和非转录水平如何参与个体的发育；基因复制、转录过程中染色质和组蛋白修饰动态变化以及功能维持；还需要进一步研究。未来对上述问题的深入研究将全面提升人们对生命过程基本调控机制的认识。

关键科学问题：①表观遗传修饰在 DNA 序列上的选择和建立机制；②染色质及表观遗传修饰在复制和转录过程中动态变化及传递机制；③ DNA 和组蛋白修饰等调控杂种优势与亲本印记的作用机制；④植物性状和环境适应性的表观遗传调控机制；⑤ RNA 在表观遗传中的作用机制；⑥表观修饰之间的互作以及新修饰位点和新修饰方式。

10. 植物代谢产物的合成生物学研究

合成生物学是按照工程学的概念，设计并改造生命体部分元件，甚至重新构造完整的生命体。该学科的兴起和发展为我国工农业生产向高效、绿色转型提供了最合时机的科技动力。植物代谢生物学是研究代谢物形成及功能的学科，能揭示生命现象和生命活动的本质特征，包括植物生长发育及环境适应性的分子机制。近年来，合成生物学在植物代谢产物合成（如基于微生物细胞工厂的活性天然化合物的合成）方面的应用取得了一系列突破性进展，极大地促进了植物代谢生物学的发展。未来植物代谢产物的合成生物学的研究将一方面聚焦于未知植物代谢产物的鉴定和功能研究、关键和重要代谢途径的解析、植物代谢产物演化机制及生态效应研究以及相关标记、示踪和多组学分析，另一方面致力于单细胞和多细胞植物底盘的研发，为最终实现植物代谢产物的高效合成奠定基础，以期为农业、工业和能源以及人类健康等领域带来颠覆性变化。

关键科学问题：①植物代谢物新结构的鉴定和功能以及特殊代谢物合成的机制；②植物关键代谢途径和重要代谢网络的鉴定及功能解析；③植物代谢多样性演化的分子机制及生态效应；④植物代谢物标记、示踪及多组学分析的新技术；⑤单细胞和多细胞植物底盘的挖掘、优化和设计原理；⑥植物源活性化合物合成途径重构及高效制造。

11. 基于单细胞（分子）分析的植物生物学研究

多细胞生物各种细胞类型之间存在异质性。从单细胞层面揭示植物体生长发育的规律、模式和机制是当今植物学面临的主要挑战。传统的方法仅仅能够对少数基因或蛋白质进行单细胞水平的研究，而要实现基因组层面的全局分析通常需要以组织或器官样本进行研究；细胞之间的差异被掩盖，因而基础植物学研究领域中尚有很多重要的科学问题（如植物发育过程和感病过程中细胞内和细胞间的精细调控机制）未被阐明。近年来快速发展的单一细胞类型分离技术和单细胞测序技术，使"组学"检测进入了细胞层面，为系统研究细胞个体在生长发育过程中的精细调控模式和生物学特性创造了条件。利用单细胞测序技术，我们已经对模式植物重要组织器官（如根）的细胞分型和发育历程有了更为深入的了解；结合多"组学"分析，初步揭示了植物发育过程中遗传学和表观遗传学未知调控机制。未来单细胞（分子）分析技术的发展将结合多组学数据，全面揭示植物细胞谱系的发育轨迹、构建精细的基因表达调控网络和表观遗传调控模式，为基础植物学研究的深入提供重要支持，为现代精准农业研究中种质资源的开发和利用提供理论依据，全面提升人们对多细胞植物生长和发育过程的认识。

关键科学问题：①植物特定细胞类型分离、细胞特异标志物和标记方法；②植物细胞谱系发育轨迹的精确描述；③植物发育过程的基因表达调控网络；④植物发育过程的表观遗传学重新编程机制和功能；⑤特定细胞类型的多组学研究（DNA、RNA、蛋白质、表观修饰、代谢物等）。

12. 植物研究新模式、新技术体系的建立

新模式和新技术体系的建立是解决生命起源及演化、生长发育与环境适应以及重要种质资源及其功能多样性机制等前沿科学问题的有效途径。植物学的飞速发展在很大程度上依赖于分子遗传学在拟南芥和水稻等模式生物中的成功应用以及基因组学在作物和其他植物中的普及。然而，分子遗传学、基因组学、生物信息学等技术的运用均接近平台期；更多具有代表性的模式体系亟待开发。能否在学科发展前沿理论、技术、方法及平台上占据一席之地并找到新的增长点，关系到我国植物学的可持续发展。在未来研究中，选择系统位置重要、形态结构特殊或经济价值明显的代表性植物物种，建立高通量遗传转化和基因编辑体系，将有效提升我国植物学研究的水平和地位；利用单细胞组学、人工智能等前沿技术，建立多维度、全方位的数字化智能分析模型，追踪植物发育过程中发生的各种外在和内在变化，将揭示植物形态建成和进化的奥秘；利用多尺度成像技术，发展高通量表型组学数据整合算法，实现植物在特定环境条件下的基因型与表型关联分析，将推动高等植物的精准设计与创造；建立单分子显微成像技术以及适合单细胞的多维组学技术，开发适合植物组织的空间多维组学技术，可将研究推向单细胞和单分子水平。

关键科学问题：①新植物模式体系的建立；②植物纳米颗粒技术的研发；③多维态组学；④人工可控环境下的表型组学；⑤高分辨率单分子显微成像技术。

二、新兴交叉方向与关键科学问题

1. 光合作用与人工模拟和合成

光合作用是地球上最大规模利用太阳能的生物化学过程。现代科学技术的发展为光合作用的研究和应用提供了新的平台和机遇。生物科学技术（如

组学和基因编辑技术）为光合作用的高效转化和精准设计及实践提供了强大的技术支撑；物理学技术手段（如超快时间分辨激光光谱和冷冻电镜技术）的发展和应用，能够实现在更高的时间和空间尺度探索光能传递和转化的过程；化学技术手段能够模拟光合膜蛋白复合体合成无机催化剂；最新的合成生物学技术可以为人工设计和合成光合回路和代谢途径提供可能。多学科技术的应用为光合作用机理的研究带来了新的重大发展机遇，当前光合作用研究领域正孕育着一系列重大突破和技术革新。未来围绕光合作用高效吸能、传能、转能和利用机理的重大科学问题以及仿生模拟的关键技术问题，开展植物学、物理学、化学、数学等跨学科交叉与联合攻关，将丰富和拓展复杂系统凝聚态物理、量子物理、催化化学和合成生物学等学科的研究，促进生命科学、物理学和化学学科前沿领域的交叉融合，为开辟太阳能利用的新途径提供依据。

关键科学问题：①关键光合膜蛋白复合体的结构解析与功能调控；②光反应与碳同化的分子调控及耦合机理；③光合作用水裂解机理；④光合作用合成生物学；⑤人工转化制氢技术体系；⑥光合水裂解人工模拟。

2. 植物形态建成的生物力学响应机制

自然界的生物具有纷繁复杂的形态结构，正是这种多样化和复杂化一直推动着人类不断探索自然的奥秘。揭示植物器官形态、结构复杂化和多样化的机制是生物学领域的核心问题，也是世界前沿和热点问题。近年来，计算机模拟技术的飞速发展及其与数学和物理学的整合，使得研究人员可以利用计算机为各种形态结构建立数学模型，以系统和动态方式来探索基因型和表型之间的联系，以定量方式揭示形态和结构多样化的原因和机制。我国学者通过将植物学与物理学、数学和计算机模拟技术相结合，已经揭示了力学信号在调控细胞协同生长和分化、器官塑形等过程中的重要作用，为在本领域开展深入的交叉研究奠定了良好的基础。然而，由于受到研究方法和技术手段的限制，生物体形态、结构复杂化和多样化的模式和机制并未完全解析。未来通过多学科的深入交叉和融合将重点研究植物器官形态、结构复杂化和多样化的过程与模式及其生物力学响应机制，从多角度深入阐明植物器官形态建成的调控机制，为发育生物学和进化发育生物学研究提供新思路和新方法。

关键科学问题：①植物细胞骨架-细胞膜-细胞壁连续体；②植物响应机械力作用的信号通路；③机械信号与器官塑形；④植物叶性器官形态和结构复杂化的过程和模式；⑤植物花粉管膨压与极性生长的调控机制。

三、国际合作重点方向与关键科学问题

1. 特色植物资源的收集、保护和挖掘利用

特色植物资源与农业生产、作物育种、生态环境、生物医疗、现代工业和生物能源等息息相关，是地球宝贵的财富。然而，随着地球气候变化和人类活动加剧，越来越多的物种，在人类还没有认识到如何利用时，就已经灭绝。在地球环境逐渐恶化的今天，收集、保护和挖掘利用特色植物资源迫在眉睫。由我国科学家发起的重大国际合作项目——泛喜马拉雅植物综合考察和植物志编研项目，为摸清这一地球上独特地理单元的植物种类和特色植物资源奠定了坚实的基础。中国科学院中-非联合研究中心的成立为当地生态环境和生物多样性保护以及植物资源的合理开发利用做出了巨大贡献。未来特色植物资源的收集、保护和利用，将在进一步拓展国际合作的基础上，立足全球，特别是生物多样性热点地区和研究薄弱地区，开展特色植物资源的考察和种质资源的收集，寻找和驯化具有重大应用价值的野生物种，开发新的农作物和经济作物，利用多学科交叉的研究方法高效获得有应用价值的代谢产物和遗传资源，确保特色植物资源的可持续利用，推进珍稀资源的共享和互惠，造福全人类。

关键科学问题：①特色植物资源和种质资源的调查、收集和保存；②特色植物资源的分类学修订以及物种空间分布格局和区系地理；③特色植物资源的挖掘、驯化、生物技术改良和新品种开发；④特色植物资源次生代谢物的发掘、评价、作用机理和生物合成；⑤特色植物资源DNA条码和重要遗传资源的开发、功能评价和利用。

2. 植物重大进化事件的发生机制

在植物进化的过程中，一些关键生物学事件的起源（如光合作用的起源、植物的登陆以及花和果的起源等）和独特重大地质和气候事件（如青藏高原

的隆升和喀斯特地貌的形成等）的发生直接或间接地导致了关键类群的起源和繁盛，从而深刻地改变了地球生态系统的格局。近年来，在我国学者和国际同行的共同努力下，植物生命之树的大框架已基本确立，主要植物支系间的进化关系和分化时间已基本清楚，对植物类群起源和性状演化分子机制以及植物支系大暴发与地质事件的发生和气候条件改变之间的关联等问题的探讨也已初见端倪。在此背景下，未来通过开展国际合作，对植物重大进化事件发生过程及其机制这一国际前沿问题进行联合攻关，是中国科学家在本领域取得突破性进展、占据国际领先地位的良好契机。对这一问题的研究不仅有助于揭示植物本身起源和多样化的历程和机制，而且有助于理解整个生物界及地球生态系统的演变过程和规律。

关键科学问题：①光合作用的进化与绿色植物的起源；②植物对气相环境的适应与登陆；③花、果的进化与被子植物的繁盛；④重要类群的进化与特殊生态系统的形成；⑤特有植物的进化与多样性热点的形成。

3. 植物重要生理和发育过程的分子和信号基础

植物的生长发育是一个复杂、有序的过程，受到多种内外源信号的精确调控，对相关信号感知及作用机制的了解有助于揭示植物生长发育的本质，并为农作物重要性状的分子改良提供重要线索和基础。近年来，我国植物科学家通过系统研究，在植物生殖发育和种子发育的分子机理、植物耐逆分子机理、植物激素作用及其分子机理、植物发育的表观遗传调控、植物进化发育遗传学以及光合作用和生物固氮等重要生理过程中的信号转导及其交叉等方面取得了重要进展。未来进一步通过高效、实质性国际合作，强强联合，优势互补，围绕植物重要生理和发育过程的信号和分子基础这一国际前沿问题进行联合攻关，将有助于在相关领域取得突破性进展、引领国际研究的前沿。

关键科学问题：①植物重要生理和发育调控的信号转导及其交叉；②植物重要生理和发育过程的表观遗传调控机制；③植物发育可塑性及环境适应性的信号和分子基础；④重要信号分子（激素、小肽等）调控植物生长发育的新途径。

4. 植物重要结构和性状的模拟、设计与重构

从绿色植物的起源到被子植物的繁盛，植物在漫长的演化过程中产生了

一系列具有重大意义的性状，是植物适应地球环境特别是陆地环境并繁衍生息的基础。这些重要性状包括：叶绿体在真核细胞中的共生直至成为一个不能独立生存的细胞器、细胞壁成分的改变以应对高紫外线照射环境、演化出维管组织以支撑植物生长并进行水分和营养物质的高效运输、演化出花粉管使受精作用脱离对水的依赖等等。对重要演化性状进行分子机制研究并实现完全或部分的异体重构，将解决植物演化生物学领域重大原创性和前沿性科学问题，也是理解演化过程和促进农业分子育种最有效的解决方案之一。近年来，随着进化生物学、遗传学、比较基因组学、分子生物学和发育生物学等学科的发展，几百种植物的全基因组序列得到解析，植物生命之树的大框架基本确立。未来通过与国际同行联合攻关，研究"植物重要演化性状的模拟、设计与重构"所涉及的重大科学问题，不仅将极大地提升人类对于植物演化在分子层面上的认识，对于理解植物与地球、人类之间的关系等重大科学与哲学问题具有不可替代的理论支撑意义，而且是中国科学家在植物进化机制研究方面取得突破性进展、占据国际领先地位的良好契机。

关键科学问题：①叶绿体的产生与真核光合细胞重构；②植物细胞壁的起源、适应化演化与重构；③植物维管组织的起源、适应化演化与重构；④种子植物花粉管的起源与重构；⑤被子植物精细胞鞭毛的重构；⑥被子植物由陆生向水生的"次生"演化过程的机理及重构。

第四节　发展机制与政策建议

1. 加大国际合作与交流的力度

加强与国际组织和机构在热点领域和新兴方向上的资源和大数据共享，并鼓励联合申报国际合作项目，通过协同攻关，共同解决制约发展的关键科学问题。

2. 保障优势学科，扶持薄弱学科

继续加大对优势学科的支持力度，鼓励开展探索性、创新性和前瞻性基础研究，确保我国在某些领域和方向的优势地位；支持薄弱学科的发展，积极培养相关方向的领军人才，以保证学科的平衡协调发展，提高我国植物学研究的整体水平。

3. 加强重大基础设施和平台体系的建设和共享

加大对基础性科研平台和支撑体系（如植物信息数据库、标本馆系统、种质资源库、突变体库和代表性物种功能平台等）的建设投入，重视对基础设施的更新和维护，保证研究工作的长期性、稳定性和探索性；在现有研究的基础上，鼓励建立新模式体系，开发新技术和新方法，以满足当前植物学研究的需要，推动高等植物的精准设计与创造，揭示植物形态建成和进化的奥秘。

第四章

微生物学发展战略研究

第一节　内涵与战略地位

　　微生物是形体微小、结构简单、通常不为肉眼所见的单细胞或以细胞簇组成的生物，多数采用无性或初级的有性繁殖，细胞通常不分化。微生物种类繁多，包括细菌、古菌、真菌、立克次体、支原体、衣原体及单细胞藻类等细胞生物，也包含病毒等非细胞生物。尽管形体微小，微生物在地球与生命演化过程中发挥了重要的作用。作为地球上最早的居民并经过几十亿年的进化，微生物已成为地球上多样性最为丰富、分布最广的生物类群。它们通过氧化还原反应改变地球元素的价态，通过光合、化能自养与固氮作用改变大气成分，促进岩石矿物风化、土壤及矿藏形成，改变海洋、湖泊、湿地中碳、氮、硫等重要元素的形态和组成，与地球环境协同演化，推动了地球上繁茂多样的生命形式的发生与发展。而病原微生物导致的人、动物传染病，加上新型病原和耐药菌的产生，对人类健康造成危害。因此，认识微生物及其功能是人类社会健康发展的基石。

　　微生物学研究各类微生物的形态结构、生理生化、遗传分化、分类进化、物种间互作以及与动植物、人类和环境互作的科学，是生命科学的一个重要分支学科。微生物常被作为模式生物用于现代生命科学研究中，探索和揭示生命活动的基本规律。人类对生命特征及其活动基本规律的认识以及用于现代生物学的许多关键技术方法和思路来源于对微生物的研究，如利用微生物证明了 DNA 是遗传物质、确定 DNA 双螺旋结构、揭示遗传密码以及建立中心法则的研究思路和实验材料、方法也与微生物学密切相关；从微生物发现了 RNA 逆转录酶、限制性内切核酸酶、*Taq* DNA 聚合酶等，以微生物为研究材料首先实现了以 DNA 重组技术、PCR 技术为标志的分子生物学的兴起和发展；DNA 测序最先在噬菌体基因组上完成，而酵母双杂交、细菌双杂交技术等为功能基因组学研究提供了重要手段；目前已成热点的合成生物学研究主要以微生物为研究对象，基于支原体的人工合成细胞已经诞生；近来广泛应用的 CRISPR-Cas9 基因组编辑技术源自对微生物遗传特征的研究；基于古菌使用终止子编码第 22 种氨基酸而建立的基因密码子扩展技术已尝试用于肽类药物的研发。对病原微生物的致病、传播及耐药机制的研究为人类提供了应对它们的新思路和措施。

微生物学具有显著的学科交叉及系统性特点，与生物化学、遗传学、分子生物学、细胞生物学、结构生物学、组学、生物信息学、生命起源与进化、生物医学等学科密切交融。微生物学与化学、数学、物理学、地球科学等非生命学科已形成新的交叉学科方向，利用其他学科的理论和技术研究微生物，大大促进了微生物学科的发展，如以物理学及机械制造思路产生的合成生物学、与地球科学交叉形成的地微生物学等；微生物学与材料科学、纳米科学、光学、仿生学、计算数学等学科的交叉也形成了新的学科生长点。

微生物具有多样的代谢功能和极大的遗传容量、繁殖快、易于工业化、开发链条短、可遗传操作等优势，已成为医药生产、污染物降解、维护生态健康、工农业生产中不可或缺的生物类群。如微生物产生的青霉素的应用挽救了无数生命，使人类的平均寿命大大提升。因此深入认知微生物、应用有益类群、防控有害微生物对解决人类社会面临的粮食危机、环境恶化和健康等诸多问题有重要意义，是保证人类社会可持续发展的基石。

第二节　发展趋势与发展现状

一、微生物学的发展趋势

巴斯德（Pasteur）否定生命的自然发生说，倡导胚种学说；科赫（Koch）发现炭疽杆菌是炭疽病的致病菌，提出了科赫法则。贝杰林克（Beijerinck）发明了富集和分离微生物纯培养物的技术；布赫纳（Buchner）发现酵母无细胞滤液发酵葡萄糖产乙醇和 CO_2，开启了微生物的生物化学研究。之后微生物产生的一些重要物质（如抗生素、维生素等）不断被发现，催生了工业微生物产业和工业微生物学。病毒学方面，伊万诺夫斯基（Iwanowski）及贝杰林克从患烟草花叶病的烟草中分离到病毒；勒夫勒（Loeffler）与费罗施（Frosch）分离鉴定口蹄疫病毒。20 世纪以来，真菌学、细菌学、病毒学、工业微生物学、土壤微生物学、植物病理学、医学微生物学及免疫学等微生物学分支学科迅速发展，包括证明 DNA 是遗传物质，DNA 双螺旋结构模型；发现病毒编码的逆转录酶；实现 DNA 体外重组；建立了 DNA 测序方法；发明了 PCR 技术。微生物学一跃成为生命科学领域内一门发展快、影响大、发挥引领作用的前沿学科。在重组 DNA 技术、代谢工程的推动下，基于微生物的生物技术产业迅速发展。始于微生物学研究的基因克隆和测序技术奠定了大规模基因组测序的基础。如今，基因组测序以及转录组学、蛋白质组学、代谢组学已成为微生物学研究的常规手段。人工设计和制造生命成为热点，微生物体系再度引起关注。2010 年，基于支原体的第一个人工合成细胞诞生。此外，源自微生物的新技术，如 CRISPR-Cas9 等正在掀起生命科学与技术发展的新浪潮。

分子生物学手段也提供了认识微生物多样性和系统进化的全新视角。1977 年，科学家通过 SSU rRNA 序列分析，发现了第三种生命形式——古菌，提出古菌、细菌和真核生物构成生命的三域。采用基于 SSU rRNA 的分子生态学手段，微生物学家可绕过纯培养这个限制认识环境中尚无法培养的微生物，调查地球上微生物的种类，并结合地质学研究手段探究它们的生态功能。

新中国成立后我国重点开展微生物学应用研究，致力于服务国家经济建设。以抗生素厂、酒精厂等为代表的现代微生物工业开始发展，选育了一批优良菌种，促进了医药工业和发酵工业的发展；获得了一些医用和农用抗生素；大量培育和推广根瘤菌、好氧固氮菌和有机磷分解细菌等；利用微生物勘探石油等。改革开放以来，基础研究受到重视，应用与基础微生物学的发展趋于均衡。与其他生命学科一样，我国的微生物学进入了快速发展的新时期，并且逐步融入国际微生物学科发展之中。在微生物资源的收集和系统分类、微生物基因组学、微生物 DNA 的硫修饰、微生物次级代谢、极端微生物、人肠道微生物、微生物与植物/动物等的相互作用、病原微生物与免疫等诸多领域做出了系统的原创性工作，在部分领域接近或达到国际先进水平。

在生命科学研究的发展历程中，微生物学发挥了不可或缺的模式作用，提供了认识生命基本规律的重要理论。对微生物特殊的生命过程及遗传多样性的研究揭示了它们具有其他生物没有的代谢功能和遗传容量，对它们的研究不仅催生了新型的生物技术，也提供了防控病原微生物的策略。尽管随着高等生物模式体系的完善和新研究技术的发展，微生物在生命科学中的"模式材料"地位受到挑战，但不可否认的是微生物在物种进化、生物圈及地球环境中的地位和作用，对其深入研究将极大地丰富生命科学的内涵。另外，由致病微生物引起的新发再发传染病，导致多起全球公共卫生紧急事件，危害国家生物安全及社会稳定。因此研究病原微生物致病机制、传播机理、进化规律、与宿主互作机制等，将为研发抗微生物感染的新型策略奠定基础。大数据、新技术方法不仅是国民经济和社会发展的新需求，也对微生物学科的发展产生了重要影响，使得微生物学呈现出以下发展趋势：

（1）模式微生物的研究依然是生命科学基础研究的核心。对代表不同生命形式或不同类群的微生物模式体系的基本生物学过程的研究，将产生关于生命的新认识、揭示生物生存策略和演化的奥秘，为人造生命及过程的设计、改造、创造奠定基础。

（2）微生物特殊代谢能力的研究将继续作为热点。具有潜在应用前景的微生物代谢途径及调控将继续受到关注，随着系统生物学、合成生物学等的兴起，新代谢途径乃至新型细胞工厂的创建将催生新的生物技术。

（3）病原微生物研究将持续受到高度重视。面对新发和再发传染病以及潜在的生物恐怖袭击的威胁，病原微生物的基本生物学、进化规律、致病机理及耐药产生机制等仍是微生物学研究的重点。

（4）微生物与地球环境相互作用的研究将是增长点。调查地球微生物的多样性、认识未培养微生物、探讨微生物在地球重要元素生物化学循环中的作用以及对环境变化的响应机制将是微生物学研究的新增长点。

（5）微生物学科的进步将愈加依赖新技术、新方法。新培养技术、单细胞/单分子技术、组学技术、保真采样技术、原位检测技术、模拟系统等不断出现的技术手段，将广泛运用于微生物研究中；随着大数据时代的到来，微生物学研究思路和方法也将发生重大变革。

（6）微生物学与其他学科的交叉融合不断加强。微生物学与化学、材料科学、纳米科学、光学、仿生学、地球科学、计算数学等的交叉将形成新的学科生长点，以合成生物学、地微生物学为代表的新兴交叉学科将得到长足发展。

二、微生物学的发展现状

在国家需求的拉动下，科研投入大幅度增加，我国微生物学的人才队伍迅速壮大，研究布局趋于合理，基础和应用研究水平均有很大提升，领域加权引用影响因子略高于世界平均水平。高质量研究增多，并具备国际竞争能力；但系统性的理论性突破较少。应用研究依然是主体，对生物技术产业的支撑作用有所提升。

我国的微生物资源、分类与系统发育学研究具有国际优势，资源收集和新物种发现达到国际先进水平。但系统进化研究的水平不高，尚未提出相关理论。微生物遗传学及组学研究具有深厚积淀，在微生物 DNA 硫修饰，病原细菌微进化、生长发育及形态分化，极端古菌遗传机制及环境适应性等方面获得了系列创新成果。基于组学的微生物研究不断突破，如蛋白质组学研究发现沙门氏菌蛋白质的赖氨酸乙酰化修饰调控糖酵解过程。开展了各种极端环境及人肠道、瘤胃的元基因组学研究，人肠道微生物菌群与人体健康关系的研究取得了重要创新性成果。但在微生物表观遗传学领域的研究工作尚不多。微生物生理学与生化及酶学与酶工程一直有所布局，关注特殊代谢能力的微生物、极端微生物和病原微生物、有新催化功能的酶的筛选鉴定及分子改造。组学、生物信息学的发展促进了在组水平研究微生物生理学和代谢调控网络。放线菌次级代谢与抗生素合成的研究达到了较高水平；揭示了病原菌效应蛋白的分泌系统及其抑制宿主细胞信号通路的机制；极端古菌的遗传、特殊代谢途径、CRISPR 的研究方面取得了系列重要成果。但系统性研究微生物生理学、初级代谢和能量储存途径等较少，制约了我国微生物学的整体发展。在植物病原菌的致病机理，尤其在病原细菌和病毒操纵宿主植物基因表达、代谢和提高侵染方面取得了具有国际水平的研究成果。完成了多种农作物重要病原菌的基因组分析，鉴定了系列病原菌效应因子。完成多个联合固氮菌转录谱和蛋白质谱分析及植物内生菌研究。但在植物病原及有益菌与宿主、传播媒介间互作研究方面有待加强。我国在病原微生物学领域已拥有一批实力较强的科研团队，在鉴定病原微生物及其基因组学、进化、致病机制、传播机制、耐药机制和病原宿主互作、病原变异、疾病流行与环境因素的关系等方面取得了可喜的成绩；但针对一些易被忽视的病原微生物的研究有待加强。环境污染及公众环境意识的提高，推动了我国环境微生物学及环境微生物技术的快速发展：发现了多种降解农药、石油组分的微生物及新代谢途径；开展氮、碳等元素转化与土壤肥力、气候变化、环境修复的系统研究，在污水处理的微生物学过程方面取得了系列进展。但对环境微生物学的基础研究欠缺。随着国际上合成生物学的兴起，我国启动了微生物底盘细胞、元件设计、代谢途径搭建改造、多细胞体系合成等计划，并成功人工合成酵母染色体，构建了单染色体酿酒酵母。目前合成生物学的基础仍在于微生物学，但我国在微生物的基本生物学及生理学研究积累较薄弱，将影响人工设计改造和创建微生物细胞或生物学过程的能力。学科发展的突破往往依赖新技术，近年来，我国学者不断将新技术和新设备用于微生物学研究，已搭建单细胞 DNA 扩增、活体单细胞代谢活性测定、大片段 DNA 片段高效组装等新技术平台，并研制了相关仪器设备，如深海高压模拟培养装置、单细胞拉曼分选系统等；但与发达国家相比自主设备研制能力十分薄弱。

第三节　重要前沿方向、新兴交叉方向和国际合作重点方向

一、重要前沿方向与关键科学问题

1. 模式微生物的系统研究

在生命科学研究中，模式生物发挥了极其重要的作用，许多重大发现来自于对模式生物，尤其是模式微生物（如大肠杆菌、噬菌体、酵母菌）的研究。模式生物的研究水平在很大程度上反映了一个国家生命科学的研究水平。随着高等生物模式体系的完善，模式微生物在高等生物研究中的借鉴作用有所弱化，但其对于研究生命运动的基本规律，尤其是复杂的调控机制依然不可或缺，特别是微生物具有极为丰富的遗传和代谢多样性。因此，研究不同模式微生物，对于认识生命演化规律、适应策略和在生物圈及地球环境中的作用至关重要。我国在模式微生物的研究方面已经开展了一些有特色的工作，但总体上看，系统性和研究深度尚待进一步加强，而且，不同重要模式微生物的研究还不平衡。为了有效提升我国微生物学基础研究的水平和国际竞争力，建议在"十四五"期间，通过持续稳定支持，引导和鼓励以同行认可的重要模式微生物以及新模式微生物为研究材料，针对重要科学问题，展开原创性、系统性长期研究，实现概念与理论体系的创新。

关键科学问题：①细胞或病毒颗粒的形态发生、结构组装与功能；②基本生物学过程的分子机制；③表观遗传机制、染色体结构动态调控与功能；④物质与能量代谢及其调控；⑤细胞分化与生长发育。

2. 微生物系统分类、适应与进化

微生物的生物多样性最为丰富，分布最为广泛，生物量也极为庞大。然而，尽管人类对微生物资源的收集已从传统的陆地土壤扩展到深海、热泉、极地等极端环境，目前已分离培养的微生物仍远远不足。因此微生物是地球

上规模最大的、尚未充分开发利用的生物资源。物种识别、分类系统的建立和系统演化关系的解析是分类学研究的主线。我国微生物资源丰富，微生物资源收集保藏工作也已有一定的规模，系统分类体系的建立也有很好的积累和基础，但新分类体系特别是重要的和包括高分类阶元的分类体系的建立有待突破；同时在物种进化方面的研究待加强。近年，利用高通量测序技术已从上百种无脊椎动物和脊椎动物中发现数千种新型病毒，推测自然界的动物中存在百万级以上的未知病毒。而目前人类已知的病毒仅数千种，说明除了引起宿主疾病外，大量未知病毒对生物圈的维系和演化具有重要作用。"十四五"期间，应鼓励和支持建立微生物系统发育学新理论、新方法，发展新的微生物分类体系，利用生态学、组学、生物信息学等多学科手段，鉴定生物圈内细菌、病毒及其他微生物的多样性，认识微生物与地球环境的共进化机制以及物种形成机制，促进对微生物资源的全方位认识和利用。

关键科学问题：①特殊环境微生物的资源发现与价值评估；②生物圈中的病毒组学研究；③建立基于基因组学的新分类体系；④微生物在自然选择与人工选择下的进化机制；⑤微生物多样性及物种演化规律；⑥微生物群落中物种间的相互作用。

3. 微生物特殊代谢途径与分子调控

代谢途径多样性是微生物多样性的重要内涵，是微生物在长期演化过程中适应环境的结果。随着对微生物在物质转化中作用的研究不断深入，陆续发现了一系列新的微生物初级代谢途径（如碳固定途径），大大拓宽了对微生物代谢多样性及其生态功能的认识。应鼓励开展微生物新代谢途径及其调控机制的研究，揭示不同环境中微生物的生命特征及环境适应机制。微生物的代谢多样性还体现在次级代谢的多样性。次级代谢虽然不为微生物生存所必需，但次级代谢的产物是微生物之间，微生物与植物、动物互作过程中的重要功能分子。更为重要的是，微生物次级代谢产物是医用和农用抗生素的重要来源。近年来，病原菌耐药性问题日益严重，给传染病的控制带来了巨大威胁和挑战，发现新型抗生素已成当务之急。近年来发现的微生物非编码 RNA（ncRNA），在细胞生命活动中发挥重要的调控作用，成为微生物领域中的重要学科前沿，但其复杂多样的生理功能，尤其调控微生物代谢的分子机制还需深入系统的研究。

关键科学问题：①微生物新代谢途径的发现和解析；②微生物初/次级代谢及其生理生态功能；③初级代谢与次级代谢途径的耦合机制；④隐性次级代谢产物生物合成基因簇的激活表达调控机制；⑤微生物 ncRNA 的发现、鉴定和调控功能机制。

4. 微生物酶学

微生物的生命过程大多是由酶催化完成的，微生物的遗传与代谢多样性以及生存环境多样性决定了它们产生的酶的催化和理化性质的多样性，因此，微生物是酶的最大资源库。酶学研究一直是我国微生物学领域的研究热点，在微生物新酶筛选和鉴定、催化特性及其改造方面开展了大量工作，特别是近年来，采用基因组学、功能基因组学、元基因组学、结构生物学、蛋白质工程等手段，获得了一批具有应用前景的酶。但总体上，我国在酶促反应机理、酶催化的分子机制及其结构基础、酶的结构与功能关系的研究方面还不够深入。

关键科学问题：①具有新颖催化机制或特殊理化性质的微生物新酶的发现；②微生物酶的催化机制、结构与功能关系；③重要酶促反应机理、酶的底物特异性与功能杂乱性；④微生物酶的分子改造与进化；⑤微生物酶在生物催化领域应用的研究。

5. 微生物群落物种间互作

自然环境中的微生物生活在群落中，它们除了个体生长、繁殖外，还与群落中其他微生物密切互作形成网络。这种互作包括同种和异种微生物细胞间的代谢物交换、能量耦合（如互营代谢驱动热力学限制性反应，纳米导线或细胞色素 c 介导的物种间电子传递）和信息交流。微生物群落组成受自然环境的影响，而如何影响尚存争议。解释微生物群落的组装机制已成为微生物生态学研究的主要目标之一。群体感应是微生物种群内及种群间的重要通信方式之一，调控多种生理行为，如生物发光、群体运动性、生物被膜形成、致病性及耐药性等。作为一种特殊的群落结构，生物被膜内的微生物对不良生存环境的抵抗力，如耐药性，大大增强。生物被膜内细菌间相互接触的机会增强，促进了基因的水平转移及在自然环境中的竞争力。揭示细菌生物被膜的形成、结构、细胞间通信与调控、瓦解等过程和机制，是当今微生物学领域研究的热点。另外，微生物群落在固体表面的群体运动，是微生物群落适应环境的重要策略，近年来得到了越来越多的关注，成为细菌群落研究的热点之一。

关键科学问题：①微生物群落中单细胞行为与互作机制；②微生物细胞间通信、物质交换、电子传递等过程与生态功能；③群落中微生物相互作用网络模型与定向调控机制；④微生物群体感应的信号分子、转导机制及群体行为的调控机制；⑤微生物生物被膜的形成、结构与瓦解机制，Swarming等群体运动调控机制。

6. 特殊/极端环境微生物及其环境适应机制

地球生态环境具有极大的多样性，包括低温、高温、酸、碱、盐、干旱、强辐射、寡营养、有氧、无氧、高压等环境。在这些自然环境中均发现微生物的存在。大洋水体、海底及深部生物圈，极地海域，极地陆地土壤、冰川等，都生活着大量的微生物。在长期的适应与进化过程中，微生物形成了独特而形式多样的遗传与代谢机制，从而适应不同的生态环境。同时，微生物适应环境还与其所在群落中微生物的组成有关，某些特定微生物的存在可以保护群落中其他微生物。微生物的生命活动反过来对地球环境产生了重要的影响，它们在物质循环、能量流动方面发挥了重要作用，是生物地球化学循环的引擎，影响地球环境、地球气候变化等。因此，开展微生物与环境的相互作用研究，揭示微生物适应极端环境的机理，对于认识生命的本质以及与地球的共进化、创新生物技术具有重要意义。我国在极端环境微生物，包括海洋微生物研究领域开展了一些研究工作，但研究覆盖面还比较小，系统性研究较少，设备依赖型研究水平较低。

关键科学问题：①高温、低温、高盐等极端环境下微生物的生命特征与环境适应机制；②海洋（尤其是大洋、深海、极地等区域）微生物的多样性、生命特征、生态功能与环境适应性；③极端环境微生物（包括海洋微生物）在碳、氮、磷、硫等重要生源要素生物地球化学循环中的作用；④群落组成对微生物环境适应性影响的机制；⑤地球深部生物圈的构成及物质与能量代谢；⑥环境病毒的多样性、基本生物学特征及生态功能。

7. 环境污染物的微生物降解及转化

现代化学工业的发展和人类生活方式的演变，使得地球环境化学过程日益复杂，除了长期积累的天然或化学合成的污染物之外，新型污染物以及危险废弃物不断出现，其种类繁多，对人类生活、生产以及生态系统造成了日益严重的影响。微生物是地球上最早出现的生命形式和生态系统中的分解者，在新型污染物的分解转化、元素的生物地球化学循环中发挥着至关重要的作用。微生物能够以极快的速度适应污染环境，并进化出相应的代谢途径。近年来，我国在环境污染物降解的微生物代谢途径、降解酶基因、催化酶系、代谢调控以及生物修复等方面的研究取得了一系列重要进展，但在新型污染物的微生物细胞吸收转运、分解代谢、趋化感应等生理和细胞行为的过程和机理，以及进化途径和驱动进化的动力等方面研究还不够深入。

关键科学问题：①重要农用化学品及工业污染物的生物降解及代谢途径；②新型污染物的微生物降解过程和降解途径；③微生物对环境污染物的趋向性及降解过程的调控；④微生物降解污染物代谢途径的进化过程及其驱动力；⑤原位条件下污染物的微生物降解及污染环境的生物修复技术原理。

8. 微生物与植物互作

微生物对植物的影响分为有害和有益两类。近年来，细胞生物学、分子生物学、结构生物学以及各种组学技术、高通量测序技术、单细胞测序技术、单分子成像和活体动态成像技术的发展，对植物病原微生物和有益微生物（如固氮、根际微生物和植物内生菌）的生活史和结构以及微生物与植物互作关系的研究逐渐由宏观到微观，由分子到原子，由静态到动态（不同发育阶段），由单基因功能到基因网络的调控，不断深入。对与植物互作微生物的基本生物学特征，包括增殖与复制、生理生化、遗传发育（真菌）、结构与组装（病毒），有了更多的了解。而在组学和生物信息学等手段的帮助下，对于微生物与植物互作过程中两者的基因表达调控规律，蛋白质、小分子以及小 RNA 的跨界调控等的认识也更加深入。

关键科学问题：①植物病原微生物和固氮、共生及内生微生物的基本生物学特征；②植物病原微生物致病因子的系统鉴定、致病机理及毒性变异的规律；③昆虫传病毒侵染过程中的介体昆虫、病毒和植物三者相互作用机制；④共生和根际微生物（包括菌根真菌）增强宿主植物抗逆性的作用机制；⑤固氮微生物的遗传多样性与遗传改造；固氮基因表达的网络调控机制；⑥固氮酶催化的分子机制（包括固氮酶的结构、功能及活性调节）。

9. 病原微生物致病及与宿主互作机制

病原微生物与人类健康密切相关。病原微生物侵染宿主的过程包括入侵、复制、免疫逃逸、释放子代个体等一系列复杂步骤。病原微生物可利用本身的感染因子或宿主因子完成感染周期。在宿主的免疫压力下，微生物可发生遗传变异，实现对宿主的免疫逃逸或耐药。病原微生物与宿主互作是一个复杂的博弈过程，研究病原微生物的生长代谢、遗传变异、与宿主相互作用、免疫应答规律等将有助于全面理解病原微生物致病机制，为研发新型微生物防控措施提供理论基础。近年来，我国在新发和再发病原微生物鉴定、基因组学分析、进化分析、致病及耐药机制研究、病原与宿主相互作用研究等方面取得了重要进展，但是研究的系统性、综合性和交叉性方面仍需进一步加强。

关键科学问题：①重要病原微生物的基本生物学特征，生长代谢、遗传变异的分子生物学规律；②重要病原微生物中关键致病因子的鉴定；③重要病原微生物与宿主互作研究，重点关注微生物免疫逃逸的研究；④重要病原微生物耐药机制研究；⑤新型病原微生物的鉴定与发现。

10. 健康和疾病微生物组研究和应用

人体微生物组在维持健康中起着至关重要的作用，又是多种重要的代谢和免疫疾病的诱因。微生物组的结构复杂、功能多样，易受人体的饮食、环境和生活习惯等多因素影响。现代化的饮食和生活习惯导致的人体微生物组失调影响消化系统、呼吸系统、循环系统和中枢神经系统等的功能，最终导致一系列的疾病。对于微生物组的基础研究，涉及其结构、功能、影响因素及所需的研究技术，一直是国际上的着眼点，也是各国科技竞争的热点。

关键科学问题：①代表性重大非传染性慢性病的微生物组结构和功能特征；②基于微生物组的诊断、干预和治疗手段研究；③微生物组的新系统研究方法和技术；④微生物组来源活性分子的挖掘和药物开发。

11. 噬菌体与宿主菌互作机制

噬菌体与宿主菌的互作对微生物生态群落结构、微生物生命进化与环境适应都产生了深刻而巨大的影响。噬菌体与宿主菌长期的协同进化形成了丰富而复杂的互作机制，成为众多颠覆性生物技术的基础。基于宿主菌限制修饰系统的基因克隆技术和基于 CRISPR-Cas 系统的基因组编辑技术等，均发端于噬菌体与宿主菌互作机制的解析及其功能元件的开发。系统开展噬菌体与微生物宿主菌互作机制的研究，对于理解生命的进化与适应、生物技术的创新乃至多重耐药菌的防控等都具有基础性和战略性意义。噬菌体与微生物宿主菌的互作研究，已成为欧美发达国家竞相开展的前沿领域。我国在这一领域也已具备了一定的基础，但深入度和系统性还不够，需要加强相关互作资源的系统性收集、生物信息挖掘和功能机制解析。

关键科学问题：①重要环境（如海洋、湖泊、热泉、肠道等）噬菌体组学及噬菌体–宿主系统的建立；②宿主菌抗噬菌体侵染、复制和传播的系统和策略；③噬菌体突破宿主菌防御机制的反制系统与策略；④噬菌体介导的宿主菌代谢重编程；⑤噬菌体与宿主菌互作在环境生态、人口健康和生物技术创新中的应用。

12. 微生物研究新方法

生命科学的发展既见证了同时也离不开技术方法的进步，微生物学研究不仅极大地丰富了人类对于生命的认识，而且提供了现代生命科学研究的强大手段。DNA 连接酶、克列诺酶、RNA 逆转录酶、限制性内切核酸酶、*Taq* DNA 聚合酶等的发现，催生了以 DNA 重组技术、PCR 技术为标志的分子生物学；酵母双杂交技术等为功能基因组学研究提供了重要手段；近来广受关注的 TALENs、CRISPR-Cas9 等基因组编辑技术也源自对微生物的研究。可以预见，随着微生物学基础研究的不断深入，来自于遗传与代谢多样性极为丰富的微生物的新方法、新技术还将不断涌现。我国在微生物新技术、新方法研究方面长期滞后，除了理念的原因，与微生物学基础研究水平不高、积累不多有很大关系。建议在"十四五"期间，大力支持微生物新技术、新方法的原创研究，鼓励开展以建立新技术、新方法为导向的基础研究。

关键科学问题：①微生物遗传策略及遗传元件的研发及应用技术；②基于微生物特异代谢能力的应用技术研发；③微生物特异蛋白功能在高等生物中的应用技术。

二、新兴交叉方向与关键科学问题

1. 微生物功能群的地球环境效应与协同演化

地微生物学是地球科学与微生物学交叉结合形成的新兴学科，以地球环境演化与生命过程为主要线索，关注微生物与环境的协同演化，微生物代谢对大气圈、水圈与岩石圈的作用和影响；而生命过程如何影响地球环境也是生命与环境相互作用中一个亟待解决的重大科学问题。微生物通过其代谢深刻影响了地球环境，参与了一系列地质过程，如陆地风化、海洋固碳、早期成岩等，不同层次的微生物功能群在地球生态系统的维持和发展中扮演着重要角色，影响着地球各圈层系统。特殊地质环境中微生物功能群的形成、演化、环境适应与代谢调控是研究微生物功能群与环境相互作用的纽带，是当前地球生物学发展需要解决的核心科学问题。当前环境气候变化问题突出，对微生物地质过程的解析是深入理解生命与环境协同演化的关键一环，也是我国和全球环境变化研究的迫切需要，是人与自然和谐相处、协调发展的现实要求。

关键科学问题：①地球典型环境功能微生物（群）及其互作机制；②微生物代谢活动对地球元素循环的贡献；③驱动元素循环的功能微生物（群）对环境变化的适应与响应机制；④深部微生物代谢与地球上层生态系统和环境的相互作用关系；⑤海洋低氧/缺氧区微生物环境适应机制与生物地球化学过程；⑥关键地质微生物功能群的起源与演化及其环境背景和效应。

2. 微生物适应地外太空环境的生命极限及机制

深空微生物学是生命科学与地球科学、行星科学的交叉学科，主要采用实验、行星探测和类比研究等手段，开展生命在其他星球环境条件下的耐受极限、适应机理以及生命标志物的转化等研究，也开展空间站及星球探测返回样品中生命物质的研究，从而为探索生命的起源、寻求地外生命提供线索。目前，我国在太空探测以及航空航天技术等领域具备了良好的基础，系列任务的成功实施，以及空间站的建立，均为深空微生物的研究提供了便利条件，为实现微生物学与地球科学、行星科学的交叉融合提供了前所未有的契机。但深空微生物的研究仍处于起步阶段，尤其是月球和小行星取样返回、火星探测，获取地外环境微生物的耐受极限，防止行星探测中地球微生物的污染等，均亟待解决微生物及其标志物的原位检测难题。

关键科学问题：①陨石和地外星球条件下生命物质的检测及其天体生物学意义；②类似地外星球的极端环境条件下微生物驱动的元素循环新途径、新机制、群落演替特征及其对深空生命探测的意义；③地球极端环境（类火星/月球环境）中微生物群落的构建机制和适应机理；④地外星球条件下岩石和矿物对微生物的影响。

3.微生物与生物化工

生物化工是生物学、化学、工程学等多学科组成的交叉学科，主要以实验研究为基础，理论和工程应用并重，综合遗传工程、细胞工程、酶工程与工程技术理论，通过工程研究、过程设计、操作的优化与控制，实现生物过程，获得目标产物，因此它在生物技术中有着重要地位，同时也是生物技术的一个重要组成部分，具有深远且广泛的理论意义与应用价值，其发展为解决人类所面临的资源、能源、食品、健康和环境等重大问题起到积极的作用。我国目前正处于工业化、信息化和智能化的快速发展中，生物化工作为重要的前沿性的交叉学科，在重大工业及智能化生产中扮演举足轻重的角色，在我国重大战略发展中是不可或缺的一环。现在全球面临共同的挑战：一方面来自资源的压力，另一方面来自环境恶化的压力，在双重压力下，我们必须要寻找新的、可持续的资源，依托生物化工的工程技术手段，要设计出可行且高效的原料路线，构建出高效安全、可持续发展的产业链，促进我国各领域的协同发展。

关键科学问题：①生化过程的精细化控制；②合成小分子对生物大分子调控机制网络的构建；③合成新生物材料的路线设计和改造；④生物过程的组合合成方法的构建；⑤生物化工行业产品结构的深层次调整。

4.仪器微生物学

因微生物个体微小，利用现有仪器多是研究微生物群体而不是单个细胞的特征，而且也无法研究大量未培养微生物。仪器微生物学利用最新技术在微观领域研究微生物个体及个体间的相互作用规律，促进微生物学的发展。相关研究技术的建立能够加速微生物检测、医疗、工业微生物育种、农业和环境微生物研究和应用。随着技术的进步，微生物培养、检测、分析、选育等各种仪器不断更新换代，仪器设备更加精密化、自动化，检测原理和方法更丰富，检测极限更低，促进了微生物学的发展。总体发展趋势是针对微生物个体微小的特征，趋于在微观环境下研究微生物个体及个体间相互作用。建议"十四五"期间，引导和支持仪器微生物学新原理方法和新技术的研究，在理论和技术上取得突破性进展。

关键科学问题：①微生物环境模拟培养系统；②活体单细胞功能监测、

分选和示踪，单细胞组学分析；③微生物群落原位结构与功能成像；④微生物的环境监测和预警网络。

三、国际合作重点方向与关键科学问题

1. 微生物多样性与生命进化

微生物是地球生物中遗传多样性最丰富和分布最广泛的，同时也是地球上出现最早的生命，因此蕴含了最多的生命进化历程信息，是研究生命进化最合适的材料。尽管大多数微生物尚无法培养，但近年发展的宏基因组技术揭示了未培养微生物的遗传信息及其携带的生命进化痕迹、代谢潜能等，展示了想象不到的生物多样性和奇特的生物进化路径。如对海洋古菌的宏基因组分析发现未培养的古菌阿斯加德超门携带了许多真核生物的同源基因，因而提出它们是真核生物的直接祖先，以及细胞生物的二域学说。我国学者也发现了广泛分布于地球深部生物圈的深古菌和地栖古菌，在国际上占有一席之地。因此建议在"十四五"期间开展微生物多样性与生命进化的国际合作研究，提升我国在该领域的研究水平，促进形成生物进化的新理论。

关键科学问题：①特殊生境（海洋、极端环境）的微生物物种多样性；②特殊生境微生物宏基因组多样性；③微生物的地球早期生命的特征；④微生物物种及宏基因组所展示的早期生命进化过程。

2. 微生物群落和生态功能与全球变化

微生物在自然界中分布广泛，具有丰富的物种多样性，并在物质与能量循环以及生态系统的演替过程中发挥重要的功能。全球环境变化和人类活动的干扰对微生物的多样性、群落结构和生态功能产生了严重影响。因此，全球变化微生物学是全球变化生态学研究的重要、热点领域。特别是微生物组学技术的发展，为揭示微生物对全球环境变化的响应与调控机制提供了技术保障。我国学者在全球环境变化微生物学领域开展了大量研究工作，取得了一些重要进展。因此，建议在"十四五"期间开展全球环境变化微生物学的国际合作研究，从微生物的角度提出全球变化生态学的新理论，提升我国在该领域的学术水平与国际影响力。

关键科学问题：①农田生态系统微生物群落与功能对全球变化的响应与调控机制；②森林生态系统微生物群落与功能对全球变化的响应与调控机制；③草地生态系统微生物群落与功能对全球变化的响应与调控机制；④荒漠生态系统微生物群落与功能对全球变化的响应与调控机制；⑤水域生态系统微生物群落与功能对全球变化的响应与调控机制。

3. 病原微生物的致病及传播机制

近年来全球性新发再发传染病层出不穷，对人民健康及公共卫生安全造成威胁。该类疾病的病原体多为自然疫源性，具有无国界、跨地域的特点，多通过媒介、空气或接触传播，在不同宿主之间循环传播并导致疾病发生。研究并阐明病原体跨种间传播机制对于疾病防控、研发新型抗感染策略尤为重要。该部分研究旨在发现重要病原体的传播途径、阐明病原体传播和致病机制，并根据关键靶点研发新型传播阻断策略，为控制重要传染病流行提供理论支撑及技术手段。在该研究领域，我国科学家已有较好的研究积累，在禽流感病毒跨种传播机制、蚊媒病毒传播循环机制研究等方面已产出一系列有国际影响的原创性成果。建议优先支持病原微生物传播机制研究，聚焦解决多种重要病原微生物传播的基础科学问题，为今后研发传播阻断策略奠定理论基础。

关键科学问题：①重要病原微生物传播途径的发现；②重要病原微生物在物种间传播的分子机制研究；③重要病原微生物在物种内传播的分子机制研究；④研发阻断重要病原微生物传播的新型防治策略。

第四节　发展机制与政策建议

1. 创新资助方式

我国微生物学尽管取得了长足发展，但原创性的理论突破和基于学科发现的颠覆性技术仍很少。为引导原始性创新研究，专家共识性的原始性创新方向的研究，应在政策上宽容失败，同时对原始性创新项目及系统性研究的方向给予持续或滚动性支持。

2. 建立科学的分类评估机制，避免"热门"学科冲击国家在分支学科长期的合理布局

科技评估就像一个指挥棒，科学的评估体系是引导和保障国家科技健康发展的关键。同行评议是科技评价中最为重要的原则，而分类评价是实现同行评议的有效手段。学术刊物影响因子只是反映社会发展某个阶段的"热门"话题，与学科的重要性关系不大。非热门学科特别是经典学科的研究往往不被高影响因子的期刊关注，而又是国家科技战略布局中不可或缺的学科。经典学科，如动物、植物、微生物的多样性与系统分类，基本生物学过程研究是生命科学发展的重要基石，也是生物技术源头创新的资源保障。如果采用依赖影响因子的评估体系，我国在这些领域通过艰苦努力建立的优势积累和国际地位将受到严重威胁，甚至会失去生物技术的国际竞争高地。应建立以重大原创科学发现为核心、坚持分类评价和同行评议的原则，改变过度量化的唯影响因子的评估体系。

3. 加强优秀人才和跨学科人才的培养，给予此类研究方向优秀学者及团队稳定支持

我国微生物学研究综合实力与水平均有长足的进步，在一些重要研究方向已经有了规模和竞争力可观的学者和研究团队，形成了一定的研究积累，在国际上产生了影响。为了鼓励和支持这些优秀学者或团队潜心钻研、挑战更大的科学问题，建议进一步优化、创新资助机制和评价体系，在公平竞争的前提下，实现对重要研究方向优秀学者和团队的长期稳定和足够强度的支持，同时，将研究结果的影响力和研究工作的系统性作为评价的主要指标，使我国尽快在部分研究方向率先达到国际领先水平并带动整个微生物学科的发展。

第五章

生态学发展战略研究

第一节　内涵与战略地位

　　生态学是研究生物与生物、生物与环境之间相互作用的科学，主要研究生命系统（从个体到生物圈）的结构与功能及其时空变化规律。生态学首先描述生物在自然界中分布、多度和动态等方面所表现出来的模式。模式意味着可重复的一致性；例如，很多自然群落的物种多样性都表现出从赤道向极地逐渐下降的趋势，而群落内物种相对多度分布则经常表现为对数正态分布的形式，多样性与群落生产力的单峰曲线关系等。其次，生态学揭示产生这些模式的内在过程：自然模式是怎样出现的，它们又怎样在时间和空间上发生改变，为什么一些模式比其他模式更广适？生态学具有高度综合性和交叉性的特点，它的工作层面跨越个体、种群、群落、生态系统以及生物圈等，因此与多个学科有密切联系和交叉，比如系统分类学、遗传学、生理学、分子生物学、地质学、地理学、气象学、土壤学、大气科学、水文学、环境科学。

　　生态学也越来越成为一门观测人类社会发展的科学，它研究的生命层次恰恰是对人类活动产生重要影响的那些对象，它所揭示的生物自然模式的机理恰恰是对人类活动的影响进行有效管理的关键。近几个世纪，随着世界人口剧增，人类对自然资源和环境的不合理开发和利用，以及对生态系统的不断干扰和破坏，引发了一系列全球性生态与环境问题，如全球变暖、海平面上升、大气和水体污染、生物入侵、生物多样性丧失、荒漠化加剧、生态系统退化、水资源短缺等。人类社会正面临环境、资源危机与可持续发展的严峻挑战。而这些重大问题的解决，必须依赖于生态学的原理，因此生态学逐步成为一门世人瞩目的科学，成为连接自然科学与社会科学的桥梁。未来的发展要求生态学家不仅仅是研究者，而且是决策制定过程中生态信息的提供者。

未来生态学研究的焦点将是如何在满足人类需求的同时维持地球生命系统的活力。目前人类对自然资源的消耗远远超过了其再生能力。有限的地球空间难以承载人类如此巨大的生态足迹；比如，化石燃烧和化肥生产所排放的氮远超地球固氮能力，富营养化过程日益加剧。全球化的商业贸易导致生物入侵和病虫害蔓延，因为这些有害生物逃脱了其自然天敌的控制。在可预见的未来，世界人口仍将增长，意味着人类对资源（包括非生物与生物资源）的需求与消费也将持续增加，对生态系统产品与服务的索取以及对地球环境的影响也必然进一步加剧。因此，将人类活动融入地球生态系统来研究十分必要。

我国随着"绿水青山就是金山银山"的科学论断的提出，尊重自然、顺应自然、保护自然的生态文明理念逐渐融入社会建设各方面和全过程。面对资源约束趋紧、环境污染严重、生态系统退化的严峻形势，党的十八大以来，党中央从新的历史起点出发，做出"大力推进生态文明建设"的战略决策，建设美丽中国，实现中华民族永续发展。我国将生态文明写入宪法，还签署了一系列生态与环境领域的国际公约。国家在这些生态与环境领域的国际活动和履约过程中迫切需要全面、翔实的科学数据和研究结论作为科技支撑，需要科学家提供准确的科学信息和对策方案。这些工作有助于为社会经济发展创造良好的环境，也有助于维护国家利益。

今天，生态学与许多其他科学一样进入了大数据时代。生态学是否会从一门传统的经验科学转化为一门精密的、大规模的现代统计科学？研究方法是否也会表现出由传统的理论驱动转变为一定程度上的数据驱动？无论答案如何，毫无疑问的一点是大数据的洪流将会极大地改变生态学的面貌，就像近年来天文学、物理学、遗传学在它们变得"宏大"时所经历的那样。

第二节　发展趋势与发展现状

一、生态学的发展趋势

1. 理论引领着生态学发展

日益严重的全球性生态环境大问题，正在促使生态学理论发展进行整合，面对复杂尺度上的生命现象建立"动植物、宏微观、理论应用"相结合的大科学体系解决大问题。生态学正在从一门经典的理论学科发展成为一门注重将生态学知识应用于现实问题的科学。理论引领、需求驱动和技术支撑已成为生态学发展的主流。

生态学家一直致力于发展具有强大预测力的生态学高效理论，例如群落中性理论、代谢生态学理论、最大熵理论、最优觅食理论、性别资源分配理论等，这些工作促使人们开展了许多观察与实验研究来检验理论预测。生态学家目前的一大任务就是整合这些理论并形成可以最大程度上解释和精确预测不同尺度上生态学现象和过程的一个统一化框架。

2. 新技术推动生态学进步

（1）分子技术

分子标记引入生态学领域引发了一场宏观生物学研究的革命。分子生态学的发展历史就是运用分子技术研究宏观生物学问题的历史，也就是分子生物学、种群遗传学、进化和基因组学交叉融合的历史。分子生物学技术的突破和理论上的重大进展正推动分子生态学研究快速前进，也正在大大增强生态学家描述微生物世界的能力。

（2）稳定同位素技术

稳定同位素技术因具有示踪、整合和指示等多项功能，以及检测快速、结果准确等特点，在生态学研究中日益显示出广阔的应用前景。以稳定同位素作为示踪剂研究生态系统中生物要素的循环及其与环境的关系、利用稳定同位素技术的时空整合能力来研究不同时间和空间尺度生态过程与机制，以及利用稳定同位素技术的指示功能来揭示生态系统功能的变化规律，已成为了解生态系统功能和动态的重要研究手段。

（3）"高通量"野外观察和野外观测技术

生态学研究的观察和观测技术的进步促进了生态学的发展。便携式移动观测仪器的出现使室内离体分析发展到野外现场和活体测定，促进了植物生理生态学的发展。例如：红外成像、激光雷达、高光谱技术的出现改变了传统的观察手段和对象，实现了对群落光合速率、叶绿素荧光等生理指标以及叶片周围微环境的测定记录。野外定位长期观测仪器的研制对生态系统生态学发展发挥了巨大推动作用，实现了众多的生物和环境要素的短期离散的测定向长期连续的自动观测的转变，以涡度相关技术为代表的生态系统碳、氮、水和能量通量观测技术的突破，实现了对生态系统功能变化的直接测定，为生态系统生态学研究提供了科学观测数据。同时，3S 技术的发展和成熟为生态系统的变化研究提供了强大的技术支撑，大大促进了生态系统格局及其对全球变化影响的研究。

（4）大型野外控制实验技术

自然条件下的大型控制实验是研究全球变化生态学的主要方法之一，在很大程度上丰富了科学界关于全球变化对陆地生态系统影响过程的认识，并能为模型模拟和预测提供必需和关键的参数估计、模型验证和校正数据。自 20 世纪 80 年代末期以来，围绕生态系统结构与功能，以及生态系统对全球变化的响应与适应这一科学命题，生态学家广泛开展了针对温度升高、降水变化、氮沉降增加、CO_2 浓度富集、物种多样性改变以及其他环境要素变化的控制实验研究。

（5）长期定位观测与联网控制实验技术

区域尺度的网络化生态系统长期定位观测成为获取大尺度生态信息的重要平台，自 1980 年以来全球多个国家先后建立了长期生态学研究网络，包括中国先后建立的生态系统研究网络、中国森林生态系统研究网络、中国陆地生态系统通量观测研究网络等。目前许多典型生态系统的观测已经积累了几十年的监测数据。现阶段的生态系统网络观测在规范化和自动化的多要素观测基础上，引进应用高清晰摄像技术、高分遥感技术、实时传输技术和人工智能技术，进一步提升生态系统联网观测的信息化和现代化水平。与此同时，基于生态系统观测研究网络的野外联网控制实验体系（温度变化、降水格局变化和氮沉降等）也得到了快速发展。联网控制实验和联网观测的深入开展，为生态系统结构与功能及其维持机制、陆地生态系统对全球变化的响应与适应、生态系统适应性管理等研究提供了重要的科学数据。

3. 强烈的社会需求驱动生态学的发展

近年来人类活动导致地球环境迅速恶化，强烈的社会需求驱动着生态学的理论发展和技术进步，生态学已经为濒危物种保育、生物入侵预警和控制、退化生态系统恢复、生物资源管理、全球变化及应对等诸多问题提供了知识基础和研究方法的支撑。由于解决全球尺度上环境问题的需求，近年来景观生态学、全球变化生态学等分支学科蓬勃发展。另外，宏系统生态学的研究从生物群区结构与功能发展到生态系统的服务功能，最近更加明确地把生态系统与人类福祉的相互作用关系作为研究计划的核心科学问题，全球变化与陆地生态系统成为大尺度生态学研究的主题。

4. 传统的个体、种群、群落的研究仍然是生态学发展的基石

生物个体是最小的生态学系统，生态学最基本的研究单位。近年来，基于有机体的基础代谢率与其个体大小的依赖性关系（异速生长）建立起生态学代谢理论、生长率假说，生态化学计量学把从个体一直到生物圈各个生物组织层次上的生态学过程贯穿在一起，成为现代生态学的重要前沿。以生物个体的大小和化学元素组成为中间环节将代谢生态学和生态化学计量学两个理论框架整合起来，能够形成新的预测多个层次生态学过程的假说，可能是未来生态学的一个重要发展方向。

种群和群落生态学属于生态学的经典内容，近年来开始从原来较小的时空尺度拓展到更大尺度，种群调节和群落内物种多样性的形成与维持等经典命题的尺度依赖关系受到了人们的关注。同时，种间关系与协同进化研究得到了高度重视。研究物种间的协同进化关系,解决了生物学中诸如物种共形成、竞争与互惠、适应、群落稳定性维持等许多问题。它可以用来分析物种濒危的发生原因、群落结构的稳定性和生态系统的多样性变化等;深入研究动物与植物、微生物与宿主的协同进化行为以及种间关系联结强度的时空变异,将有助于人们明确物种进化的本质和过程,从而可以使之更好地为人类服务。

物种多样性的形成与维持机制一直是群落生态学的核心问题。只有发展出一个生物多样性维持机制理论——它能够评价不同的多样性维持机制的相对重要性,我们才能对物种多样性维持、物种的多度与分布、物种多样性梯度等问题给出机理性的解释与有效的预测。同时,我们可以评价生物多样性—生态系统功能关系对物种多样性维持机制的依赖性,并以此将群落生态学和生态系统生态学真正融合在一起。

5. 生态系统与全球环境变化是当前生态学研究的重点领域

社会需求直接推动了生态系统生态学及与其紧密相关的学科,如全球变化生态学的快速发展,使生态系统生态学成为过去半个多世纪里生态学发展史上的一个亮点。尽管过去几十年的研究已取得丰硕成果,但生态系统生态学的一些基本问题仍未得到解决。我们仍无法直接测定地区和全球尺度的生态系统生产力,从而实现对最重要的生态学参数,如全球的总净初级生产力的定量认识。在其他生态系统服务功能方面,我们还缺乏对各类重要生态系统保持和循环水的能力的定量化的认识和实现这种认识的方法。在未来的研究中,针对生态系统产品(如粮食、木材、饮用水)和服务(生物多样性维持、水源涵养、水土保持、污染物缓冲和净化)等的社会需求仍将强有力地推动以生态系统为基本研究对象的生态学的发展。

6. 生态学系统的复杂性和多尺度整合理论是生态学研究的前沿

生态学研究生物与环境之间的相互作用,其研究层次涉及个体、种群、群落、生态系统、景观、区域乃至全球生物圈;其时间尺度包括瞬间、日、年、年代和世纪,甚至更长;其研究的生态过程既包括生物、物理、化学等过程,也涉及气象、地理和人文过程,它需要将多种过程在多个时间尺度和多个层次上研究,涉及生态学系统(个体、种群、群落、生态系统、生物圈等）的结构、功能、格局与过程以及对环境变化的响应和适应性等问题。面对这种生态学系统的复杂性和多尺度特征，目前的生态学还没有发展出得到公认的理论，用来对多个层次的众多过程在多时间尺度上进行概括，也没有建立起一套有效的方法，以开展多尺度的定量描述和整合分析。生态系统的复杂性和多尺度整合理论 / 技术将是生态学研究的前沿命题。近年来非常活跃的宏生态学正在基于对生态学系统的复杂性的认识，发展多尺度整合的理论和方法。

二、生态学的发展现状

在过去的百年里，生态学作为一门学科得到了迅猛的发展，从生物学的一个分支学科发展成为自身就拥有众多分支和理论体系的独立学科。过去 40 年的文献计量分析表明全球生态研究正在转向严重依赖大型复杂数据集和专门技术的领域，研究主题不断向微观、宏观和应用方向发展。微尺度主题（如遗传学、微生物生态学）、大尺度主题（如物种分布、气候变化和宏进化）和应用研究（如管理和政策、人类影响）正变得越来越普遍。我国学者也基于文献计量学方法定量分析了近年来我国生态学发展态势，总体上来说与全球趋势一致，但原创性和深入性的基础研究较少。

1. 中国生态学的主要研究热点

统计 2003～2018 年我国在生态学研究领域 SCI 期刊发文关键词，发现出现频次居前 10 位的关键词有：气候变化、遗传多样性、生物多样性、碳循环、遥感、新物种、土地利用变化、保护 / 保育、氮循环、植被。关于生物多样性的研究主要集中于遗传多样性和物种多样性，关于物种的研究主要涉及入侵物种、物种丰富度，地域研究热点主要在青藏高原、黄土高原、内蒙古以及长江流域，利用的信息技术主要是地理信息系统（GIS）、遥感、ISSR 标记等。分子遗传学方面，微卫星、基因流、遗传结构、遗传多样性、种群结构以及生物多样性方面的研究关联性较强，尤其是利用 ISSR 标记进行遗传多样性方面的研究。在生物多样性保护方面，大熊猫的生境保护研究成为热点。而土地利用方面的研究主要集中于黄土高原，在技术上主要利用 GIS 以及遥感技术，并且土地利用与城镇化以及水质等具有较强的关联性。气候变化方面的研究热点区域主要集中于青藏高原和内蒙古两个地区，研究的热点生态系统类型为草地，研究的热点内容主要集中于温度和降水对土壤氮素的影响，并且氮素与光合作用以及碳之间的研究有较强的关联性。

2. 中国生态学研究的主要优势

中国生态学研究近几年发展迅速，高水平文章不断涌现，在国际上形成了一定的影响；尤其是在全球变化生态学方面，在空间尺度上向宏观和微观两个方向不断拓宽，时间尺度也由短期线路调查向更长时段的地质历史回溯和长期预测扩展，取得了显著的成绩。目前中国生态学的优势主要体现在：①在全球变化生态学、宏观生态学方面，结合中国的区域特色，做出了一些重要成绩。例如陆地生态系统碳循环研究、陆地生态系统对全球变化的响应与反馈的研究，都有一些重要成果。②在一些具有中国特色的生态系统和研究对象方面，有不凡的表现。如青藏高原高寒生态系统、北方草地、亚热带常绿阔叶林、大熊猫的保护生态学等方面。

3. 中国生态学研究目前存在的不足

中国生态学研究的不足，主要表现在原创性和深入的基础研究突破相对较少，特别是提出生态学的新理论、新概念、新视野的研究还很少，在国际上的引领性研究还很少。这方面的突破，近的来说，需要长期、扎实的积累；远的来说，需要从生态学的教育开始，奠定扎实的专业基础。

中国生态学研究的不足，还表现在先进的生态学研究与现实的严峻生态问题出现脱节。我国过去经济的高速发展和快速城镇化带来了突出的生态问题，解决这些问题，迫切需要生态学在资源保护利用、生态文明建设和环境保护等方面发挥更大的作用，迫切需要生态学、环境科学、自然地理学等方面的交叉融合。

4. 中国生态学发展布局

我国幅员辽阔，自然条件多样，从热带到寒温带，从海洋到荒漠，从森林到草地，从高山到平原，多样化的生态系统，长期与短期的人类活动干扰，快速城镇化等，为进行系统的生态学研究提供了良好的实验场所。尽管我国的现代生态学研究起步很晚，但具有优良传统，并逐渐形成了相对较为完善的管理体制，培养了一大批优秀的中青年人才，生态学已被国家提升为一级学科。所以，中国生态学的发展一方面需要追踪和引领世界上生态学前沿科学问题的探索，另一方面也要致力于解决与国家、社会需求相关的重大问题。

第三节 重要前沿方向、新兴交叉方向和国际合作重点方向

一、重要前沿方向与关键科学问题

1. 生命系统的过程、生理和行为及其环境响应

对生命系统的研究是从生物个体、群体、生态系统等层面，阐析生命活动过程的规律、生理和行为，揭示生物与环境的关系。生物个体是生态学最基本的研究单位。在生物个体水平上进行的生态学研究主要探讨个体的形态、生理和行为，如何帮助它在环境中存活。为什么某种类型的生物只分布在某些环境而不出现在其他环境？为什么生活在不同环境中的生物具有不同的表型特征？除此之外，个体生态学还尤其关心生物有机体对环境的响应和适应。适应是指个体在结构与功能上的改变，它使个体更适于生活在其生存环境中。近年来，生态学代谢理论成为现代生态学的重要前沿。以生物个体的大小和化学元素组成为中间环节，将代谢生态学和生态化学计量学两个理论框架整合起来，形成新的预测多个层次生态学过程的假说，成为未来生态学的一个重要发展方向。

关键科学问题：①遗传多样性和物种多样性的大尺度格局的共性与差异；②局域种群和集合种群的动态和遗传；③表型多样性受物种间相互关系影响的机理和模式；④连接物种功能性状和群落遗传学过程的研究方法；⑤主要类型的种间互作系统中生态过程与进化过程反馈关系的规律。

2. 物种共存、相互影响及协同进化

不同物种间如何实现共存及协同进化是生态学领域的经典科学问题。科学家先后发展了竞争排斥原理、生态位分化、中性理论以及现代综合群落生态学理论，作为物种共存的近因（生态）解释。与此同时，协同进化理论被拓展到竞争、捕食、寄生、互利共生等系统，成为关于物种共存最重要的终极因（进化）解释。二者的结合不仅促进了生态学和进化生物学的发展，也具有重大的应用价值，比如 2018 年诺贝尔化学奖成果便是将进化理论与噬菌体特性相结合，生产抗体。该领域作为生态学经典研究方向，需要逐步走向更复杂或更接近真实的生态系统，应突出多层次、跨营养级或贯穿植物–动物–微生物的物种竞争、共存和协同进化研究；同时，应将野外长期定位观测与控制实验相结合，多层次多角度深入揭示物种间关系是否存在时空依赖性，以及是否和如何受到干扰或外界环境变化的影响。

关键科学问题：①现代综合群落生态理论和食物网理论的结合；②集合群落中物种共存和种间关系进化；③弥散式协同进化关系的普遍性以及对物种生态属性进化的影响；④生态适应性状的遗传学基础；⑤物种多样性的形成与维持机制。

3. 生物扩散及外来物种入侵机理与防控

生物扩散及外来物种入侵涉及异地迁徙及建群等复杂问题，涉及个体、种群、群落、生态系统等生态学的各个层次，必不可少地要深入探索生物入侵过程中的快速进化和分子生态学基础。生物系统的超级复杂性加上环境和人为因素的极度随机性，充分显示了在这一领域研究的艰巨性和挑战性。目前该领域的研究主要集中于对外来物种本身的生物学特性、外来物种与新栖息地土著种之间的相互作用、群落生物多样性对入侵种的抵抗能力、新栖息地生态环境变化对入侵种的影响等方面，未来该领域的研究目标是揭示生物入侵的分子机理，探明生物入侵后的生态后果和效应，建立生物入侵的防控预警体系。

关键科学问题：①入侵生物的快速进化；②入侵生物的生理生态学基础；③生物入侵的生态后果；④生物入侵的监测、预警与管理；⑤入侵策略和控制措施。

4. 濒危物种的生物学基础及保护生态学

气候变化正在影响旗舰物种的觅食对策、迁移扩散规律、繁殖策略及生存力；进行濒危物种的生物学基础研究是保护和拯救濒危物种的基础。其中濒危物种的生态习性是濒危物种与环境长期相互作用所形成的适应环境的固有属性。栖息地和气候等环境条件的改变，将严重影响物种的繁殖或与之相关的生理和行为等生态习性，危及濒危物种的生存。只有明晰了濒危物种的生态习性而采取的保护对策，才会取得实质性的保护成效。近年来生态与进化基因组学等领域的发展使得研究揭示濒危物种生态习性的机制成为可能。濒危物种保护遗传学正在升级为对物种生态习性分子机制的深度探索与解析。大数据的洪流正改变着濒危物种保护的分子生态学研究方式，少数分子标记的遗传结构检测，已升级为对物种生态习性分子机制的深度探索与解析。

关键科学问题：①物种濒危状态等级评价；②濒危的生理生态学机制；③濒危物种的生态习性及分子机制；④濒危物种的保护措施和策略。

5. 植物病虫害和人类传染病的生态和进化生物学

寄生生物与宿主的相互作用一直是生态学的传统研究领域。近年来伴随着气候变化，若干传染性病原体在全球范围内快速传播，进而威胁人类健康、农业和野生动物。模拟寄生物-宿主系统对气候变化的反应方式，将有助于公共卫生部门和环境管理人员对传染性疾病进行预测并采取缓解措施。在个体水平上，气候变化会改变宿主和寄生物的生理机能，尤其是寒冷地区最明显，可能导致传染病暴发事件。此外，生物多样性丧失和生境均一化等因素也和病原体的传播关系紧密，这在多个传染病系统中得以证实——如莱姆病和西尼罗病毒感染。因此未来我们需要更灵敏的模型，能反映出气候变化对传染性病原体的直接和间接影响。对微生物（包括病毒）的种间关系以及微生物与动植物相互作用的认识正在快速扩展和深入，丰富了生态学家对物种间关系的认识；特别是传统上受到忽视的互利共生关系的研究方兴未艾。该领域知识的积累不仅有助于全面理解生物多样性的起源和维持等重要的基础生态学问题，也帮助人们发展新的针对有害生物的控制手段，比如，噬菌体疗法重新受到重视，成为控制抗药性微生物的一个可行方案。

关键科学问题：①传染性病原体的种群动态和进化规律；②病原体多样

性的形成与维持，宿主转移过程的驱动机制；③寄生和共生微生物在宿主体内的种群调节机制；④微生物对动植物宿主的行为、种群动态和种群分化等生态过程的影响；⑤传染病的生态预测预警。

6. 群落生物多样性、食物网结构与生态系统稳定性

群落生物多样性是生态系统行使其功能并进一步为人类提供服务的基础，食物网是生态系统生物成分之间通过捕食而形成的复杂网状关系，是生态系统进行物质循环和能量流动、实现其功能的结构基础。研究群落生物多样性和食物网结构及其对生态系统功能的影响机制成为生物多样性保护和生态系统服务维持的科学基础。现有的生物多样性是不同尺度生态、地理过程综合作用的产物，研究群落多样性的维持及其生态系统功能需要整合生态学与地理学的手段。以往研究主要关注食物网结构指标的计算，而对食物网结构的形成及其对生物多样性维持和生态系统功能的意义仍缺乏认识。目前通过野外考察、长期监测以及操控实验的手段，研究多维度、多尺度以及多营养级的生物多样性分布格局、食物网结构及其对生态系统功能的影响已经成为国际上的主流；中国是世界上少有的包含了全球主要生态系统类型的国家，在生物多样性和食物网长期监测与大尺度研究方面具有不可或缺的先天条件。该领域的发展目标在于阐明不同类群、不同维度的生物多样性分布格局及其尺度效应，回答多营养级生物多样性对生态系统功能的影响机制。

关键科学问题：①生物多样性的分布格局、成因及尺度效应；②网络结构与物种多样性维持；③基于物种性状的食物网结构形成机制；④食物网金字塔的形成和维持机制；⑤多营养级生物多样性对生态系统功能的影响机制。

7. 微生物功能群网络对土壤碳氮循环的调控机制

土壤微生物生物多样性极其丰富，不同微生物组成复杂生物网络，构成土壤生态系统的核心部分。土壤微生物的生物多样性、群落结构与功能相关研究居于微生物组学、微生物生态学、生物地球化学、生态系统生态学及全球变化生物学研究的交叉点，既是当今生态学研究的前沿热点，也是生态学研究的难点。过去一段时间，伴随新一代测序技术等技术手段的发展，研究主要聚焦于土壤微生物的生物多样性及群落结构。但是，对于土壤微生物群落结构及由其构成的网络结构的性质、稳定性及其功能有待深入探讨。特别

是土壤微生物功能群及其网络对土壤物质循环、生态系统地上部分反馈以及对气候变化响应机制的研究尚存在诸多空白。这些问题的解决对于我们深入理解土壤微生物生物多样性格局，微生物群落功能特性与维持机制，土壤生态系统管理与服务以及应对未来气候变化提供理论支撑。

关键科学问题：①微生物功能群网络结构特征及其时空分布格局与规律；②微生物功能群网络动态弹性与稳定机制；③微生物功能群与土壤碳氮转化过程关联机制；④微生物功能群与物质循环过程模拟与大尺度拓展；⑤微生物功能群调控的碳氮循环对气候变化的反馈机制。

8. 群落和生态系统性状的空间变异、影响因素与机制

生态系统性状由一系列植物群落性状、动物群落性状、微生物群落性状、土壤性状等共同组成，不同性状均发挥特定的作用或相互作用；其中，群落性状是生态系统性状研究的核心单元。群落性状是从生态系统尺度反映特征和属性的新参数，可为植物、动物和微生物等在生态系统尺度或更宏观尺度的研究提供新角度。特别地，植物群落性状能与遥感、通量观测和模型等当前宏观生态学研究很好地联系起来，为宏观生态学问题或区域生态环境问题的解决提供重要的数据源。然而，由于生态系统性状（或群落性状）处于起步阶段，其理论体系和应用仍需不断地完善和发展。目前对植物群落性状的空间格局和影响因素开展了一些研究，但其大尺度的动态变化规律及其相互关系仍不清楚；然而，可以预期的是，植物群落性状的发展将会给宏观生态学或宏观地学带来巨大的冲击和发展机遇。

关键科学问题：①植物、动物、微生物群落性状的参数体系、空间变异规律及其影响因素；②群落性状的协同变化规律、影响机制及其区域分化特征；③基于新的植物群落性状，发展具有重要生态意义且易于遥感观测的新参数；④基于生态系统性状理念，发展新一代生态系统过程模型；⑤从生态系统尺度探讨生态系统对资源环境变化的响应与适应机制。

9. 生态系统多功能性及其对全球变化的响应与适应机制

生态系统功能与服务（如生产力、养分循环）的最大化与长期维持，是人类生存与发展的物质基础，因此是生态学研究的核心议题。同一生态系统可同时提供多种功能与服务，称为生态系统多功能性。提供多种功能与服务

是生态系统的根本特征，但各个生态系统功能之间存在权衡关系，很难同时达到较高水平。近期研究表明，生态系统多功能性很大程度上受生态系统性状与生物多样性的调控，比如生态系统同时维持多个功能要比维持单个功能需要更高的物种丰富度。生物群落物种多少（物种丰富度）、遗传进化谱系（系统发育多样性）以及生长形式与资源利用策略（性状多样性）共同调控生态系统多功能性；其中性状多样性可能主导着生态系统多功能性，尤其是环境适应性。另外，全球变化不仅可以直接影响生态系统多功能性，也可以通过影响生物群落性状与物种组成来间接调控生态系统多功能性。

关键科学问题：①不同类型、不同尺度的生态系统多功能性及其稳定性的测度方法；②生态系统不同功能间的协变与权衡、区域变异及其调控机制；③性状、物种丰富度与谱系多样性对生态系统多功能性的调控机制；④全球变化背景下植物和微生物互作对多功能性及其稳定性调控机制；⑤生态系统多功能性的稳定性对不同全球变化干扰的响应规律。

10. 生态系统的地上与地下生态过程耦联及机理

生态系统地上与地下过程存在紧密关联，植物–土壤–微生物的耦合作用极大地影响着生态系统的结构和功能。传统研究通常将生态系统地上和地下过程分割开来，相比于地上生态学的研究，人们对地下生态学过程及其机理的理解十分有限和滞后，严重制约了生态系统地上和地下过程研究的同步发展。特别是在日益复杂的全球变化背景下，随着极端气候事件的增多，氮富集和土壤多种养分平衡的打破、温度升高以及人类干扰的加重等，都在显著重塑地上与地下过程之间的生态耦联，必将加剧预测生态系统动态的不确定性。新技术和新方法如同位素、生物标志物、高通量测序、宏基因组等的发展，为我们重新认识地上生态过程提供了重要手段。未来生态系统过程地上与地下的耦联研究将实现更加快速的发展，获得对生态系统结构、过程、功能的全新认识。

关键科学问题：①植物和土壤微生物的协同变化与反馈调节；②植物性状和进化对地上和地下生态系统过程之间联系的作用机理；③土壤养分平衡对生态系统地上与地下过程之间耦合关系的影响；④全球变化和人类干扰背景下地上与地下多样性关联及其变化对生态系统功能的影响。

11. 生态系统退化机理与恢复技术原理

在全球气候变化与广泛的人类活动干扰下，许多生态系统发生了不同程度的退化。目前对于不同生态系统的退化成因和过程机理仍然存在着很大的不确定性，也制约着退化生态系统恢复的关键技术发展，因此进一步开展生态系统服务功能退化的评估和测度方法研究至关重要。当前亟须解决的问题主要包括：生态系统退化进程中，评价哪些生态功能的丧失是影响重大的，或其替代技术将会产生哪些意想不到的负面效果？哪些生境必须保护以保障生态系统能为人类提供关键的服务功能？哪些因素会削弱生态服务？怎样才能减缓或逆转它们的影响？此外，对退化生态系统的恢复与重建技术原理的探索也是重要的研究方向，以探索在复杂的生态系统中对关键部分的恢复而促使整个系统的恢复，特别是通过恢复可持续群落和重建稳固的复杂系统结构来提供基本生态系统功能服务。

关键科学问题：①生态系统服务功能退化的关键影响因子；②生态系统在退化进程中的关键调控机制；③生态系统单一功能的退化与多功能性退化的评估；④退化生态系统在恢复重建过程中的关键指标；⑤生态恢复的技术应用。

12. 宏系统生态学、大数据挖掘与整合生态学

宏系统生态学注重大时空尺度、多时空尺度科学问题的研究与探讨，是近年来生态学重要的发展方向。由于它具有时空尺度大的特点，其研究结果有利于更好地揭示人类多重干扰、全球变化等多重因素对复杂生态系统的影响，可直接服务于区域可持续发展的需求。然而目前有关宏系统生态学的研究仍然集中于单一要素多时空尺度的研究，真正面向复杂生态系统或复杂的区域/洲际/全球的宏系统生态学研究还十分匮乏，其研究方法和基本理论都亟待大力发展。另外近年来，生态观测技术发展迅猛，极大地提升了微观和宏观尺度生态观测数据的获取能力。遥感数据、野外台站观测数据、实验数据，以及模型模拟数据的快速膨胀促进了生态数据的综合分析和处理技术的发展。在大数据时代，如何基于海量生态数据揭示宏系统生态学问题，实现宏生态学理论的发展和突破，具有重要意义。未来需要发展覆盖全国不同生态区的分布式、网络化观测和实验科学设施，实现国家尺度的联网观测、联

网实验、模拟与预测，保护和恢复生态系统，服务人类社会可持续发展。

关键科学问题：①宏系统生物多样性格局、影响因素及其维持机制；②特定宏系统生产力格局、影响因素及其优化机制；③宏系统碳氮循环的时空格局及关键调控机理；④宏系统碳氮水循环响应环境变化的阈值及驱动机制；⑤全球变化对宏系统物质循环、物种多样性和生产力的影响途径与机制。

二、新兴交叉方向与关键科学问题

1. 生物及生态系统功能地理生态学（生态学与地学的交叉）

生物地理生态学是研究生物和生态系统功能的地理分布及其成因的科学，主要研究生物地理分布（或生物多样性）的时空模式，以及生物学性状（遗传的、形态的、行为的、生理的、生态的等）的空间变化，并最终解释其成因和机制。为什么地球上有如此多的生物？为什么生物有特定的分布格局？为什么这些生物形成不同的生物区系？生物的分布格局在全球变化背景下如何发生变化？人类活动如何影响生物的分布？生物分布格局的变化如何影响生态系统功能？这些都是生物地理生态学所关注的基本问题。生物地理生态学的研究内容不但涉及类群分布格局的进化、区域一致性分布格局、地区间关系，而且还包括生物多样性的成因、生物多样性与生态系统功能等相关问题。作为一个交叉学科，生物地理生态学涉及地球科学和生命科学的众多领域，因此其学科基础和基本思想的演变与地球科学和生命科学中范式的变换密切相关。

关键科学问题：①隔离与扩散的协同作用；②岛屿生物地理学；③生物多样性的空间大尺度格局；④群落构建过程的区域分异与尺度效应；⑤多营养级生物多样性对生态系统功能的影响机制及其尺度效应。

2. 土壤碳氮循环及耦合过程的动态机制及其对全球变化的响应（生态学与地学、化学的交叉）

土壤是陆地生态系统最大的碳和氮库，其有机碳储量大约是大气碳库的两倍。因此，土壤有机碳库的微小变化将对大气二氧化碳浓度产生显著影响，进而对气候变化产生强烈的反馈效应。土壤碳氮动态不仅是全球变化研究的核心问题，也与国家环境外交、经济发展方式转变等政策制定密切相关。作为间接减排的重要手段，生态系统碳汇的大小很大程度上取决于土壤的固碳能力。然而，由于土壤碳氮空间异质性高、形成周期长、成分复杂，目前学术界对土壤碳氮过程及其耦合机理的认识十分有限，严重制约了对土壤固碳潜力的评估及其与全球变化关系的认识。目前，采用同位素标记、生物标志物、宏基因组测序等新技术研究土壤碳氮的维持机制及其对全球变化的响应成为该领域发展的新趋势。我国学者在土壤碳氮库及其源汇特征估算方面取得了重要进展，但在土壤碳源汇形成机理方面还和国际学术界存在不小差距。因此，亟须推动生态学与土壤学、环境化学交叉领域的发展，以准确揭示未来气候变化背景下土壤碳氮循环及其耦合的演变规律。该交叉领域的发展目标是推动土壤碳氮循环研究从格局走向机制，从机理上提升理解土壤碳氮耦合循环对全球变化的响应，进而为碳管理政策的制定提供科学支撑。

关键科学问题：①土壤碳氮库的大小、分布特征与动态变化；②土壤碳氮循环的转化和耦合机理；③全球变化和人类活动对土壤碳氮循环的影响及途径；④土壤碳氮库及其变化特征的模拟与预测；⑤土壤固碳潜力及其在减缓气候变暖中的作用。

3. 群落生物多样性维持机制及其对生态系统功能的影响（生态学与地学的交叉）

群落生物多样性的大尺度格局和局域群落内物种多样性的维持机制，是生态学研究的核心问题。阐明不同尺度的生物多样性维持机制及其对生态系统功能和服务的影响，为保护生物多样性和维持生态系统服务提供科学依据。目前，利用野外调查、长期监测及控制实验等手段，研究多维度、多尺度以及多营养级的生物多样性地理格局及其对生态系统多功能性的影响，已经成为国际生态学发展的主流。中国是世界上少有的包含了全球主要生态系统类型的国家，在生物多样性长期监测与大尺度研究方面具有先天优势。现有的生物多样性是不同尺度生态、地理过程综合作用的产物，因此深入理解群落多样性的维持机制亟须加快生态学与地理学交叉领域的发展。该交叉领域的发展目标在于阐明不同类群、不同维度的生物多样性分布格局及其尺度效应，回答多营养级生物多样性对生态系统功能的影响及其机制。

关键科学问题：①生物多样性的分布格局、成因及尺度效应；②群落构建过程的区域分异与尺度效应；③多营养级生物多样性对生态系统功能的影响机制及其尺度效应；④生态-进化动态如何塑造生物多样性与生态系统功能；⑤多营养级生物地理理论的构建。

三、国际合作重点方向与关键科学问题

1. 全球尺度的功能微生物格局及其对环境变化的响应及反馈机制

微生物在各类生态系统的物质和能量循环中均发挥着极为重要的作用，也是生物地球化学循环的主要驱动力和地球环境的重要塑造者。自然环境中的微生物数量庞大，而其群落组成和成员间的相互关系复杂，因此了解微生物群落多样性的构成和维持机制对于准确认识全球变化背景下生态系统功能的演变具有十分重要的科学意义。在人类活动加剧和全球气候变化的背景下，各类生态系统中高度复杂的微生物群落如何响应和适应外界环境的中、长期变化，这些变化又如何改变它们所承载的生态功能，最终对全球生态系统的物质和能量循环产生怎样的反馈，是微生物生态研究领域的前沿问题。为了解决这些问题，近年来微生物生态学研究倡导全球环境取样并利用组学等相关检测技术进行样品分析，呈现出多团队合作和跨学科融合的趋势。因此，开展国际交流合作来推动该学科的发展，为保障微生物生态功能的发挥提供理论基础，同时也对缓解我国日益严峻的生态环境压力有着重要的现实意义。

关键科学问题：①各类微生物的依存关系和相互作用网络；②地球环境中微生物代谢功能与碳周转速率和储存形式的关联；③各类生态系统中功能微生物类群对温室气体排放和吸收的贡献；④气候变化背景下微生物多样性的维持机制和控制因素；⑤区域和全球尺度微生物对气候变化的响应和生态模型预测。

2. 生态系统结构的复杂性及系统演变的理论研究

生态系统是复杂自适应系统，解析其结构复杂性的形成和维持及其在生态系统演变过程中的作用具有重要科学和实践意义。理解生态系统的结构复杂性和多尺度动态是生态学研究的难点和前沿领域，也是预测全球变化下生态系统响应的基础。生态系统复杂性不仅体现在多样化的物种组成，还体现在物种间的互作关系及其功能。物种之间以及物种与环境之间的相互作用与反馈，调控生态系统的物质循环和能量流动，是生态系统实现其功能的基础。不同时空尺度的生态学过程，尤其是生态–进化反馈、局域–区域交互作用等，共同决定了生态系统的多样性与功能。生态学实验和野外调查往往在较短的时间尺度和较小的空间尺度开展，因而传统的研究方法难以阐明不同尺度生态过程的互作机制。生态学理论模型可在统一框架下整合不同时间和空间尺度生态过程，是解析生态系统复杂性的维持和动态机制的重要手段。近年来，理论生态学方法进展迅速，取得了一系列重要成果，但我国理论生态学研究相对滞后，亟待开展国际合作推进该领域的发展。理论解析生态系统复杂性是当前生态学研究的难点和前沿领域，也是预测全球变化下生态系统响应的理论基础。

关键科学问题：①物种间高阶作用与营养级间互作；②生态系统稳定性与稳态转换理论；③生物多样性与生态系统功能的生态–进化机制；④进化博弈理论与生态系统演化；⑤时空多尺度作用下的空间自组织与生态系统功能。

3. 地球系统模式中的生态学过程及地理分异机理研究

近几十年来，人类赖以生存的地球系统发生了剧烈变化。因此，准确模拟全球生态系统对环境变化的响应是科学制定应对政策的基础。目前，国际上主要通过地球系统模式预测未来地球系统的变化趋势。然而，当前的地球系统模式对准确模拟生态系统过程及其地理分异的能力普遍较弱。因此，基于生态学机理开展地球系统模式的改进、验证与评估，具有重要的科学意义。尽管我国生态学科在野外调查和控制实验等方面做出了重要成果，但是在数学模型与计算机建模等方面的工作远远落后于欧美发达国家。因此，结合我国独特且丰富的生态系统类型，围绕地球系统模式中的生态学机理开展国际合作与交流，有望缩小我国生态学科与发达国家之间的差距，也为我国环境保护、生态系统可持续发展以及气候变化应对等提供科学支撑。

关键科学问题：①陆地生态系统关键过程模拟的不确定性大小及其成因；

②植被性状对生态系统功能响应环境变化的影响机制与预测能力；③土壤微生物过程对生态系统碳氮循环的调控机理及其在区域和全球的作用；④陆地植被变化对气候变化的反馈及预测；⑤生态系统模型的评估体系及数据与模型的融合方法。

4. 全球生态系统联网观测研究和预测生态学

生态和环境问题是区域和全球尺度上的，因此如何通过国际合作，揭示大尺度生态学问题，成为未来生态学研究的一个主要方向。通过对我国和全球不同区域生态系统的长期联网观测和试验，实现全球尺度上的整合研究；揭示典型陆地生态系统的植物生长、群落结构、生态系统功能，尤其是碳、氮、水循环过程等对环境变化的响应和适应机理；探明陆地生态系统关键过程的空间格局、年际变异以及调控这些时空变异的主要环境因子和过程，揭示不同空间和时间尺度上环境因子对陆地生态系统关键过程的影响和控制机理。用联网观测和试验数据约束生态系统模型，降低模型预测的不确定性，准确预测未来陆地生态系统的变化，为我国应对气候变化决策提供必需的基础科学数据和理论依据。

关键科学问题：①生态系统结构和功能的生物地理学机制；②生态系统变异规律及机理；③区域生态对环境变化的响应与适应；④宏系统生态学；⑤数据−模型融合改进模型预测能力。

第四节　发展机制与政策建议

1. 促进学科交叉融合

在经费、人力、物力等方面加大对生态学学科建设的投入，加大生态学学科理论与技术的研发，加大对跨学科、交叉领域（如生态学、环境科学、经济学和自然地理学等多学科的交叉融合）研究的支持，促进生态学理论发展、技术创新和成果应用。

2. 布局长期生态学研究

面向生态文明建设需求梳理大的生态学问题，构建大科学平台，建设大的野外观测平台，进行大尺度、长时间和实时精准的观测和研究，获得大数据，形成大生态学，解决当前我国乃至全球生态学面临的重大科学问题，服务国家重大生态工程建设的需求。

3. 对接国家生态环境领域重大战略

基于"以国家公园为主体的自然保护地体系"建设，构建中国生物多样性大科学研究体系；基于国家生态环境监测网络，构建与生态文明建设要求相适应的生态环境大科学研究体系；基于中国生态系统研究网络、世界第三极国家公园群和第二次青藏高原综合科学考察研究，建立全球生态学大科学平台，开展中国应对全球气候变化等重大问题研究；基于中国重大生态恢复工程，开展恢复生态学研究。

第六章

细胞生物学发展战略研究

第一节　内涵与战略地位

细胞是生命体的结构与生命活动的基本单位。生物的生殖生理、遗传发育、神经（脑）活动等重大生命现象都以细胞为基础；多细胞生物的繁衍与生长发育依靠细胞增殖、分化与死亡来实现；复杂的人脑活动靠上千亿个神经细胞相互协调整合完成；人类疾病的发病机制也多是以细胞的病变作为基础。

细胞生物学是在细胞、亚细胞和分子水平上研究细胞的结构与功能，细胞增殖、分化、衰老与死亡，细胞间通信，细胞起源与进化等生命活动的科学。从生命结构层次来看，细胞生物学介于分子生物学与个体生物学之间，同它们相互衔接、相互渗透，起着承上启下的关键作用。细胞生物学的研究是发育生物学、免疫学、生理与整合生物学等学科的基础和重要支柱，同时也是生物物理学、生物化学与分子生物学等学科研究对象的提升。正如细胞生物学先驱 Edmund Wilson 所提出的那样："一切生命的关键问题都要从细胞中去寻找。"细胞作为生命活动的基本单位，它的结构与功能、重大生命活动及其分子机制的研究已成为 21 世纪生命科学研究的重要领域，并以空前的广度和深度影响和改变着人类的生活，为解决现代人类社会所面临的健康威胁、粮食短缺、环境恶化、生态失衡等问题提供了重要的技术保证。下面从细胞生物学的几个主要领域来阐述其重要性。

细胞增殖、分化、衰老和死亡是细胞最基本的生命活动。新增殖的细胞可以通过细胞分化的复杂过程转变成有特定形态和功能的细胞，并在复杂的生物体内形成各种组织和器官。细胞增殖、分化与死亡的平衡对于多细胞器官的稳态维持和功能执行至关重要。细胞重大生命活动的失调是多种人类疾病发生的基础，包括癌症、免疫缺陷疾病、神经退行性疾病等。

生物膜是细胞中众多结构和功能的基础，由膜包被的各类细胞器的功能和动态调控是细胞生物学的核心问题之一。线粒体、内质网、高尔基体、溶酶体、过氧化物酶体、脂滴等经典细胞器的生成、融合、分裂、定位是其功能和调控的重要基础。各类分子通过囊泡、转运通道及其他方式进出细胞器，是维持细胞器正常功能、细胞内物质交换和信号信息传递的重要途径。囊泡运输受阻会导致神经性疾病、免疫疾病、糖尿病等重大疾病。此外，细胞外囊泡已被证实具有重要的细胞通信功能和临床诊疗价值。

细胞骨架负责维持细胞的形态结构及内部结构的有序性，在细胞运动、物质运输、能量转换、信息传递和细胞分化等方面发挥重要作用。细胞在许多病理情况下会出现细胞骨架系统异常，如阿尔茨海默病、癌症的转移以及先天胎儿中枢神经系统畸形。细胞运动是生物体生存和繁衍、伤口愈合、胚胎发生、免疫反应等生理活动的基础，贯穿着整个生命周期。此外，细胞形态的改变或内部运动，包括植物细胞和黏变形体的原生质流动、细胞内吞和外吐时的细胞膜变化、胞质分裂时的凹陷缢缩、胞内物质运输、亚细胞结构的动态变化等，也属于细胞运动的范畴。细胞运动的异常与许多疾病密切相关，如智力障碍、心血管疾病、纤毛病、癌症转移、免疫系统疾病等。

细胞功能的调控是通过细胞的信号与功能网络来实现的。细胞的信号网络不仅为细胞正常功能所必需，几乎所有的疾病，包括恶性肿瘤、心脑血管疾病、代谢性疾病、感染性疾病等重大疾病的发生发展都与细胞信号与功能网络的失调有着密切关系。因此，细胞信号与功能网络是研究各种疾病发生发展的共同基础，也是发展精准医学的重要根据。细胞信号与功能网络研究自然也是目前开发原创性药物和发展治疗重大疾病新方法的源头。

代谢是生物体内发生的用于维持生命的一系列有序的化学反应，它使得生物体能够生长繁殖、维持自身的结构以及应对外界环境做出反应。代谢可以被认为是生物体不断进行物质和能量交换的过程，它是细胞进行增殖、分化、凋亡、运动、信号转导的基础，同时又受到这些活动的调控。细胞代谢异常与多种重要疾病的发生密切相关。脂代谢异常会导致肥胖、动脉粥样硬化等，糖代谢异常则会导致糖尿病等。

干细胞是一类具有自我更新、高度增殖和多向分化潜能的细胞群体，它们可以通过细胞分裂来维持自身细胞群的数量，同时又可以进一步分化成为各种不同的组织细胞，从而构成机体各种复杂的组织和器官。基于干细胞的修复与再生能力的再生医学，有望解决人类面临的重大医学难题，如心血管疾病、糖尿病、严重烧伤、肿瘤、自身免疫性疾病等。

第二节 发展趋势与发展现状

一、细胞生物学的发展趋势

细胞生物学的发展同生命科学的其他学科一样，也遵循了从宏观向微观、从现象到本质、从单一向多层次多方面发展的规律。纵观近年来细胞生物学的发展规律，有如下几个特点。

从体外到体内。细胞成像技术的发展促使细胞研究从固定细胞的静态观察到活细胞体内的动态变化过程、生物分子的实时定位以及相互作用的检测与监控。

从群体细胞与组织到单细胞行为研究。单细胞测序技术的飞速发展使得不同类型的细胞得以精细区分，在单细胞水平进行分子机制的研究成为可能，更加精准地重新定义细胞亚型，并帮助我们揭示疾病组织（如肿瘤）异质性对疾病发展以及耐药的机制。

从单分子、单通路的单一层面研究到多层次、多维度的信号网络研究。随着基因组学、蛋白质组学、生物信息网络分析技术等手段的成熟，越来越多的研究对同一生物学过程进行多层次、多角度的信息挖掘并整合，促使我们对细胞生物学问题更全面和准确认识。

从单学科研究到与其他学科的交叉渗透。细胞生物学作为生命科学和医学研究的基础学科，不断地与生物化学、分子生物学、肿瘤学、免疫学、生理学和神经科学等交叉整合。同时，其他学科发展出的新技术和新手段也极大地推动了细胞生物学的发展。

从解释生命到改造生命。细胞生物学的新理论、新发现和新技术在医学方面的应用，如干细胞技术对组织再生与器官移植领域的推动、单克隆抗体在临床诊断和治疗中应用以及基于信号通路的靶向药在癌症治疗中的广泛应用，极大地促进了医学的进步。

近年来细胞生物学发展迅速，在国内外建立了一系列具有重要影响的新技术和新方法，产生了一些重要的科学理论和科学结论。从以下传统细胞生物学研究方向来看细胞生物学领域的发展态势。

1. 细胞增殖、分化、衰老与死亡

细胞的增殖、分化、衰老和死亡是细胞的重大生命活动，了解这些过程能为治疗许多疾病提供新思路。但是，目前人们对于参与调控这些生命活动的大分子的了解还非常有限，对这些大分子的相互作用和修饰的研究则更为欠缺。更重要的是，需要了解活体细胞内蛋白质及其他大分子在细胞增殖、分化、衰老和死亡的不同时期的修饰状态以及动态变化规律。

生物体通过细胞增殖来补充和替换各种衰老和受损细胞。细胞增殖失控，将导致肿瘤发生等严重后果。因此，详尽解析细胞增殖的调控机理，不仅对认识生物个体的生长发育过程和机理具有重要的科学意义，同时为相关疾病的防治提供理论依据。细胞增殖调控研究在过去的四五十年间取得了长足发展，不仅对细胞分裂增殖过程有了比较深入的认识，还对细胞周期中各个检查点的调控机制进行了深入研究。虽然如此，但距离详尽解析细胞增殖的调控机制还相差甚远，细胞增殖失调与肿瘤发生的关系问题还远没有真正解决。

多细胞生物的发育是具备本质相同遗传信息的细胞的特化过程，亦即不

断的细胞命运决定过程。其中，各种类型干细胞的干性维持、增殖分化多年以来都是细胞生物学研究的热点。体细胞重编程和转分化体系的建立和优化为细胞命运决定的机制研究和损伤组织修复、器官再生等临床应用提供了重要工具。

人类探索衰老已有几千年的历史，但是，衰老研究在现代生物学和医学中却是一个十分年轻的领域。20世纪80年代，对衰老的研究才进入基因水平；到20世纪90年代，才开始认识一些调控衰老基因的基本功能。可喜的是，衰老相关的研究在21世纪有了巨大的进展。不但有许多调控衰老的基因和信号通路被发现，一些有潜力的干预手段也被提出。即便如此，目前衰老分子机制尚不清楚，对于细胞衰老如何影响器官衰老和个体衰老也缺乏了解。由于衰老的复杂性，传统的单基因研究有相当的局限性，近期兴起的组学技术和生物信息学的发展必将为衰老研究提出新的解决方案。

当细胞受到不可挽回的强烈刺激或无法修复的严重损伤时，会通过不同的信号转导通路发生死亡。这类受调控的细胞死亡包括经典的细胞凋亡及近年来受到广泛关注的程序性坏死、细胞焦亡和铁死亡等。不同的细胞死亡类型有相似、交叉而又明显区别的调控方式。发现和鉴定新的死亡方式，在分子水平上揭示程序性死亡的机制，设计针对程序性细胞死亡调控蛋白的新型治疗药物，以及直接激活肿瘤细胞中的程序性细胞死亡分子体系，以杀死肿瘤细胞，都是国际前沿研究的热点。

2. 细胞骨架与细胞运动

自从20世纪中叶被发现以来，细胞骨架一直是细胞生物学学科的一个研究重点和焦点。在过去几十年，在细胞生物学、生物化学、分子生物学等领域的科学家的共同努力下，我们对细胞骨架的结构和功能有了更多的认识，从对细胞骨架进行原子分辨率的结构分析，到细胞骨架在哺乳动物内的生理功能，不断有新的重要发现。即便是发现较晚的原核生物的细胞骨架，迄今也已经被研究了多年。经过长期对于细胞骨架结构的广泛和深入研究之后，很多人通过组学的方法，鉴定新的细胞骨架调节因子以及研究它们对细胞骨架的影响。通过这些方法，发现了数目繁多的细胞骨架调节因子和结合蛋白，促进了对细胞骨架的组装、动态性和功能的认识，加深了对细胞骨架异常与人类疾病关系的理解。但是，关于细胞骨架本身的核心问题，我们才刚刚开始有所了解，有很多十分基础的问题还亟待解决。毫无疑问，对这些问题的深入理解，不仅可以增加对细胞基本规律的认识，对促进人类健康也会大有裨益。

3. 细胞器与生物膜系统

真核细胞内充满了由生物膜包裹形成的亚细胞结构——细胞器。膜结构的存在将细胞内部分隔成一个个独立的区室化空间，从而保证了细胞内各项生理活动高效稳定运行。长久以来，对细胞器结构和功能的研究大多围绕某一独立的结构展开，很少关注亚细胞结构之间的关联和通信对细胞生理活动的影响。在利用透射电镜技术观察细胞的过程中，人们发现了不同的细胞器膜之间会有直接的接触，这些接触通常保持膜间较近距离（约 30 nm），却不发生膜融合，并伴有物质的交换和膜的动态性调控，我们将这种细胞器之间通过膜接触位点发生的相互联系称为细胞器互作。随着活细胞显微成像技术和超高分辨率显微成像技术的发展和应用，越来越多的细胞器互作方式被发现。细胞器也不再是被生物膜分隔开的孤立的功能结构，许多细胞生理活动，如蛋白质和脂质的转运、细胞器的融合和断裂、钙信号调控等，需要在不同的细胞器之间协调开展，这些过程都依赖于对细胞器互作的精确调控。细胞器互作的异常通常会引发细胞功能的紊乱，甚至引起细胞凋亡，导致许多疾病的发生。对细胞器互作的调控机制和功能的深入研究，有利于我们在细胞和分子层面揭示生命活动的本质、了解疾病的发生发展。

细胞内膜系统各个部分之间的物质转运大部分通过囊泡运输的方式进行。而细胞外囊泡是一种由细胞释放到细胞外基质的膜性小囊泡。细胞外囊泡广泛地存在于各种体液和细胞上清中，内部含有 DNA、RNA、蛋白质、脂质、膜受体等多类型生物活性大分子，参与了细胞通信、细胞迁移、血管新生和肿瘤细胞生长等重要的生理病理过程。由于细胞外囊泡有望在多种疾病的早期诊断中发挥作用，所以相关功能的研究已经成为研究热点。但是，目前针对细胞外囊泡的形成、调控、生物学意义、临床价值等研究均处于初步探索阶段。

4. 细胞代谢

代谢是生命体的一项本质特征，对维持细胞增殖、生长、分化、应激等生命活动具有重要意义。对于种类繁多的代谢底物和代谢产物，生命进化过程中产生了相应的识别和转运机制。胞内外各种信号如何调节代谢通路以及各种代谢通路间的互相影响仍有待阐明。代谢过程所产生的物质、能量、氧化还原状态等多方面的变化可以为细胞所感知并转化为生理信号，调节细胞内的信号转导、基因表达，参与细胞的稳态维持、命运决定和应激反应。除了生物体自身的代谢产物，来自共生菌群和环境中的外来化合物如何影响细胞和机体的功能也愈发引人关注。此外，代谢物在不同组织、细胞中以及在同一细胞的不同细胞器中也存在不同的命运和功能。全面理解细胞代谢的信号网络和时空调控是未来研究的前沿和重点。

5. 细胞通信与细胞信号转导

细胞里蕴藏着成千上万的分子，这些分子又存在相互作用网络，控制着细胞内与细胞间的通信，从而决定着细胞的命运。现代技术日新月异，已经发现了大量的信号分子，并绘制了它们之间的网络。尽管如此，这些努力仅仅理解了细胞里错综复杂网络的冰山一角。在过去近三十年里，蛋白质-蛋白质相互作用、二代测序与质谱技术的应用和优化揭示了细胞信号分子和通路，促进了细胞信号转导研究的高速发展，这些工作对于清楚阐述生命活动的本质规律和重大疾病的发病机理具有极其重要的意义。人们更加深刻地理解细胞内与细胞间信号网络决定干细胞分化与器官再生的相关分子网络、微生物与宿主的相互作用、免疫识别和相应的分子细胞机制、细胞代谢的调控机制与生化基础、抗生素与抗病毒的进化机制、脑细胞与精神疾病的分子与细胞变化过程等。因此，这些交互作用网络影响着细胞结构组成、细胞活动动态、细胞对外界环境感知等分子与细胞网络等。

活细胞能从环境中提取信息和应对各种挑战，并作出适当的反应。信号转导网络机制相当复杂，需要着力围绕信号网络如何影响细胞功能乃至生理病理过程这一关键科学问题，通过学科交叉，构建多维的信号网络。无论是在胚胎发育、器官形成还是病理发生过程中，每个单一细胞面临成千上万的化学、物理刺激和与其他细胞的作用，发生各个细胞信号转导通路的协同与交叉反应，影响基因组的变化、RNA与蛋白质活性与稳定性的变化，直接导致该细胞的生老病死。如何在单细胞水平理解信号输入与输出的关系？单一细胞在一个细胞群体、组织里和器官里又是如何联动和集成信号流动？因此，未来的细胞通信研究不应该仅仅局限在单一细胞信号通路在单一细胞类型对单一信号的反应的定性分析，而是需要拓展我们对细胞内通信和细胞间通信的深度和广度的理解。

6. 干细胞

近年来，国际干细胞基础与前沿研究持续深入，干细胞调控基本原理和关键技术取得了一系列关键突破，基于干细胞的再生医学也因此得以迅猛发展。基于干细胞的组织和器官修复及功能重建，将是治疗许多终末期疾病的希望和有效途径。干细胞和再生医学不仅正引领现有临床治疗模式的深刻变革，而且还将成为 21 世纪具有巨大潜力的新兴高科技产业之一。干细胞与再生医学是现代生物学发展迅速和较受关注的领域，是当今国际生命科学与生物技术研究的前沿和制高点。干细胞与再生医学的研究已经成为衡量一个国家生命科学与医学发展水平的重要指标。

二、细胞生物学的发展现状

近二十年来，随着我国对科学研究的重视和科研投入的不断增长，我国的细胞生物学研究总体水平有飞速发展和显著进步。不仅高水平论文不断涌现，部分领域的研究已经达到国际领先水平，获得国际同行的广泛关注和认可。以下举例说明近年来各领域具有代表性的突出成就。

在细胞的重大生命活动研究方面，我国科学家从单细胞水平阐明了人类精子发生过程中的基因表达调控网络和细胞命运转变路径，绘制了人类精子发生的高精度单细胞转录组图谱；我国科学家对于细胞增殖的研究主要聚焦在肿瘤细胞上，揭示了细胞周期中染色体分离的分子机制；在程序性细胞死亡研究领域，发现了细胞坏死和细胞焦亡过程中的关键因子，并阐明了细胞死亡的分子机制，也揭示细胞对于感染和肿瘤化疗反应的分子机制。

在细胞骨架与运动研究领域，我国科学家报道了在线粒体收缩和分裂部位细胞骨架超微结构以及相关的时空动态变化，继而提出了一种全新的细胞骨架介导的线粒体收缩机制模型；揭示了微丝细胞骨架调控囊泡运输和花粉管生长的新机制。

在细胞器与生物膜领域，我国科学家揭示膜泡转运复合体介导的Wnt信号通路参与细胞非自主线粒体应激反应调控；揭示了胞外体和迁移体可作为细胞间信号转导介质调控肿瘤细胞的增殖、代谢、行为和肿瘤转移的机制；提出了MFN1介导线粒体栓连的机制性模型；发现细胞核亚结构小体paraspeckles与细胞器线粒体之间存在交流和相互作用，参与调控细胞凋亡等重要生理过程。

在细胞代谢的研究领域，我国科学家发现了多种代谢酶或代谢调控蛋白的翻译后修饰通过影响细胞代谢流影响细胞增殖；揭示了葡萄糖感知和AMPK激活的新机制，建立了细胞能量代谢的新范式；发现了肿瘤细胞内肿瘤抑制因子p53通过尿素循环调控氨代谢，影响多胺合成和肿瘤细胞增殖的功能；系统阐明了葡萄糖、氨基酸、核苷酸代谢在脂多糖（LPS）刺激条件下对炎症性巨噬细胞功能的协同代谢支撑作用；揭示了葡萄糖代谢分支途径——己糖胺生物合成通路在调节天然免疫炎症反应和坏死性凋亡中的作用；发现了脊椎动物特有的自噬调控基因*Pacer*感知上游营养信号，进而调控自噬体成熟和脂代谢的分子机制；提出了宿主可不依赖天然免疫方式而利用RNA表观遗传与细胞代谢抵御病毒感染的新机制；提出铁代谢异常促进自身免疫疾病的机制。

在细胞信号转导的研究方面，我国科学家成功解析了"B类"G蛋白偶联受体GCGR和GLP-1R的三维结构，揭示了G蛋白偶联受体的信号转导机制；解释了GATOR1对mTORC1的抑制作用如何被解除的关键科学问题；鉴定了新的病原相关分子模式及其相应的模式识别受体；揭示了个体之间衰老速度差异的遗传基础，发现了新的调控动物衰老的信号通路；发现了液-液分离相变在自噬信号通路的普遍作用；发现了母源因子可通过稳定β-catenin信号诱导脊椎动物胚胎背侧组织中心和体轴的形成；解开了肿瘤细胞逃逸细胞生长抑制信号通路的分子机制；揭示了PI3K/Ras/Her2三大关键癌信号通路通过抑制p63而促进肿瘤细胞迁移和转移的分子机理；揭示长链非编码RNA介导的信号通路参与重塑肿瘤微环境以及调控肿瘤恶性病变的机制；揭示了Hippo信号通路中的关键蛋白YAP在肿瘤中活化的机制、在Th17以及Treg细胞分化过程中的功能及机制，也从蛋白质翻译后修饰的角度阐明了YAP/TAZ调控的新机制及其在肿瘤发生发展中的作用，指出了YAP的甲基化修饰可成为一个潜在的临床诊断指标和药物靶点。

在干细胞研究和核移植技术领域，我国科学家完成了多个首创和突破。利用体细胞核移植技术完成了克隆猴，实现了非人灵长类动物的克隆；突破哺乳动物同性生殖障碍，获得具有两个父亲基因组的孤雄小鼠；揭示干细胞微环境在身体水平的异质性与可塑性影响干细胞再生能力的分子机制；揭示了小鼠胚胎多能干细胞的分子谱系和多能性在时间空间上的动态变化及调控网络，构建了小鼠早期胚胎着床后发育时期高分辨率时空转录图谱；将小鼠胚胎细胞命运决定推进至 2 细胞期；利用化学诱导和 Yamanaka 方法建立了具有全能性特征的多潜能干细胞系，为利用异种嵌合技术制备人体组织和器官奠定了基础；成功编辑了人造血干细胞和祖细胞中的 $CCR5$ 基因，并成功移植和治疗急性淋巴细胞白血病；利用成年人体肺干细胞培养和移植技术再生肺脏，在肝前体细胞、肝实质细胞的诱导和维持上都取得了重要突破，扩展了具备在体功能的细胞类型；通过重编程、转分化等方式获得功能细胞也取得较多突破，发掘了结合体内微环境进行诱导的在体重编程技术。

值得一提的是，近几年我国在单细胞测序和细胞图谱研究方面发展势头强劲，近年来自主开发了 GEO-seq、Microwell-seq 等技术，率先绘制了小鼠胚胎发育时空图谱以及成体小鼠的细胞类型图谱，并相继创建了人类心脏、肝脏、消化道、免疫系统等组织和器官的单细胞水平细胞图谱，也绘制了人类精子发生的高精度单细胞转录组图谱，首次在单细胞水平绘制肺癌 T 细胞免疫图谱，使我国在细胞图谱研究中处于世界前沿和领先地位。

过去几年中，我国在细胞生物学领域取得的大量进展离不开国家的经费支持、高校和科研院所基础平台的改进和完善以及优质人才队伍的加速壮大。国家自然科学基金通过各类项目对细胞生物学研究提供了大量的支持。此外，国家还启动了多个与细胞生物学有关的重大研究计划。随着国家投入的大幅增长，我国从事基础生物学研究的科研条件大幅改善，有国际影响力的重大创新成果将会加速涌现。

虽然我国在细胞生物学领域已经取得了突出成绩和长足进步，但是与美国、欧洲国家乃至日本等科研强国的距离仍相当显著。主要表现为，我们虽然在细胞生物学研究领域有多个点的重大突破，但多是国外研究工作的延续或更新，"从 0 到 1"的原创性成果较少，科学的理论、原创的思想被中国科学家提出来的还非常之少；顶尖的研究人员和团队比较匮乏，特别是缺乏能够心无旁骛、长期稳定深耕基础理论的基地和队伍。在"十四五"期间，细胞生物学研究要把握国际学科发展态势，优先支持细胞精细结构、广泛定义的细胞命运决定和具有应用前景的干细胞再生等具有重大生物学意义的国际前沿研究；要顺应细胞生物学发展依赖技术手段革新的趋势，在资金和人才方面重点支持新型超高分辨率成像系统、精准快捷的基因编辑技术、生物大分子单分子检测与操控系统等技术的革新，以技术突破推动学科发展；要以国家战略需求中的重大科学问题为出发点，重点扶持我国有优势和特色的前沿方向；鼓励细胞生物学与物理、化学、工程等跨学部学科的交叉融合，为宏观生物学、农业科学和基础医学的发展创新提供理论和技术支持。

第三节　重要前沿方向、新兴交叉方向和国际合作重点方向

一、重要前沿方向与关键科学问题

1. 细胞命运决定和可塑性

多细胞生物的发育是具备相同遗传信息的细胞的特化过程，亦即不断的细胞命运决定过程。其中，各种类型干细胞的干性维持、增殖与分化多年以来都是细胞生物学研究的热点。体细胞重编程和转分化体系的建立和优化为细胞命运决定的机制研究和临床应用提供了重要工具。近年来，单细胞多组学研究手段的突破大大加深了人们对于配子形成、胚胎早期发育及成体组织中细胞谱系等问题的理解。细胞命运决定过程中涉及染色质结构、表观遗传、转录组、蛋白质组、代谢组、信号网络等多个维度的复杂变化，同时与细胞微环境、细胞外信号关系密切。相关研究将为深入理解个体发育和人类疾病的形成，以及引导组织修复和再生医学提供关键性的理论和技术支撑。

关键科学问题：①绘制细胞谱系以及细胞信号网络（包括蛋白质、RNA和小分子以及它们的修饰）的时空动态图谱；②阐释体内细胞谱系追踪和不同细胞群体间分子作用网络及功能调控关系；③阐明遗传、表观遗传、信号转导和代谢状态对细胞命运可塑性的调控机制和进化机制；④揭示细胞微环境、细胞间相互作用、细胞间通信、细胞运动过程中信号感知和转导机制对细胞命运的调控机制；⑤结合化学生物学、3D培养、异种嵌合和类器官等手段，推动体外研究细胞命运变化的技术革新，建立并优化获取功能细胞、组织和器官的方法，进行体内功能验证，并用于转化研究；⑥发展和完善单细胞多组学技术在新细胞定义、细胞分化、谱系追踪和人类细胞图谱绘制方面的应用；⑦体内分化、衰老和死亡细胞的检测、示踪，与体内其他细胞（如免疫细胞）之间的相互作用，及其对机体发育、衰老和衰老性疾病发生的贡献；⑧建立适合于单细胞多组学技术的细胞分离、目标分子捕获和信号精准无偏精准扩增的方法，建立适合于单细胞或少量细胞的蛋白质质谱技术和代谢组学技术。

2. 细胞精细结构与可视化

细胞精细结构和时空分辨能力是细胞生物学研究的主要瓶颈。显微成像技术的每次革命总带来对细胞内生命活动认识的飞跃。超分辨技术不断进步，同时也用于研究线粒体、染色质等细胞器及蛋白质机器的动力学研究。

关键科学问题：①膜性结构（如细胞器）的生成、结构、形态、组分、功能、动态变化及其稳态维持的机制；②非膜性结构（如细胞骨架）组装、结构、形态、功能、动态变化、协同作用及其稳态维持的机制；③亚细胞结构互作网络的检测、调控、对话、分子机制和生理功能，以及新型亚细胞结构的鉴定与分析；④染色质高级结构的形成和分布规律，包括染色体域、染色体区室、拓扑关联结构域、染色质环等，以及超大片段染色体的设计与合成；⑤细胞分裂过程中纺锤体的架构和大小的功能和可塑性；⑥聚类分析和可视化机体内细胞信号网络、转录调控网络、蛋白质相互作用网络以及其他功能关联网络，并与超高分辨的细胞图谱相结合，建立一个机体内细胞结构和功能相整合的分子网络；⑦细胞间相互作用机制，胞间连丝、微粒运输等功能和调控规律；⑧分离空间特异性蛋白质机器的新方法；⑨适合结构细生物学研究的超高时空分辨显微术，单细胞动力学分析技术及质谱成像及细胞内空间特异性组分分析方法。

3. 微环境与信号转导网络

细胞的行为和命运受到所处微环境的精细调控。细胞与微环境的相互作用具体表现为细胞内部和细胞之间的信号转导与物质能量交换。细胞微环境的异常与多种重大疾病密切相关。细胞信号转导的核心命题是系统性地描绘细胞、组织和器官在生理与病理条件下信号转导的"时-空"调控动态网络。首先，细胞能够识别微环境中的多种信号，包括各类经典的化学信号和光、机械力等物理信号；其次，细胞通过多种生物化学和生物物理过程（包括相分离等）进行信号的传递、调节和整合，其中涉及生物大分子的化学修饰、构象改变以及亚细胞定位变化等；细胞"读取"整合后的信息，在局部或整体范围内重塑细胞的蛋白质组、转录组、表观遗传-染色质结构、代谢组等，产生相应的细胞行为（增殖、分化、迁移、代谢改变、重编程、死亡等）。因此，细胞信号转导与几乎所有生命活动相关，涉及内容广泛，是细胞生物学永恒的研究课题。

关键科学问题：①新型信号分子、信号通路和信号交互作用的发现、功能及调控；②新型/特定类型细胞或者过程（如意识、疾病）的信号转导机制；③细胞微环境与特定细胞相互作用决定细胞命运（如细胞死亡、极性、黏附、分裂、分化、干细胞干性维持等）的具体机制；④发展优化类器官体系用以揭示发育和疾病中的细胞间相互作用；⑤利用高分辨率成像、定量质谱、化学生物学标记等方法，绘制细胞信号因子（包括蛋白质、RNA 和小分子以及它们的修饰）在细胞内随信号变化的时空动态图谱；⑥结合数据获取、计算分析和功能验证，建立定量化的细胞信号网络模型，对细胞行为进行预测；⑦阐释体内不同细胞群体间功能调控关系及分子作用网络。

4. 细胞衰老与死亡的决定因素与调控机制

细胞衰老既是与个体衰老相关的正常生理现象，也导致或参与一些老年性疾病的发生发展（如癌症、代谢病、神经退行性疾病等）。衰老细胞通常呈现 DNA 损伤、细胞周期阻滞、代谢异常及衰老相关分泌表型，与之相应的是细胞在基因组、表观遗传组、转录组、代谢组和蛋白质组层面的变化。个体正常衰老、胞外损伤信号、胞内环境改变均可引发细胞衰老。特异性清除衰老细胞或其分泌因子对于改变机体内环境和某些疾病的治疗有潜在作用，而利用药物诱发（癌）细胞的衰老也成为抗癌研究的一种思路。目前对于细胞衰老的生物学功能（尤其是与个体衰老之间的关系）及其临床意义的认知还不明确。当细胞受到不可挽回的强烈刺激或无法修复的严重损伤时，会通过不同的信号转导通路发生死亡。这类受调控的细胞死亡包括经典的细胞凋亡及近年来受到广泛关注的程序性坏死、细胞焦亡、铁死亡等。不同的细胞死亡类型有相似、交叉而又明显区别的调控方式。针对细胞死亡的干预手段对多种疾病的治疗有重要意义。

关键科学问题：①运用多组学手段对（干）细胞衰老的诱因、特征（标志物）及异质性进行全面、动态的描述；②衰老细胞的体内检测和示踪，及其对机体衰老及衰老性疾病的贡献；③衰老细胞与体内其他细胞（如免疫细胞）之间的相互作用以及衰老细胞的清除机制；④逆转或诱导细胞衰老的技术及其转化研究；⑤细胞死亡的动态调控机制及细胞死亡方式转换的决定因素；⑥特定细胞死亡与机体发育及疾病发生的关系；⑦新型细胞死亡方式及其机制的鉴定。

5. 细胞器与生物膜结构的功能与调控

生物膜是细胞中众多结构和功能的基础，由膜包被的各类细胞器的功能和动态调控是细胞生物学的核心问题之一。线粒体、内质网、高尔基体、溶酶体等经典细胞器的生成、融合、分裂以及亚细胞定位是其功能和调控的重要基础。各类分子通过囊泡、转运通道及其他方式进出细胞器，是维持细胞器正常功能和细胞内物质信息传递的重要途径。细胞器依赖其自身或细胞内的质量控制系统实现稳态调控，而受损细胞器的及时清除对于健康至关重要。先进的细胞成像技术显示，不同细胞器之间、细胞器与细胞骨架和复杂蛋白复合体之间存在紧密接触和相互作用，是一些重要生物学事件发生的场所。此外，细胞外囊泡已被证实具有重要的细胞通信功能和临床诊疗价值。因此，高效、准确地解析动植物细胞所有细胞器的组学，实时、定量地示踪细胞器的精细动态变化，从而阐释细胞器在不同生理条件下的功能和反应机制，将推动细胞生物学的深层次发展。

关键科学问题：①细胞器的生成、动态变化及其组分的分选、转运和交换传递机制；②细胞器的稳态维持和受损后的修复与清除机制；③细胞器互作网络的检测、组成、功能和调控；④细胞器组学精准标记和实时定量示踪及功能分析，以及细胞器组学与全细胞组学的异同；⑤细胞外囊泡的产生与吸收机制、生物学功能及临床应用；⑥新型亚细胞结构的鉴定。

6. 细胞代谢调控及代谢物的感知与功能

胞内外各种信号如何调节代谢通路以及各种代谢通路间的相互影响仍有待阐明。除了生物体自身的代谢产物，来自共生菌群和环境中的外来化合物如何影响细胞和机体的功能也愈发引人关注。全面理解细胞代谢的信号网络和时空调控是未来研究的前沿和重点。

关键科学问题：①细胞对不同代谢物的感知和转运机制；②胞内外信号对代谢的时空调控及代谢通路间的相互作用；③细胞代谢对重要生物大分子、信号通路及基因表达的调控作用和方式；④细胞代谢对细胞迁移、免疫反应、神经传导等细胞功能的影响；⑤代谢区域化调控及其对细胞器功能的影响；⑥关键代谢物在机体发育稳态与细胞分化中的可塑性调控；⑦不同组织、细胞之间的代谢对话及其在疾病与衰老等过程中的意义。

7. 细胞骨架与细胞运动的调控

细胞可塑性是生命复杂性的基础。真核细胞依赖细胞骨架形成各种不同的形状，组织胞内多种组分与环境相互作用并产生协调的细胞运动。细胞骨架建立在三类蛋白丝组成的框架之上：微管、中间丝和微丝，每一类纤维具有特定的力学性质，并由不同的蛋白亚基形成。细胞运动是生物体生存和繁衍、伤口愈合、胚胎发生、免疫反应等生理活动的基础，贯穿着整个生命周期。例如，肿瘤细胞的迁移；细菌通过鞭毛摆动来觅食及躲避有害物质；精子通过其尾部鞭毛的摆动到达卵子部位；卵细胞的转动；免疫细胞通过趋化运动到达炎症部位来清除有害物质。细胞运动的异常与许多疾病密切相关，如智力障碍、心血管疾病、纤毛病、癌症转移、免疫系统疾病等。细胞运动是一个复杂的调控过程，涉及细胞微环境、细胞间通信、信号的感知和转导、细胞骨架的动态重塑、细胞内物质重分布、细胞器间的相互协调等。因此，深入了解细胞形态结构、细胞骨架与细胞运动的调控机制是目前细胞生物学研究的研究热点之一，对于细胞运动相关疾病的防治具有重要的意义。

关键科学问题：①细胞形态结构和细胞运动过程中细胞间通信、新型信号分子、信号感知和转导机制；②细胞器的形态结构、动态组装和定位的调节机理与功能；③纤毛运动的调控机制，细胞运动相关新型亚细胞结构的发现及功能；④维持细胞形态结构和细胞运动过程中细胞骨架动态重塑的调控机制；⑤微管、中间丝和微丝之间的相互对话机制，以及在细胞形状、极性决定和运动中的作用和机理；⑥有丝分裂纺锤体机器与细胞类型的关联性，以及染色体分离保真度的调控机制与进化规律；⑦微管结构和功能多样性的调控机制，微管动态不稳定性的超高分辨率实时成像，以及微管结构的体外生化重构。

8. 基因编辑细胞与合成生物学

基因编辑细胞指的是通过对基因组的特定编辑改造而成的细胞，这类细胞将为疾病机理及诊疗研发提供新的有力工具。合成生物学以工程学思想为基础，通过人工设计改造，赋予细胞或生物体新功能，现已广泛应用于各领域。基因编辑细胞和合成生物学的发展，不仅对解释生命本质和探索生命活动基本规律具有重要意义，也给解决医学相关的应用问题提供了全新的思路，具有极大的价值与潜力。

关键科学问题：①重要细胞通路的合成生物学改造，实现对细胞行为精准可逆的控制；②重要功能蛋白质元件的合成生物学改造；③针对衰老及细胞器疾病治疗的特定目标，开发线粒体人工设计改造技术以及定向编辑替换技术，以实现以人工合成线粒体为基础的疾病治疗新方案；④建立特色细胞工厂，高效合成特定的修饰大分子和功能小分子；⑤利用纳米、小肽等新型材料载体并偶联编辑工具，进行高效、安全、特异的载体递送技术的高效精确的靶向改造。

9. 基因组的 3D 高级结构及其功能

高度复杂、动态变化的基因组 3D 结构对于基因表达调控至关重要。在过去的数年间，染色体构象捕获方法和显微成像技术的发展，揭示了基因组如何与细胞核的架构相互连通，以及基因组构象在不同细胞类型间、细胞分化与不同发育阶段以及进化过程中的变化。基因组构象与细胞核结构在生理和病理条件下如何调节基因表达、细胞命运和细胞功能，尚待探明。

关键科学问题：①在分子细胞水平上研究染色体高级结构的新技术的开发和完善；②染色质高级结构的形成和分布规律；③ 3D 基因组中不同基因组位点 DNA 复制时间的控制；④ 3D 基因组构象调节配子形成、胚胎发生和细胞分化的机制；⑤基因表达调控中增强子和启动子的远程互作；⑥基因转录、基因组亚结构区以及增强子与启动子远程互作关系。

10. 基因组不稳定性的发生机制及长期细胞学效应

基因组在细胞分裂过程中受到内外恶劣因素的影响会发生一些灾难性的事件，比如肿瘤细胞非整倍体和染色体碎裂。非整倍体：分裂中的细胞若遭遇染色体的错误分离会导致子细胞染色体数目的异常。染色体碎裂是一种复杂的基因组重排事件，有丝分裂期间染色体分离错误会造成细胞的一条或数条染色体在短时间内发生断裂，形成的 DNA 碎片随后被随机地拼接起来形成新的染色体。非整倍体和染色体碎裂代表了肿瘤细胞的一种特征。非整倍体既可以促进也可能抑制肿瘤的发生发展，而染色体碎裂事件代表了肿瘤发生过程中的新机制。阐明它们的发生机制和后果有助于理解有丝分裂期染色体错误分离如何导致癌症等疾病的发生。

关键科学问题：①蛋白质量控制系统对氧化应激、氨基酸合成和细胞生物能量相关基因表达的作用；②确定特定的染色体组型与特定肿瘤的关联性，从而探讨利用非整倍体开发新的癌症疗法；③发现微核核膜完整性的条件和因素；④揭示染色体碎片在细胞核中的空间定位、重新装配和分裂时的分离机制；⑤染色体碎裂对 DNA 损伤修复、体细胞的突变、肿瘤发生发展的影响；⑥解析非整倍体的致病机理。

二、新兴交叉方向与关键科学问题

1. 细胞分子和修饰的实时、原位、定量分析

细胞信号网络中信息流的传递是一个复杂的动态变化过程，信号传递、支架与效应分子（蛋白质、RNA、DNA、糖脂类以及代谢产物等）的浓度、合成后修饰（如翻译后修饰）以及相互作用，是真正影响和决定信号传递结

果的因素，调控着细胞的生理功能。建立系统的、动态的、高效灵敏的原位定量新方法是细胞信号网络研究的迫切需求。利用新型成像技术，遗传编码探针和化学合成小分子探针，结合复杂数据深度分析与数学建模等新研究方法，加上精确的功能实验，从而解读细胞信号网络的时空和动态属性，绘制出细胞信号网络的定量动态传递图谱，并建立模型，对信号网络的动态变化及其导致的细胞行为进行预测。

细胞生物学与物理学的交叉，针对细胞分子的理化特性，发展新型成像技术；与化学的交叉，结合细胞分子的生化特性，发展新型遗传编码的探针或者特异反应的化学小分子探针；与仪器工程等领域的交叉，加大对显微成像仪器的研制。通过与相关学科的交叉，优先发展系列细胞分子的传感器；结合不同类型的传感器，实现对多个细胞分子的同步检测；应用这些新型传感器，探索细胞的运作机制；最后，研制出一批具有我国自主知识产权的光学成像设备。

关键科学问题：①细胞信号与功能网络中起核心作用分子（大分子、小分子以及它们的修饰）的确立，实现细胞内实时、原位、定量分析，可视化观测信号分子的动态过程和空间位置，绘制完整信号分子图谱；②结合核心分子的理化与生化特性，发展新型细胞传感器；③发展原位生物或化学标记细胞内化学修饰核酸与蛋白质的方法，融合原位高通量组学分析和显微成像技术，实现转录组和蛋白修饰组定量化；④发展正交的分析策略，实现对多个内容物的追踪分析。

2. 细胞蛋白质的靶向小分子库

小分子抑制剂是研究细胞生物学功能的尖兵利器。特别是随着靶向蛋白质降解技术的快速发展，靶向疾病相关蛋白质的小分子开发成为国际研究热点。同时，在理论上，靶向降解细胞内任意感兴趣的蛋白质成为可能，并且不断吸引着相关领域的科学人员。国际上已有科学家提出"Target 2035"计划，希望能够在 2035 年之前，找到细胞内所有蛋白质的专一性靶向小分子。可以预见，这一计划的施行，将显著推动细胞生物学与相关学科的深度交叉，从细胞生物学与相关学科（有机化学、化学生物学、生物信息学、药学）的交叉融合，开阔全新的基础研究领域并提供系列激动人心的转化研究机会。结合靶向小分子库研究细胞生物学或结合细胞生物学的理念和方法开发靶向小分子库，需要优先发展和布局。

关键科学问题：①重要细胞通路小分子抑制剂的开发和应用；②重要功能蛋白质小分子抑制剂的开发和应用；③蛋白质靶向小分子开发的新方法和新思路；④靶向小分子作用机制和效率的细胞生物学验证。

3. 细胞内的生物力研究

细胞内的生物力对于细胞功能的实现起到了决定性作用。经过长期的演化，细胞建立了完善的力学响应机制，这些生物力学机制在许多细胞生理过程中都发挥着重要作用。然而，科学家对于绝大部分细胞力的化学原理和生物学内涵的研究还处于初级阶段。从细胞层面，系统理解生物力在细胞上的作用机制，如：细胞和细胞器如何感应生物力，生物力如何在细胞内转导为生化信号，生物力如何在细胞或者细胞器之间传导，细胞和细胞器响应生物力的应对机制等。从分子层面，深度解析生物力在各个细胞信号转导过程中的作用机制。现代物理学和工程学技术的快速发展，为精细研究细胞的生物力打下了坚实基础。通过学科深度交叉，生物力的发现和细胞功能作用的阐释将在接下来几年取得重要突破，需要优先发展和支持。

关键科学问题：①生物力的化学原理和生物学内涵；②生物力在细胞、细胞器和分子层面上的作用机制；③生物力新型生物物理研究方法的建立；④生物力学研究工程平台的建立。

4. 结构细胞生物学研究

时空分辨能力是细胞生物学研究的主要瓶颈。因此，显微成像技术的每次革命总带来对细胞内生命活动认识的飞跃。近年光学显微术在时空分辨能力方面的显著进步以及冷冻电镜、光-电联合成像等技术的发展，有可能逐渐结束结构生物学和细胞生物学缺乏交集，以及针对活细胞的光镜技术和针对固定细胞的电镜技术相互分离的状况，以前所未有的时空精度实现对活细胞内生物大分子及其复合物和超大复合物的精细结构、动态变化、相互作用关系和功能等方面研究，获得细胞活动的全新知识。

关键科学问题：①适合结构细胞生物学研究的超高时空分辨显微术的建立与发展；②重要细胞器原位大分子复合物高分辨结构与动态变化研究；③重要生命活动中细胞内部大分子复合物高分辨结构与动态变化研究。

三、国际合作重点方向与关键科学问题

1. 蛋白质与 DNA/RNA 在细胞中互作信号网络构建

蛋白质和核酸（包括 DNA 和 RNA）是构成生命体最为重要的两类生物大分子。蛋白质与 DNA/RNA 相互作用是细胞中发挥生物学功能的核心，例如基因的转录调控、蛋白质翻译合成、DNA 损伤修复等。另外，RNA 不仅是 DNA 遗传信息传递到功能蛋白的信息传递物质，非编码 RNA 还具备特殊的生物活性催化功能。RNA 还可以介导多种结构，包括与单链 DNA 组成 RNA-DNA 特殊的染色质结构（也称为 R-loop），与染色质末端形成的端粒。这些特征赋予 RNA 调控和信息分子的双重功能，在生物调控机制和基因组稳定性中发挥着核心作用，与人类疾病发生发展有着紧密的关联。相应地，蛋白质与 DNA/RNA 互作也成为分子生物学研究的前沿和中心问题之一。

关键科学问题：①RNA 新的修饰、结构与功能；②RNA-DNA 特殊结构（如 R-loop）在细胞中的功能与作用机制；③RNA、DNA 和蛋白质在细胞中互作信号网络。

2. 基因组稳定性维持的机制

基因组不稳定性是肿瘤发生的根本原因之一，主要是由 DNA 代谢异常和 DNA 损伤应答缺陷所造成的。DNA 代谢包括 DNA 复制、重组和修复，是细胞中最基本的生命活动之一。同时，为维持 DNA 序列及基因组信息的完整性，细胞必须有一套严格的 DNA 复制应急及损伤应答调控系统。因此，研究基因组稳定性维持相关的 DNA 代谢、损伤应答的分子机制及其在临床诊治中的应用，不仅能够推进我们对细胞基本生物学过程的认识，同时也将在分子水平上加深我们对恶性肿瘤发生发展机制的理解，并有效提高肿瘤临床诊断和治疗水平。

关键科学问题：①复制叉在应急条件下是如何稳定的；②复制叉在应急条件下如何翻转与重启；③复制叉相关生物大分子复合物的结构与功能；④DNA 损伤应答的分子机制；⑤基因组不稳定性与疾病发生的关系。

3. 细胞衰老与老龄化相关疾病

细胞衰老是以细胞生长、增殖能力不可逆丧失为主要特征的一个生物学过程。细胞衰老通常由多种原因引起，如过度增殖、活性氧水平升高、致癌基因激活或抑癌基因失活等。细胞衰老一方面对体内细胞的新陈代谢以及维持生物体正常生命活动具有重要意义，另一方面，细胞衰老过程参与调控多种衰老相关性疾病，如肿瘤、纤维化疾病、心血管疾病、神经退行性疾病等，发挥着复杂的"双刃剑"式作用。细胞是生物衰老的基本单位，随着人口老龄化加剧，细胞衰老的生物学基础及其相关分子机制的研究已成为一个重要的研究方向。同时，衰老问题不仅是重要的生物医学问题，也是一个社会问题，通过延缓衰老减少老年病的发生，可以延长寿命并提高生活质量。通过研究细胞衰老参与调控多种衰老相关性疾病的分子机制，不仅能够加深人们对于细胞衰老过程的了解，也将为多种衰老相关性疾病的药物研发以及治疗提供新靶点。

关键科学问题：①核酸修饰、组蛋白修饰、端粒相关蛋白修饰在调控细胞衰老中的功能与作用机制；②衰老细胞新的生物标志物发现；③干细胞衰老的分子机制；④癌细胞跨越细胞衰老的机制；⑤基因组不稳定性与细胞衰老的关系；⑥细胞衰老与退行性疾病的关系。

4. 细胞信号网络的建立、定量和可视化

如何在单细胞水平理解信号细胞内的信号输入与输出的关系？单一细胞在一个细胞群体、组织里和器官里又是如何联动和集成信号流动？未来的细胞通信研究需要在下列方向上拓展我们对细胞内通信和细胞间通信的深度理解。

关键科学问题：①构建动态定量信号网络；②细胞内信号传递示踪分析；③细胞间信号传递示踪分析；④细胞形态转换中的信号网络变化；⑤组织、器官与个体中细胞类型图谱与信号网络的整合；⑥细胞信号网络的系统进化分析。

第四节　发展机制与政策建议

（1）进一步增加专家库，实行小同行评审，少一些立项项目，多一些自由探索项目。

（2）鼓励探索创新型项目，增大资助力度，宽容失败，试行对具有重要

潜力青年科研人才的长期稳定资助模式。

（3）系统的科学研究需要数十年，我国目前基金的资助期相对较短，支持力度弱（花费科研人员大量的时间去申请），不利于研究的系统性和连续性，自然科学基金委可以建立长期稳定的支持政策。

（4）增加对重大疾病的研发投入和科研团队资源整合。

（5）面向国家重大需求以目标考核方式整合学科研究力量。

（6）尽快加强资源库与数据库平台建设。

第七章

遗传学与生物信息学发展战略研究

第一节 内涵与战略地位

遗传学是研究生物的遗传与变异的科学，研究基因的结构、功能及其变异、传递和表达规律。长期以来，遗传学一直是生命科学的基础支柱学科之一，是生物学各学科中富于逻辑演绎体系的学科。经典遗传学三大定律与分子遗传学的中心法则，构成了这一学科的基本理论体系和研究各种生命现象必备的知识体系。就其发展历史而言，遗传学包括经典遗传学、分子遗传学、现代整合（合成）遗传学等不同阶段。根据其研究对象和内容的不同，遗传学又可分为基因组学、比较基因组学、表观遗传学、群体遗传学、进化遗传学、细胞遗传学、医学遗传学等诸多分支学科。这些分支学科，都旨在通过各种手段了解不同层次生物体，如细胞、个体、群体和物种的遗传信息编码、传递和变异规律。遗传学，特别是分子遗传学的诞生和发展催生了传统生物学向现代生命科学的转变。在生命科学飞速发展的今天，该学科已成为现代生命科学的基础和核心学科之一。事实上，传统遗传学的基础理论与方法为现代生命科学提供了研究的基本策略和突变体材料，而以基因和基因组为研究对象的现代遗传学正在从系统动态的角度揭示复杂生命现象的遗传基础，复杂性状如人类疾病发生的机理等的基本规律，依然引领着现代生命科学各个学科的发展方向，并为多种现代生物技术的发展提供基石。另外，现代生命科学和生物技术的进步更加丰富和发展了遗传学的研究内容，如 DNA 测序技术对基因组学的催生，微生物遗传学对新型基因组编辑技术的发展，非编码 RNA 对传统基因概念及核酸新型修饰对表观遗传学的拓展，整合遗传学等新兴分支学科的出现等。遗传学包括研究各种生物物种种质遗传和变异规律，植物、动物和人类体细胞的遗传和变异规律，以及各种新型的遗传操作和功能验证技术研发等。

生物信息学是生命科学与计算机科学、信息科学、数学、统计学、系统科学等多学科相互交融而成的新兴学科，其主要研究内容为收集与整合生命科学相关大数据，研发处理各种生物大数据的方法、软件与工具，通过对各种生物大数据的深入挖掘和解析来揭示其蕴含的信息与规律，发掘新的调控元件与作用机制，构建目标生物过程的调控网络与细胞模型，从而推动生命科学研究从实验驱动的研究范式向数据驱动的研究范式转变。生物信息学的研究对象为生命科学研究领域各种类型的数据，也包括人类疾病相关的实验数据和临床数据，如 DNA、RNA 或蛋白质序列相关的各种组学数据，生物大分子结构相关的数据，各种类型的影像数据，定性或定量的实验与临床数据等。随着各种组学层面高通量研究方法的开发与广泛应用，生物信息学已经从一个新兴交叉学科，发展成为催生生命科学领域新的研究方向和重大科学发现的重要原动力，也成为各国在生命健康领域竞争的一个核心焦点。鉴于生物信息学对现代生命科学与医学研究的巨大推动作用，主要发达国家的政府、药品研发公司和医疗检测公司等企业对生物信息学抱以极大的兴趣，生物信息学对国家生命科学创新战略的贡献已成为各国政府日益关注的问题。美国 NIH 设立了专门支持生物信息学和计算生物学相关项目的研究基金，并且已经与斯坦福大学等多家高校合作，建立了多个国立生物医学计算中心。在我国，自然科学基金委、科技部等国家科研经费管理部门也在逐渐加大对生物信息学相关领域的支持。主要的资助方向可以分为基于数据收集整合的数据资源平台建设、针对生物大数据的算法与软件开发、应用生物信息学技术的数据分析与规律发现三大类别。

第二节　发展趋势与发展现状

一、遗传学与生物信息学的发展趋势

人类不断在广度和深度上认识各种生物遗传信息传递和变异的规律和奥秘。孟德尔提出植物性状的遗传规律，为遗传学的诞生和发展奠定了基础。摩尔根提出染色体是基因载体的概念，之后 DNA 双螺旋结构被发现，随之诞生的分子遗传学解析了遗传物质 DNA 及其编码方式，建立了中心法则，之后发明的 DNA 测序技术奠定了 21 世纪基因组学的爆发式发展。从单个基因的克隆，到模式植物拟南芥和人类基因组序列的完成，从单个基因表型的分析到系统生物学的兴起，过去多年里遗传学研究经历了不平凡的发展历程，取得了巨大的进步。特别是当代各种组学手段的应用，生物信息学、计算生物学和核酸新型修饰表观遗传学及基因编辑新技术的发展，遗传学已从对单个性状遗传规律的研究发展到在全基因组水平上对细胞生命单位和生物个体、群体遗传规律的探索。归纳起来，遗传学的发展呈现以下特点和规律。

表观遗传学成为遗传学研究的热门新兴领域，在调控多种关键生理病理过程中发挥重要作用；发育遗传学的重要性日益凸显，在研究广度和深度上均快速发展；群体遗传学成为解析群体遗传大数据的重要理论工具，加速重要功能基因与变异的发现；人类遗传学揭示人类复杂性状的遗传规律及人类疾病发生与衰老的遗传基础，指导个性化的疾病诊断、预防和治疗；复杂性状的遗传机制解析正成为遗传学研究的热点和难点；进化遗传学不仅揭示地球生物圈物种起源与进化的奥秘，也为物种保护、应对环境变化等提供重要指导；微生物遗传学成为生命科学发展和生物技术创新的重要推动力。未来几年，随着生物圈中各种生物的基因组信息大量解码，大量人类个体的基因组信息积累以及重要动植物相关组学数据的大量涌现，基于遗传学和表观遗传学的研究成果与应用将对人类的健康、农业生产、工业生物制造、环境保护等产生深远的影响。

"生物信息学"的英文"bioinformatics"已有 30 余年历史。但实际上，有关生物信息学的研究却可以追溯到 20 世纪 60 年代，Margaret Dayhoff 构建的第一个蛋白质数据库，为后期生物信息学的发展奠定了基础。纵观生物信息学的发展历史，可以看到，生物信息学的发展是非线性的、分阶段的，与之紧密相连的是生命科学和计算机科学的进步。在 20 世纪 70 年代和 80 年代，生物信息学的主要研究内容为数据的收集整理与展示，GenBank 等全球著名的核酸和蛋白质序列数据库很多是那时建立的。但在生物信息学发展的初期，由于传统生物学实验方法和互联网发展的限制，生物大数据的产生和积累均相对较慢，生物信息学的研究内容也相对单一，主要以数据库构建、序列比对相关的算法与软件开发为主。1985 年人类基因组计划的提出和伴生的各种模式生物基因组测序计划的实施，极大地推动了生物信息学的发展。自从人类基因组序列草图在 2001 年发布以来，生命科学研究进入"后基因组"时代，生物芯片、第二代测序技术等高通量研究方法的研发与普及使得生命科学领域进入了以海量多元组学数据为特征的大数据时代，也促进了生物信息学的飞速发展，使得生物信息学成为在生命科学研究领域越来越多地发挥引领作用的学科。

传统生物信息学的研究内容主要包括数据库构建、序列分析比对与基因功能预测、转录因子识别位点预测、进化分析、RNA 与蛋白质结构预测、基因调控网络构建等。随着各种高通量组学检测方法的开发和广泛应用，生物信息学的研究重点逐渐转向基因组组装、转录组数据分析、基因功能富集分析、表观修饰组数据分析等各种组学大数据的分析挖掘上。与此同时，生物信息分析与实验方法开发相结合，催生了很多新的研究技术与方向，如基因组序列变异和相关疾病风险预测技术、核酸分子与组蛋白修饰的高通量检测技术、新型非编码 RNA 的系统发现与功能解析技术、染色质开放程度和高级结构检测技术、基于人工智能的蛋白质结构预测与分子对接技术、肠道微生物等人体宏基因组的检测技术等。这些新方法与技术的研发与推广催生了很多新的研究方向，带来了生命科学研究突飞猛进的发展，也证明了生物信息学在现代生命科学研究中的重要价值。随着各种生命科学大数据的快速产生，生物信息学的研究重点也由"数据平台建设和方法软件开发"转向"数据平台建设和方法软件开发"与"信息挖掘和规律发现"并重。

二、遗传学与生物信息学的发展现状

自 20 世纪末以来，以生物芯片和高通量测序为代表的各种高通量研究方法的开发和普及，使得系统地检测研究对象中某一类的所有分子成为可能，生命科学的研究范式也逐渐从针对单个研究对象（如单个基因 / 蛋白质）向针对一个体系内所有的研究对象转变。2001 年人类基因组序列草图的发表，标志着生物医学研究进入"后基因组时代"，其典型特征就是各种"组学"为代表的高通量研究方法的出现与普及和海量数据的产生。过去二十余年来，从组学的角度解读生命现象的优势日益凸显，新的组学研究方法不断涌现并得以广泛普及，也使得遗传学的研究模式由以单一基因 / 蛋白质为研究对象的传统方法向系统解析细胞 / 器官 / 个体总体遗传信息与变化的"数据驱动型"研究方式转变。

上述新研究方法也极大地推动了遗传学与生物信息学的发展。在遗传学方面，高通量测序、CRISPR 基因编辑等新技术的出现显著提升了遗传学的研究效率，使得研究人员获得了大量重要物种的基因组序列，可以快速地发现决定某种表型或性状的关键功能基因，通过大规模人群测序和基因组关联分析等方法鉴定疾病相关突变等。我国科研人员在重要物种的基因组测序、关键功能基因挖掘、致病突变位点解析、农作物新品种创制等遗传学研究领域取得了很多国际领先的研究成果。由中国科研人员主导完成的主要动植物基因组测序包括小麦基因组的精细测序、珍珠粟、中国茶、中华鳖、藏羚羊、鲤鱼、草鱼等。这些工作产生了大量的高水平研究论文，显著提升了我国在基因组学研究方面的国际影响力，也为深入挖掘上述物种中的重要功能基因奠定了基础。在功能基因与致病突变发现方面，发现了大量影响胚胎等器官发育或导致男性不育症等疾病的关键调控基因或表观遗传调控因素、发现了肝癌等多种肿瘤和复杂疾病的突变位点、解析了多种非编码 RNA 和 RNA 修饰在调控组织器官发育和疾病发生过程中的重要功能等。基因组学与相关技术的发展为农作物和畜禽的新品种选育提供了新的途径。基于基因功能的农作物新品种选育方法可以快速锁定目标基因，大幅度缩短育种时间，并显著提高育种效率。以中国科学院为代表的水稻分子设计育种近年来获得了大量高产、优质的水稻新品种，由李家洋院士牵头的"水稻高产优质性状形成的分子机理及品种设计"研究成果还于 2017 年获得国家自然科学奖一等奖。

在生物信息学方面，近年来中国生物信息学研究队伍迅速壮大，科研成果在数目和影响力上均不断攀升新台阶。在生物信息数据资源构建、生物数据分析算法与软件开发、生物大数据解读几方面均成果颇丰。由中国科学院北京基因组研究所建设的生命科学大数据中心已经发展成为与美国的 NCBI、欧洲的 EBI 并列的国际数据资源库。组学研究是我国生物信息研究领域基础好、科研人员较多的研究方向，也是较有国际影响的研究方向。中国相继开展了一系列大的基因组测序研究，并取得丰硕的成果。2018 年，国际顶级期刊 *Nature* 杂志长文报道由中国农业科学院作物科学研究所牵头，联合国内外多家单位完成的"3000 份水稻基因组计划"。2017 年，由复旦大学牵头的"个人基因组计划中国项目"启动，使中国成为亚洲首个启动个人基因组计划的国家。目前，我国在生物信息学研究领域已经拥有强大的研究队伍，建立了较好的研究基础，国际影响力正快速提升。

为推动我国遗传学的进一步发展，建议优先布局 RNA 修饰等表观遗传修饰新类型的发现、机制与功能，发育与分化的遗传与表观调控机制，人类复杂性状和健康表型形成的遗传学基础，单细胞多维组学的获取及分析技术，发育及疾病进化的细胞和多组学研究，微生物次级代谢产物生物合成大片段基因簇的抓取和遗传操作等领域。

生命科学研究已进入大数据时代，生命科学的研究范式已经逐渐向数据驱动的科学发现改变，生物大数据已经成为影响生命科学和健康医学发展的关键基础资源，生物信息学在催生新的科学发现中的作用也越来越重要。未来生物信息学研究还需加强数据收集整理与数据库资源平台的建设，加强用于生物大数据分析的新型算法与软件的开发，加大针对不同类型组学数据或组学与影像数据协同分析方法方面的研究，加强网络分析与定量调控关系研究，积极推进应用生物信息学方法挖掘新的调控基因、元件与规律，开展多细胞参与的生物学过程的定量模型建立和动态模拟等方面的研究。

第三节　重要前沿方向、新兴交叉方向和国际合作重点方向

一、重要前沿方向与关键科学问题

1. 重要物种关键性状形成的遗传机制

动植物是维持地球环境的重要组成部分，也是人类赖以生存的食物来源。解析与人类生存密切相关的动植物主要性状遗传机制，对于揭示物种进化和性状形成的调控机制、研发物种改良新途径、应对环境变化对物种的影响等重要问题均具有重要指导意义。大多数性状均是由多基因、多种因素（如环境等）共同作用的结果，随着遗传和表观遗传学研究的深入和组学研究方法的普及，新的功能基因和调控元件不断被发现，但如何鉴定决定同一复杂性状的多重遗传与表观遗传因素，仍面临较大挑战。尤其是多个基因和多层次的表观遗传调控因素（如 DNA 甲基化、组蛋白修饰、RNA 修饰、非编码 RNA 调控等）如何随物种的生长发育和环境变化而协同作用，从而决定物种的关键性状，是遗传学面临的一个重要难题。

关键科学问题：①重要动植物类群多样性演化机制与分布规律的调控机制；②复杂性状进化与遗传机制解析；③动植物复杂性状解析的关键理论与技术；④四维核组学研究；⑤植物多倍化和二倍化的动力与机制；⑥表观遗传修饰在多物种关键性状形成中的作用与机制。

2. 人类表型与重要生理功能的遗传机制解析

遗传变异是人类表型多样性形成、改变和适应性进化的驱动力；复杂性状与表型的系统分析及其遗传机制解析是理解人类个体健康与重大疾病发生机制的基础。随着高通量测序、蛋白质组学、代谢组学等新技术的普遍应用和新类型表观遗传调控方式的不断涌现，解析不同类型的遗传因素对人类复杂性状与健康表型形成的贡献，对于揭示人类生理功能调控和疾病发生发展

的机制具有重要意义。

关键科学问题：①中国人群重要表型的遗传因素与适应性演化机制；②人类神经活动与代谢调控的遗传与表观遗传机制解析；③健康维持与衰老发生的遗传与表观遗传机制解析；④人类生殖与发育过程中的遗传与表观调控机制解析；⑤人体微生物对人类表型和重要生理功能的影响及其机制。

3. 表观遗传信息的建立与继承

遗传决定了基因序列的信息，而表观遗传信息受到机体内部和外界环境变化的影响，部分表观遗传信息还可以在细胞分裂的过程中得到传递。表观遗传信息的建立、维持及解读，与个体间发育、衰老、疾病发生和细胞编程与重编程等重要生命进程息息相关。随着研究方法的快速发展，表观遗传领域的研究正从一维到多维转变，针对表观遗传的调控机制与功能解析也是当前生命科学研究的前沿热点。

关键科学问题：①非编码 RNA 的结构与功能解析；②染色质装配及其高级结构的表观遗传机制解析；③表观遗传信息的建立与继承机制解析；④不同类型表观遗传信息协同作用机制；⑤个体发育、分化与衰老的表观调控机制解析。

4. 生物大分子修饰及其调控机制

生物大分子（包括但不局限于核酸、蛋白质、多糖、脂类）是组成生命体系的基本元件，其序列信息和结构特征赋予其基本功能。但生物大分子上的动态化学修饰及其精细调控拓展了由一级序列所决定的功能，丰富了其在生理活动或异常病理活动中的调控网络。以 DNA 和 RNA 修饰以及组蛋白修饰为代表的表观遗传（转录）学研究是目前生命科学研究及其与化学等学科交叉研究进展迅速的前沿领域，推动了基础生物学以及新药发现研究。化学修饰多态性决定了生物大分子动态修饰的复杂多样性，化学修饰时空特异性赋予细胞在时间和空间等维度中精密调控特定化学修饰，从而调节生物大分子在序列和位点上的选择性修饰及其修饰对象的空间分布和生物学功能。未来研究中，需要整合生物学、化学、医学、数理科学、材料科学、信息科学等交叉前沿技术，致力于特异标记和鉴定生物大分子动态化学修饰的方法学研究，解析生物大分子动态化学修饰分子机制和生物学功能关系，阐明生物大分子动态修饰规律和功能，实现特定修饰的化学干预，促进生物学基础研究和原创新药发现。

关键科学问题：①生物大分子动态修饰的鉴定及其特征；②生物大分子动态修饰的功能及其调控；③高维度跨尺度生物组学物质修饰全谱研究；④生物大分子动态修饰的化学干预及其应用。

5. 宏基因组与宿主互作关系解析

针对某种生境下所有微生物进行检测的宏基因组学在人类健康、作物生长、海洋生态、环境保护等方面均有重要的应用价值。以肠道微生物为代表的人体宏基因组研究已经发现，肠道菌群结构和功能的变化与多种疾病的发生发展密切相关，肠道菌群已成为疾病治疗新的靶点。针对水稻等作物根系宏基因组的研究也揭示了根系微生物在调节作物生长方面的重要作用。目前，针对宏基因组的研究主要集中在肠道菌群对人类健康的影响，还有很多其他的宏基因组值得关注。目前的宏基因组研究在细菌与病毒的精确鉴定、细菌与病毒代谢物的鉴定及其对宿主机能的影响、宿主代谢对菌群结构的影响、细菌与病毒和宿主的关系、宏基因组数据分析与结果展示等方面还刚刚起步，存在大量需要解决的问题。

关键科学问题：①影响人类健康和主要生理功能的宏基因组鉴定与功能解析；②重要动植物主要性状相关的宏基因组鉴定与功能解析；③宏基因组中各菌种的代谢产物及其合成与代谢通路鉴定；④宏基因组与宿主代谢产物的相互调控关系与作用途径解析；⑤精准、快速的宏基因组序列比对与种群鉴定方法、软件；⑥适用于宏基因组功能解析与可视化的算法与软件。

6. 基于生物大数据的生命调控元件发现与调控网络解析

组学等高通量研究方法的普遍应用及其产生的各种生物大数据改变了生命科学的研究范式，也为发现生命调控的新元件与新规律提供了新的途径。应用生物信息学方法，对组学等技术获得的各类生物大数据进行深度挖掘解析，是发现新的生命活动调控元件、通路和调控规律的重要途径。细胞的任何生理活动都是多基因、多通路协同作用的结果，解析细胞与机体内各种活动的分子调控网络是揭示生命活动调控规律的基础。另外，DNA 甲基化、组蛋白修饰、非编码 RNA、染色质高级结构等新型调控元件的发现与上述多基因、多通路的结合使得细胞内的调控机制变得更加错综复杂。当前细胞内分子调控网络的解析还处于初级阶段，急需开发相应方法与软件，实现对细胞各种生理活动相关调控网络的精准解析。

关键科学问题：①基于生物大数据的关键调控元件、通路、网络发现及其互作关系解析；②多组学数据的集成与整合分析方法研究；③基于生物大数据的关键变异模式与变异位点的挖掘方法开发与应用；④基于人工智能的基因表达与细胞功能调控网络解析方法与软件；⑤跨细胞或跨组织信号传递因子的发现与功能机制解析；⑥基于生物大数据的基因与环境互作机制与调控网络解析。

7. 生物与医学综合数据库和知识图谱的构建与相关方法开发

数据是决定未来国家竞争力的重要战略资源之一，随着生物与医学研究向"数据密集型科学"的新范式转变，生物大数据对于生命科学基础研究和健康保健与疾病诊疗的重要意义日益凸显。我国生命科学领域在数据收集和整理方面的基础还比较薄弱，远不能满足数据增长和科学研究的需求。数据分散、流失等现象严重，大部分数据没有发挥其应有的价值。随着不同种类生物与医学大数据的超指数级增长，建立高维、动态的生物与医学数据库和知识图谱成为生命科学与医学领域发展的迫切需求。急需针对生命科学与医学健康相关的各类大数据，开发相应的数据提取、表征、质控、存储、整合与展示方法，建成一系列整合多种数据类型、功能完善、可实时进行数据汇交的综合、动态数据库。

关键科学问题：①适用于海量生物大数据的新型软硬件系统和存储技术与算法开发；②适用于生物与医学大数据的标准化处理、信息提取与表征技术；③不同类别生物大数据的标准化处理与质控方法；④多类别、高维度生物大数据的整合与展示关键算法与技术；⑤复杂多维数据库与知识图谱的构建方法与展示技术；⑥复杂医学数据的标记、分类、整合、解析方法与应用。

8. 基于人工智能的生物大数据整合分析与创新算法研究

随着生物大数据的快速积累及数据种类的不断增加，如何对数据中蕴含的信息进行有效挖掘，从而发现其中蕴含的规律是解析生命调控奥秘面临的重大挑战。现有生物信息分析方法与软件主要针对同种生物大数据进行分析，尚缺少可以对不同种类的生物大数据进行整合分析，从而解析不同类别调控元素间互作关系的方法与软件。单细胞、单分子尺度检测方法的涌现，使得研究人员可以从更加微观的角度对细胞内和细胞间的调控机制加以解析，因此受到生命科学研究领域的高度重视。针对单细胞水平和单分子水平的组学与影像学等数据的分析方法与传统数据分析方法间存在较大不同，需要从缺失数据处理、数据均一化、数据比对分析、数据可视化等很多方面开发新的算法与软件。亟须加强单细胞、单分子水平大数据的分析能力，应用人工智能等方法，开发适用于单细胞数据分析的算法与软件，以便进一步推动我国单细胞研究的发展。

关键科学问题：①小样本量高维数据的准确处理与分析方法；②多元、多层次、多类型生物大数据的整合方法、互作关系与主效因素解析；③跨批次、跨物种、跨平台的生物大数据的有效整合与比对方法研究；④单细胞、单分子组学数据的缺失值处理与精准定量方法研究；⑤单细胞尺度的多组学数据整合分析与可视化方法与软件开发；⑥单细胞尺度的细胞命运决定因素鉴定与调控网络解析。

9. 多细胞参与的生物学过程的定量模型建立和动态模拟

复杂的生物学过程均涉及多细胞间功能上的协调与互作，细胞之间的信息交流、相互作用与交互调控最终决定了生物学过程的功能状态，是理解复杂生命现象的关键环节。如何通过计算机模型展示细胞内信号调控通路与网络中各成员间的相互作用关系和动态变化，并进一步模拟多细胞间相互作用，以及器官的发生过程和多器官间的信号传递与功能协同/拮抗关系，是系统生物学发展的一个重要方向。随着近年来生命科学领域各种组学等研究方法的开发与应用，生物学知识与相关数据的积累已经具备了构建细胞间相互作用模型的初步条件。初期将围绕多细胞参与的重要生理与病理过程（如早期胚胎发育、神经系统发育与环路形成、肿瘤发生与转移等），整合细胞生物学、计算生物学与系统生物学技术，开展多细胞参与的生物学过程的定量建模和动态模拟研究工作。

关键科学问题：①调控元件的量化变异与其功效的解析方法与建模；②决定单细胞生理状态的分子调控定量模型构建方法；③细胞间信号传递与互作的分子建模新理论新方法；④生物力学等物理因素对细胞状态的影响与作用机制；⑤细胞间互作的动态模型构建和动力学模拟；⑥多细胞、组织与器官水平分子调控网络的构建与解析方法。

10. 生物大分子结构模拟和药物靶点的人工智能设计

生物大分子及亚细胞结构的研究是当前生命科学的核心领域和前沿热点之一。随着冷冻电镜等一系列新技术的引入，研究人员对生物大分子及亚细胞结构的解析能力得以显著提升，可以捕捉到更加精细的结构并对结构的变化进行追踪。蛋白质相变的研究提示细胞内存在很多超微、动态的瞬时结构单元，捕捉这些瞬时结构单元并解析其功能具有重要意义。由于实验方法难以捕获细胞内所有生物大分子及其复合物的结构与动态变化信息，开发准确的生物大分子结构计算模拟与预测方法具有重要意义。同时，冷冻电镜等新型生物大分子结构解析方法的出现，也带来了相关数据分析方法方面的诸多挑战。

活性分子与靶点的识别机制与识别规律是药物设计的重要理论基础，基于特定靶点识别界面设计小分子药物已在药物研发领域得到广泛应用，设计肽抗原与蛋白质大分子药物也已成为新兴热点。近期人工智能的引入显著提升了药物设计的成功率，有望大幅缩短药物研发时间，推动制药领域的变革。基于个体基因型差异的个性化药物设计和药效评价也是实现精准医学目标的重要组成部分，亟需生物信息学研究的深度参与。

关键科学问题：①冷冻电镜图像数据的去噪技术、信息提取与数据重构方法；②生物大分子及亚细胞结构的动态结构解析与动力学模拟；③基于人工智能等算法的生物大分子折叠、功能性变构与变异功能解析方法；④具有目标功能的生物大分子的设计与改造新方法；⑤基于人工智能等计算方法的创新药物或药物组合设计；⑥药物毒副作用与多组分药物或组合用药下的药效成分剂量配比预测方法。

二、新兴交叉方向与关键科学问题

1. 遗传物质的超维结构与功能解析

作为遗传信息的载体，细胞核内染色质形成高度有序的三维结构，具有高度的动态性和可塑性，受到各种表观遗传信息的调控，是外界环境信号和内在遗传信息之间相互作用的一个重要调控界面。从三维空间和时间维度（第四维度）来研究基因组三维结构形成原理和动态调控，探索细胞核内染色质超维结构在基因表达、细胞功能以及组织发育和疾病发生发展中的调控功能是当前生命科学研究的前沿热点。同时，基因组超维结构与功能的错误调控带来的异常基因表达常伴随着多种疾病的发生。因此，遗传物质的超维结构与功能解析，对于认识细胞编程与重编程的表观遗传机制，理解个体发育过程中各种功能细胞与组织器官形成的分子机制、阐明机体衰老与疾病发生发展的机理、探索组织修复和器官重建的技术路线，研发预治疾病和延缓衰老等的药物都具有广泛而深远的重要意义。

关键科学问题：①染色质超维结构的解析技术；②染色质超维结构的形成原理和动态调控；③染色质超维结构的表观遗传修饰调控；④染色质超维结构与基因表达调控；⑤染色质超维结构的干预及其应用。

2. 面向人工智能生物学的技术体系的开发与应用

人工智能生物学，即基于大数据解析和预测模型而指导实验设计的生物学研究。随着各种高通量检测方法的开发和普及，生命科学的主要研究范式已经由局限于部分的、少量样本，静态、单维度的检测提升到全局性、大样本，动态、多维度的检测。这种研究范式的变革使得大数据分析得出的线索与结论在研究方向确定和实验方案设计等方面发挥越来越重要的指导作用，从而推动了生命科学研究由"现象引导"的实验研究向"现象引导＋数据驱动"的实验研究和"数据驱动"的实验研究转变。因此，机器学习、深度学习等人工智能方法与生命科学大数据的深度结合将成为驱动生命科学研究创新发现的重要原动力，也将推动生命科学研究向数据驱动的人工智能生物学转变。应对这种变革趋势，整合实验生物学、生物信息学、数学、物理学等领域的研究力量，提前布局面向人工智能生物学的技术体系具有重要的战略和科学意义。

关键科学问题：①面向人工智能生物学的数据采集方式与质控研究；②针对某一完整生命活动过程的细胞全景数据图谱；③全景的、时间动态连续数据的精准解析与整合算法、软件开发；④生物建模基础方法研究；⑤面向人工智能生物学的生命调控网络与体系的建模研究；⑥数据与模型驱动的生命科学研究新范式探索。

三、国际合作重点方向与关键科学问题

1. 人类表型组的系统分析及健康表型形成的遗传机制

人类遗传学研究涉及人类基因组 DNA 的变异及其在人群中的分布和变化规律，分析人类基因型与健康表型之间的相关性及其内在机制。该学科的发展一直是推动生命科学和医疗革新的原动力之一。

关键科学问题：①宏观和微观人类表型的跨尺度系统分析；②中华民族遗传结构的精细解析；③人群起源与迁徙的遗传变异动态变化规律及其演化机制；④人类健康表型的跨尺度关联规律；⑤人类复杂性状和健康表型形成的遗传学基础；⑥人群健康与衰老的表观遗传机制。

2. 全球生物多样性与健康组学大数据共享和分析体系建设

拟建成全球最大的生物多样性与健康组学大数据创新基地，提升我国在生命科学领域的国际地位和影响力，打破国际数据中心对生命科学数据的主导地位，形成共同应对全球生命科学研究挑战的生物信息组学大数据新格局，推动并影响我国及全球生物多样性与人类健康的公益性科学研究和产业创新发展。

关键科学问题：①生物多样性与健康多维数据全生命周期的标准规范体系；②多维组学数据汇交归档、整合审编和智能挖掘的关键技术；③动植物关键性状遗传多样性及适应性演化规律；④人群健康与表型多样性的遗传机制；⑤全球生物多样性与健康组学大数据共享云平台。

第四节　发展机制与政策建议

1. 完善评审机制

当前，我国生物信息学研究已经逐步形成自己的体系和特色，研究方向包括基因组信息学、计算癌症基因组学、药物基因组信息学、三维基因学信息学、微生物组信息学、单细胞信息学、转录组信息学、非编码 RNA 组信息学、

表观组信息学、蛋白质组信息学、修饰组信息学、结构信息学、计算系统生物学、人工生物系统的设计与控制、生物大数据整合和挖掘方法、群体遗传与计算演化信息学、生物影像信息学、精准健康大数据信息学和生物信息学新技术新方法等近 20 个，已具备成为独立学科的条件。因此，应相应完善一些人才和项目评审（例如国家自然科学基金）的机制，重新制定生物信息学领域评价标准，增加生物信息学同行评审专家，以扶持新兴学科，优化学科布局。

2. 加大优秀青年项目的资助力度

我国在遗传学与生物信息学领域的进一步发展、超越和领先需要更多的优秀人才，尤其需要具备创新精神的青年人才储备。建议加大优秀青年项目的资助力度，鼓励青年人才所在单位对人才成长的配套投入，为人才成长提供更多有利资源。

3. 稳定资助的机制

系统的科学研究需要数年乃至数十年，而目前国家科技计划资助的时间普遍较短，不利于研究的系统性和持续性。建议建立长期稳定资助的机制，对完成情况良好的优秀项目给予稳定、持续的资助。

4. 加强国家层面的生物大数据资源平台建设

生物大数据是堪比石油的国家基础性战略资源，关乎我国人口健康、现代农业、生物安全以及大数据挖掘利用等国家重大战略，是国家生物医学科技创新的重要驱动力和关键基础资源。我国生物信息数据存在"数据流失""数据孤岛""共享匮乏"等现象，主要由于我国缺乏强制性的数据统一汇交与共享政策，造成的结果是，我国科研工作严重依赖国外的生物数据库。由于数据未有效统一汇聚，绝大部分的生物大数据以及主要的生物信息分析工具都存放在国外的生物数据库中，造成国内科研人员高度依赖国外生物数据库，对我国的科学研究带来潜在巨大威胁与不可控因素。同时，生物信息数据在国内缺乏有效积累与管理，严重制约并影响我国生物大数据深度挖掘方法研发以及知识发现和转化利用，极大影响我国生物技术领域研究与产业创新发展。因此，亟须加强国家层面的生物大数据资源平台建设，并制定相应的数据汇交政策，保障数据的收集与共享。

第八章

发育生物学发展战略研究

第一节　内涵与战略地位

发育生物学是研究生物个体发育规律及其调控机理的学科。高等生物个体发育从受精卵形成开始，经历胚胎发生、器官形成、器官功能发挥与损伤修复、衰老等阶段，主要包括配子与受精卵如何形成、生物个体如何由单细胞受精卵发育成为由多种组织器官组成的复杂的生物体、个体如何维持组织器官的结构与功能并在受到损伤时进行再生修复、生物个体如何代代相传繁衍不息等重大科学问题。发育生物学是多细胞生命个体形成和繁衍的基础，是生命科学中基础且极富活力的重要分支学科。根据生命周期，发育生物学研究领域可粗略分为以下几大研究方向：配子形成与早期胚胎发育、组织器官形成、器官稳态维持与再生修复、衰老。

早期胚胎发育是指雄配子和雌配子形成并结合形成的受精卵，通过细胞的快速增殖、细胞运动、细胞分化形成原始三胚层（外胚层、中胚层、内胚层）并逐渐构建出个体雏形的过程，通常将原肠期结束定义为早期胚胎发育的终点。受精后胚胎细胞快速增殖，几乎无分裂间期。早期胚胎会出现多个极性，如前后轴极性、背腹轴极性、左右轴极性、细胞内外极性，一些物种中胚胎的极性甚至源自卵母细胞成熟过程中所建立的极性。早期胚胎发育是一个容易发生异常的阶段，既受内在因素调控，又容易受外部环境的影响。受精卵形成或早期胚胎发育异常可以导致不孕不育、流产和多种严重胎儿缺陷，如无脑畸形等。加强对早期胚胎发育的研究，对于预防人类胚胎流产和严重出生缺陷、提高人口质量有重要的意义。同时，对早期胚胎发育机理的了解对于畜牧业生产力的提高也至关重要。

以原肠期结束时形成的原始三胚层为起点，胚胎发育进入组织器官形成阶段，开始形成大小和形态各异、行使不同功能的各种组织器官。组织器官发育涉及图式形成、细胞谱系建立和命运决定、细胞分化、细胞迁移和归巢、形态建成、器官生长与尺寸控制等基本科学问题。组织器官发育成型后，通过组织重塑机制，应对来自自身和环境的改变。大多数先天性疾病发生在器官形成阶段，组织器官发育的异常是先天性心脏病、先天性巨结肠、急性髓系白血病、脊柱裂等先天性疾病的主要致病原因。对组织器官形成的细胞和分子机制的认识，将为相关疾病的预防、诊断和治疗提供理论基础。

成熟器官的稳态维持是指成体组织通过细胞自我更新和相互影响而形成的结构与功能的稳定状态，是一个老细胞不断死亡和新细胞不断产生并补充到功能器官的过程，稳态平衡是维持器官正常的大小和功能的必要条件。一旦组织器官稳态失衡而产生退行性病变或组织器官受到病理性或机械性损伤，器官的再生修复就成为最有效的脏器功能恢复方式。器官再生修复与人类健康密切相关，各种组织损伤后的再生能力与修复能力各不相同，不同物种的器官再生能力也差异巨大。组织器官严重损伤甚至部分缺失后，特定的一种或多种类型细胞会被激活而贡献成为新生的器官功能细胞，这些潜在的新生细胞来源包括未受损的器官功能细胞、器官成体干细胞、其他种类的功能细胞或多能细胞。新生细胞需整合到受损器官成为功能脏器的一部分；器官再生到正常大小后，需要中止再生过程以防止器官过大甚至肿瘤的产生。对组织器官稳态维持和再生修复规律的深入理解将极大地推动人类实现体内器官再生和体外器官再造等再生医学梦想。

衰老是生命个体随时间自发的渐进性的生理功能逐渐丧失的过程，并最终导致个体的死亡。衰老会导致成年组织器官结构和功能稳态失衡，因此是人类重大疾病的主要风险因素，与癌症、糖尿病、心血管疾病以及神经退行性疾病密切相关。研究衰老的基本规律，探讨细胞、组织器官衰老演化的机制，不仅对于解析衰老这一重要生命现象的本质，同时对于揭示老年疾病发生与发展的机理、延缓个体衰老过程都具有重要意义。

植物作为整个生物圈有机物的第一生产者，是动物和人类生存发展以及农业生产的基础。根、茎、叶、花和果实等是高等植物的重要器官，也是决定农作物产量和品质的重要农艺性状指标。种子是人类粮食的最主要来源，也是农作物繁育的最主要形式。植物的发育过程与动物有显著不同。植物的一生中都保持着具有干细胞活性的生长点，称为分生组织。茎尖的分生组织形成地上部分的各种器官，根尖的分生组织形成根系。对植物发育过程的理解，不仅是植物科学领域的重大基础理论问题，也可为作物品种遗传改良和分子设计育种提供理论依据，例如对叶片形态建成的研究对于提高叶片光合效率、对株型和穗型的研究对于合理增减作物穗数和穗粒数 / 果实数具有重要指导意义，最终为重要粮食和经济作物的生物技术提升和产业化提供技术保证。

综上，发育生物学研究有益于人类健康和生命质量的提高。加强发育生物学研究，是诊治不孕不育和提高辅助生殖效率的需求，是减少出生缺陷并实现优生优育的需求，是器官损伤后促进其再生修复以达到防治成年器质性疾病目的的需求，是推动作物生产和畜牧业发展的需求。发育生物学研究已经成为目前生物学和基础医学的研究前沿和热点，具有重要的战略地位。

第二节 发展趋势与发展现状

一、发育生物学的发展趋势

20 世纪到来之前，对胚胎发育的研究尚局限于描述性的研究，主要是观察胚胎和组织器官的形态发生、变化过程。进入 20 世纪以后，发育生物学研究取得了许多重大成果，加深了对生命个体发育的理解，产生了一些重大的理论。20世纪20年代，Hans Spemann 和 Hilde Mangold 通过蝾螈胚胎间的组织移植实验，观察到来自胚胎背部胚孔背唇的一小块组织移植到受体胚胎腹部（该区域的细胞正常情况下发育为表皮）后可以诱导出一个完整的体轴，新体轴的神经管和体节包含了来自受体胚胎的细胞，说明一种细胞可诱导另一种细胞命运发生改变，这种细胞诱导的发现成为细胞生物学中细胞间信号转导学说的奠基性成果，于1935年获得诺贝尔生理学或医学奖。20世纪50年代，Sydney Brenner 开始利用秀丽线虫研究发育，70年代 Robert Horvitz 和 John Sulston 等在研究线虫胚胎细胞的分化系谱中发现了程序性细胞死亡（又称细胞凋亡现象），他们三人共同获得了2002年诺贝尔生理学或医学奖。20世纪30~50年代，通过植物分化组织的体外培养，发现分化的细胞保持了全能性；John Gurdon 等在20世纪50年代通过在爪蟾和鱼类上的核移植实验，证明动物的已分化细胞也保持了全能性，他因该成果与诱导多能干细胞的发现者 Shinya Yamanaka 共享了2012年诺贝尔生理学或医学奖。20世纪70年代，Eric Wieschaus 和 Christiane Nüsslein-Volhard 通过大规模化学诱变、Edward Lewis 通过 X 射线诱变获得大量的果蝇发育突变体，借助分子生物学技术，鉴定了相应的突变基因，从而揭示了许多基因在早期胚胎发育中的功能，他们共同获得1995年诺贝尔生理学或医学奖。

发育生物学研究除加深了对生命过程的基本认知外，还带动了生命科学领域的重大技术突破，促进了生命科学和医学的革命性进步。例如，20世纪30年代，科学家开始尝试分离兔的卵子，在体外试管中让其与精子结合受精，然后再植入受体兔输卵管中，直到 M. C. Chang 由于对精子获能理论的重大突破而获得试管兔；同时，科学家也开始尝试人类卵子的体外受精，1978年 Robert Edwards 利用基于体外受精的辅助生殖技术获得世界上第一个试管婴儿，Robert Edwards 因此获得2010年诺贝尔生理学或医学奖。Martin Evans 等在20世纪80年代成功地利用小鼠胚泡细胞在体外培养出多能干细胞系之后，Mario Capecchi 和 Oliver Smithies 等科学家在此基础上创立了小鼠基因剔除技术，为了解哺乳动物基因的发育阶段特异性或组织特异性功能提供了革命性手段，获2007年诺贝尔生理学或医学奖。干细胞的发现，还促使 Shinya Yamanaka 发现了诱导多能干细胞；干细胞和诱导多能干细胞在人类多种疾病的治疗中有着广泛的应用前景。20世纪末，Andrew Fire和Craig Mello在研究线虫基因的发育功能时，发现双链RNA基因干扰序列互补的mRNA的稳定性的作用，为人类疾病的基因治疗提供了新的可能性，因而获得2006年诺贝尔生理学或医学奖。

进入21世纪后，发育关键事件的研究重点逐渐开始了由点及面的过渡，从分子水平上深入了解各发育过程或发育现象的分子信号和细胞调控网络，发育生物学研究的发展态势呈现以下几个显著特点：①以CRISPR-Cas9为代表的强大的基因编辑工具在模式和非模式系统中的广泛使用；②发育的动态过程和调控机制研究逐步深入单细胞水平；③研究的在体性、动态连续性和可视化不断加强；④从针对分子机理的理解性研究开始扩展到运用这些理解的开发性研究；⑤多学科交叉性逐渐加强。近年来，发育生物学取得了一系列重大突破，例如：人工DNA条形码结合单细胞测序的高通量细胞谱系示踪技术开启了由单个细胞构建早期胚胎的完整动态过程；多个器官的成体干细胞或再生中发挥关键作用的细胞类型得到鉴定；基于细胞去分化/转分化创建类器官和类系统取得新进展；高低等动物心脏再生能力差异的形成机制初见端倪等。今后几年内的前沿热点问题包括：亲源因子功能和合子基因组激活机制，全胚胎细胞谱系图谱的建立，细胞谱系建立及命运决定机制，器官的细胞功能异质性及形成机制，器官成体干细胞的鉴定和干性维持机制，未知细胞类型和已知细胞类型的未知功能的鉴定，器官稳态维持和再生修复的细胞和分子基础，进化过程中器官再生潜能的获得和丢失机制，细胞命运的在体改造和操控等。发育生物学研究成果不仅有助于理解生命过程的本质，还可帮助从根本上认识各种生殖发育缺陷和疾病的产生原因，实现器官再生的人工促进，为诊断、预防和治疗提供新的理论和途径。因此，发育生物学研究水平正逐步成为衡量一个国家或地区科技发展水平与健康水平的重要标志之一。

植物发育的研究与动物胚胎的研究经历了类似的过程。人们对植物发育过程的早期了解来自于比较解剖学、组织学观察及手术实验的结果。20世纪80年代分子遗传学技术的发展大大加速了植物发育生物学的研究步伐。通过拟南芥等模式遗传学植物的确立、突变体筛选及克隆，科学家分离到一大批能够调控植物发育和生殖过程的基因，并逐步对它们之间的调控关系有了了解。比如调控花器官形成的模型从分子水平很好地解释了常见的四轮花器官如何稳定形成。植物发育生物学近来关注的重点是以下几个方向。首先，新的突变体筛选方法和基因组水平的系统生物学技术的引入将使我们对配子体发生、侧生分生组织形成等传统遗传筛选难于研究的发育过程有所了解。其次，活体成像等实验技术的建立使我们对于发育的过程能够有全面细致的了解，而不再是剪影式的片面认识。此外，数学建模等系统生物学研究将使我们能够将基因的功能与发育的过程，特别是三维形态建成及其动态变化结合起来，真正从分子水平认识发育这一四维过程。最后，如何将对发育过程的认识应用于作物、能源植物的分子设计和育种是植物发育生殖研究的另一个挑战和机遇。

二、发育生物学的发展现状

我国发育生物学的研究大致始于 20 世纪 30 年代，山东大学生物系童第周教授开展了实验胚胎学研究，50 年代末，他的团队在两栖类、鱼类和原生动物中开展了细胞核移植实验，在国内外发表了多篇核质互作方面的论文，这些研究对今天的表观遗传调控研究起到了一定的推动作用。因种种原因，到 20 世纪末，我国发育生物学领域的研究很少，研究队伍稀少，整体研究水平与国际先进水平相比差距甚大；而 2000 年之后，则进入了快速发展期，特别是近年的发展势头非常迅猛。这主要得益于三方面的因素：第一，国家对科技投入的增加，使许多科研人员有条件开展基础性、探索性研究；第二，从国外回国全职工作的科学家的数量不断增加；第三，各个部门、各个单位采取各种政策和措施，鼓励与国外高水平科研单位和科学家的学术交流和科研合作，不仅促进了国内许多单位的科研水平的提高，也吸引了更多的研究人员投身发育生物学的研究。

目前，我国在配子发生与生殖、早期胚胎发育、组织器官发育、器官再生修复、衰老、干细胞、植物发育等方面都在广泛开展研究，主要利用的模式动物包括秀丽线虫、果蝇、斑马鱼、小鼠、水稻、拟南芥等等，建立了多种模式动物遗传资源库，在研究技术方法上也与国际先进水平比肩。近几年来，我国科学家在发育生殖领域的许多相关研究成果发表在国际顶尖期刊上，在国际上产生了重要影响。在胚胎早期发育和器官发育方面，发展了重要新方法和技术，创建了新的动物模型，鉴定了大量的与胚层诱导和分化、血液发生、神经诱导和分化、肌发生和分化、肾脏发育等有关的重要基因，阐明了一些基因发挥功能涉及的信号通路和分子作用机理。多个课题组的研究成果居于国际领先。例如：在新技术方面，我国科学家建立了基于网络的"单细胞 MCA 分析"管道，可根据单细胞数字表达式准确定义细胞类型，他们的研究证明了 Microwell-seq 技术和 MCA 资源的广泛适用性；我国科学家绘制人脑前额叶胚胎发育过程的单细胞转录组图谱，解析了人类胚胎大脑前额叶发育的细胞类型多样性及不同细胞类型之间的发育关系，揭示了神经元产生和环路形成的分子调控机制，并对其中关键的细胞类型进行了系统的功能研究，为绘制最终完整的人脑细胞图谱奠定了重要的基础；我国科学家发展了一种新型超分辨显微成像技术——掠入射结构光超分辨显微镜，并利用该技术对活细胞内的生理过程进行高速、多色、长时程、超分辨成像，发现了多种细胞器间相互作用的新行为，他们还基于原有的 SIM 显微镜原理新发展了两种新的超分辨成像技术，超分辨光学显微成像技术能够跨越理论的分辨率极限；我国科学家开发了远红外显微光活化技术，与热激活启动子及 Cre/loxP 介导的谱系追踪结合，初步实现了在斑马鱼中定时定点的微量细胞永久标记和谱系追踪，为结合人工 DNA 条形码等技术最终实现单细胞水平的精确标记和活体追踪奠定了基础；我国科学家建立了名为 GOTI 的新型脱靶检测技术，显著提高了基因编辑技术脱靶检测的敏感性，为基因编辑工具的安全性评估带来了重要新工具；我国科学家发展了第一个常规电镜制样后保持荧光的光转化荧光蛋白，在电镜制样的超薄切片中保持荧光，极大地促进了超分辨光镜和电镜联用成像领域的发展。在新模型方面，我国科学家建立了食蟹猴瑞特综合征模型的研究，显示了非人灵长类是神经系统发育疾病的理想动物模型，对未来更深入地阐释瑞特综合征中功能细胞谱系建立缺陷、揭示发病机理和探索临床有效干预方法产生深刻影响。在早期胚胎发育方面，我国科学家研究发现 TET 双加氧酶介导的 DNA 去甲基化与 DNMT 甲基转移酶介导的甲基化共同作用调控 Lefty-Nodal 信号通路进而控制小鼠胚胎原肠运动，在体内证明 DNA 甲基化及其氧化修饰在小鼠胚胎发育过程中具有重要功能和调控机理；我国科学家鉴定了调控脊椎动物胚胎背侧组织中心和体轴形成的关键母源因子 Huluwa 并揭示其作用机制；我国科学家报道了哺乳动物组蛋白修饰如何从亲代传递到子代，以及早期胚胎发育中组蛋白修饰遗传和重编程的模式和分子机制；我国科学家发现斑马鱼和哺乳动物发育早期的胚胎继承了父源而非母源 DNA 甲基化组，并合作绘制了人类早期胚胎的染色质开放全景图，为胚胎早期发育的细胞谱系建立机制提供了重要信息；我国科学家发现了 m6A 修饰对成血内皮细胞谱系分化为造血干细胞起重要调控作用。在器官发育研究中，我国科学家对造血祖细胞进行了单细胞分辨率的谱系追踪，并发现造血干细胞谱系建立与分化过程中归巢的分子机制；我国科学家先后发现冠状动脉发育的细胞来源，肝脏血管来源于心内皮细胞；我国科学家发现了应对基因突变的遗传补偿效应的分子机制。在器官再生研究方面，我国科学家发现前体细胞在肺稳态维持和损伤修复过程中的贡献，肺血管内皮细胞、位于支气管肺泡交界处的肺支气管肺泡干细胞具有多种肺上皮细胞分化潜能并在肺脏损伤修复中发挥功能；我国科学家利用新的分子标记定位了乳腺干细胞并明确了其在乳腺再生过程中的分化谱系；我国科学家在斑马鱼中首先发现在肝脏极度损伤情况下，胆管细胞转分化成为新生肝细胞的主要来源，随后由国外实验室和我国科学家在哺乳动物中得到验证；我国科学家先后发现巨噬细胞和淋巴管内皮细胞在脑血管损伤后的再生修复中行使以前从未被人关注的重要功能。在干细胞研究方面，我国科学家在单倍体胚胎干细胞领域的一系列成果，已经使该领域成为我国的优势；我国科学家利用小分子介导了细胞命运改变，使得人工诱导重编程成为我国的一项研究特色，不仅实现了体细胞向多能干细胞的诱导，还实现了细胞命运的转分化；我国科学家还率先实现了克隆猴，标志着我国在克隆技术领域实现国际领先。在植物发育方面，我国科学家发现调控植物分枝形成的关键激素调控机理；发现植物雌雄配子体识别的关键机制；发现花粉管破裂受精的调控基因；我国科学家还揭示胞嘧啶碱基编辑器而非腺嘌呤基因编辑器会诱导水稻的全基因组脱靶突变；等等。因此，我国发育生物学的研究优势方向集中在：早期胚胎发育、器官发育、干细胞、植物生殖发育、单细胞技术等方面。

自然科学基金委顺应学科发展需求，设置了发育生物学学科申请代码，重点为相关领域的科研人员提供基础研究方面的经费支持；后来又独立设置了发育生物学与生殖生物学学科，对于学科的发展起到了非常关键的推动作用，自此发育生殖干细胞研究人员在自然科学基金委拥有了自己的独立学科。科技部启动了"发育与生殖研究""干细胞研究"国家重大科学研究计划，"干细胞及转化研究""发育编程及其代谢调节"国家重点研发计划。两个国家重大科学研究计划和两个国家重点研发计划已资助超过百个研究团队。国家对发育生物学研究经费投入的快速增加，推动了该领域基础研究队伍的壮大和研究水平的提升，也反映了我国发育生物学研究领域的迅猛发展。

过去 10 年，我国政府加大了对发育生物学研究的科研经费投入，而且回国科研人员的数量大量增加，推动了我国发育与生殖研究队伍的壮大和研究水平的提升，与发达国家的差距正在逐渐缩小。我国在发育生物学领域的第一大优势是拥有一批优秀科学家和大批正在成长的青年才俊，他们有能力、有热情、有吃苦耐劳精神和奉献精神，是国家的宝贵财富；第二大优势是我国的临床资源丰富，有利于基础研究与临床资源的深度联合；第三是制度优势，可以以举国之力办大事，像以猪、猴为模式系统的大规模研究在发达国家是很难做到的。但是，在激烈的国际竞争中，我国也面临着一些困难。一是起步晚、积累少：我国从"十一五"才开始显著加大对发育生物学研究的投入，仅一部分研究人员有条件开展高水平研究，但对于研究周期比较长的发育生物学研究，较短的时间能够形成的系统性积累和产生的放大效应还是有限的。二是投入不足：据估测，美国联邦政府投入在发育生物学研究的财政经费 2018 年达到 16 亿美元左右。过去一段时间，我国在该领域每年的总经费投入接近 8 亿元人民币。整体的投入不足使许多发育生物学研究人员不能获得必要的科研经费，单个项目的资助强度不足使科学家难以完全按计划开展研究和进行前沿性探索。三是缺乏对优秀完成项目的滚动资助机制，难以保障研究的系统性和集成性。四是对公共研究资源和平台的建设和有效运行重视不够、机制缺乏，导致公共资源散乱而得不到有效利用。五是缺乏对优秀科学家的连续资助，目前从指南发布到申请、立项、实施的周期长，导致国际竞争激烈的一些前沿项目可能错失机会。

第三节　重要前沿方向、新兴交叉方向和国际合作重点方向

一、重要前沿方向与关键科学问题

1. 配子发生、成熟及受精的调控机制

配子是体内特异的单倍体细胞类型，功能性配子的形成和受精是有性生殖的重要环节，其产生过程涉及原始生殖细胞的命运决定和归巢、减数分裂、精子和卵子的发生和成熟、精卵识别和结合，这一过程也是产生遗传多样性的基础。我们需要结合组学测序、基因编辑和高分辨率成像等技术系统研究这一过程各个环节的发生规律，以及生殖细胞衰老的调控机制，阐释人类不孕不育机制并构建生殖疾病的动物模型。该方向研究不仅可以揭示一系列重大科学问题，而且为设计、研发生殖干预药物、减少出生缺陷、完善辅助生殖技术奠定基础。除此之外，利用胚胎干细胞产生功能的单倍体配子也具有重要的基础研究和应用价值。

关键科学问题：①原始生殖细胞命运决定和归巢机制；②减数分裂的启动和调控机制；③生殖细胞成熟的调控机制；④生殖细胞衰老的调控机制；⑤不孕不育的遗传和环境机制；⑥配子的体外发生和人工配子。

2. 胚胎早期发育的分子调控机制

胚胎早期发育是指从受精卵形成到原肠期结束为止的发育阶段，包括亲源因子调控阶段、合子基因组激活和调控阶段以及胚胎早期图式形成。早期胚胎在合子基因组激活之前处于基因转录沉默状态，因此亲源因子（包括母源和父源因子）在早期胚胎发育中行使至关重要的功能。经过卵裂期胚胎发育，合子基因组重编程并激活胚胎基因组转录，取代降解的亲源因子成为发育所需的主要调控因子，在合子基因组启动以后亲源因子也必须降解。胚胎早期图式形成包括胚层的形成和分化以及前后轴线、背腹轴线、左右轴线的

建立，涉及细胞增殖、迁移、分化等细胞行为。早期胚胎发育受到亲源因子、合子基因组重编程（DNA 甲基化、组蛋白修饰等）以及多种形态发生素信号调控，包括信号分子在内的重要因子通过下游的胞内转导途径调控着数百个靶基因，这些靶基因之间也具有相互调控作用，形成一个巨大的复杂调控网络，而且这个调控网络是随着发育进程动态变化的。相关过程的功能异常往往导致早期胚胎发育障碍或停滞，并最终造成出生缺陷或早期流产。

关键科学问题：①早期胚胎发育必需亲源因子的鉴定和功能机制；②合子基因组重编程和转录激活机制；③母源因子降解与合子基因组激活的协调机制；④胚层诱导和分化的分子调控机理；⑤形态发生素浓度梯度形成、动态变化和功能机制；⑥早期胚胎的体外培养和人工重构。

3. 器官原基形成的细胞谱系建立机制

器官发育是指从原肠期结束开始的器官形成阶段。要全面解读从原始三胚层到多个成熟器官系统的生物个体的发育过程，核心任务就是明确成熟生物个体中每种功能细胞是如何产生并到达正确位置的，也就是每种功能细胞的细胞谱系是如何逐步建立的。谱系建立过程中的每个步骤是受何种机制调控的。细胞谱系建立涉及细胞增殖、细胞迁移、细胞命运决定、细胞分化和功能建立、细胞-细胞和细胞-基质相互作用、细胞死亡、细胞去分化和转分化等一系列事件。器官原基形成是器官发生的起始阶段，也是器官成熟功能细胞谱系建立的初始阶段，是最终形成正常功能器官的关键阶段。对于细胞谱系建立机制的深入研究特别是器官原基形成阶段是理解器官发育的基础，也是发育生物学的核心前沿。

关键科学问题：①重要器官前体细胞在早期胚层中的精确定位及其分子标记的鉴定；②器官前体细胞的多能性与命运可塑性；③胚胎和原始胚层单细胞分辨率细胞谱系图谱的建立；④器官原基形成过程中前体细胞谱系发生与命运决定的调控机制；⑤细胞周期与细胞命运的偶联机制；⑥左右不对称形成的分子调控机理。

4. 器官发育过程中细胞分化和形态建成的调控及协调机制

器官发挥正常功能需要各种功能细胞正常分化和有序定位，多潜能器官原基细胞分化为不同功能细胞的同时，各种功能细胞有序定位形成正确器官形态的形态建成过程也在发生。前体细胞和原基细胞通常具有多分化潜能，而器官形态建成是以细胞增殖和细胞运动为基础。形态建成使得器官能够形成正常大小，也使得细胞分化产生的各种功能细胞能够有序地定位，器官才能发挥正常功能。器官发育在经历从器官前体细胞到原基细胞再到最终功能细胞的细胞分化过程的同时，也经历了从器官前体细胞群到器官原基再到成熟器官的形态建成过程。调控此过程的因子、信号途径和表观遗传机制一直以来都是器官发育的研究重点。对细胞分化机制和形态建成机制以及两者在发育过程中协调机制的深入了解，对于理解组织器官发育及其稳态维持机制具有重要意义，为体外类器官的构建提供指导。

关键科学问题：①器官原基细胞分化为成熟功能细胞的谱系逐步建立机制；②细胞迁移和细胞分化的高分辨同步实时观察和协调机制；③器官形态建成的细胞和分子基础；④细胞间相互作用调控细胞分化和器官形态的机制；⑤器官发育中细胞分化与形态建成的协调对话机制；⑥器官生长和尺寸控制的调控机制。

5. 成熟细胞功能异质性及细胞新功能和新细胞类型的鉴定

近年来越来越多的研究发现，处于不同空间位置的同种细胞，所发挥的功能也可能不尽相同，所表达的分子标记也会有所区别，这就是目前关注度极高的细胞异质性。例如，靠近门静脉的肝细胞和远离门静脉的肝细胞会表达不同的分子标记，提示它们在功能上存在着不同的分工。对这种成熟功能细胞异质性的深入研究，对于全面理解器官功能和不同区域的精细分工至关重要。通过加深对细胞异质性的了解，我们有望对细胞功能进行新的诠释，发现细胞从前未被关注的新功能，甚至鉴定新的细胞类型。深入阐释细胞功能异质性和新功能，将推动对相关疾病发病机制的更深刻的理解。

关键科学问题：①异质性细胞的空间分布和功能分工的鉴定；②不同功能分工的异质性细胞分子标记的鉴定；③通过细胞谱系建立机制的差异探索异质性细胞的形成机制；④生理病理变化导致异质性细胞之间相互转变及其功能机制；⑤已知细胞类型新功能和新细胞类型的鉴定及其功能机制研究。

6. 器官成体干细胞在发育中的谱系建立和干性维持机制及其分离扩增

器官成体干细胞存在于成熟的功能器官中，可以自我更新，并能分化为特定功能的功能细胞类型，在器官稳态维持和再生修复中发挥重要作用。哺乳动物机体内多种组织中已确认存在组织干细胞，如造血干细胞、皮肤干细胞、神经干细胞、乳腺干细胞、间充质干细胞等，睾丸中也存在能产生精子的精原干细胞。在器官发育时各种功能细胞的谱系建立过程中，器官成体干细胞是特殊的类群，它既是一种成熟功能细胞，也需要在发育过程中维持干性。器官成体干细胞在发育早期是否拥有特殊的前体细胞、在发育过程中的谱系建立过程及建立机制、在发育过程及成熟器官中的干性维持机制，成为成体干细胞领域关注的重点，是开发利用器官成体干细胞的基础。组织干细胞是细胞治疗的理想来源，其相较于胚胎干细胞具有来源广泛、自体移植后没有免疫排斥反应、分化为终末功能细胞的途径更简单、分化形成的终末细胞更容易整合到功能器官等优点。组织来源的成体干细胞的分离、纯化，并在体外大量扩增，为基于这些成体干细胞的治疗策略提供了细胞来源。

关键科学问题：①各器官成体干细胞及其分子标记的鉴定以及在成熟器官中的精确定位；②器官成体干细胞的发育早期前体细胞定位及谱系建立过程与调控机制；③器官成体干细胞在发育过程和成熟器官中的干性维持机制；④器官成体干细胞与其他成熟细胞类型的相互转变及调控机制；⑤器官成体干细胞的分离纯化和体外扩增；⑥基于干细胞的动物克隆。

7. 组织器官的稳态维持及衰老

组织稳态是指成体组织中不同种类细胞通过各自的细胞更新和相互影响而形成的结构与功能的稳定状态，稳态维持是老细胞不断死亡新细胞不断补充而达到平衡的过程。成熟组织器官的细胞更新是维持器官正常的大小和功能、避免肿瘤发生的必要条件。生物体内重要器官如心脏和肝脏等的大小从出生到成年过程中与身体之比值相对恒定，维持其稳态平衡的关键是细胞间相互作用及细胞自然更新。体内器官稳态维持细胞来源的鉴定和细胞间相互作用对成熟器官稳定地发挥功能至关重要。组织器官稳态失衡包括细胞过度更新和更新不足，前者可能直接导致肿瘤的发生，而后者则会导致器官衰老和退行性病变。器官衰老是由于器官新生细胞无法弥补死亡细胞的器官稳态失衡或器官功能细胞逐渐失去正常功能，是一个遗传和表观遗传改变驱动的复杂生理过程。研究组织器官保持稳态的细胞和分子机制，对理解器官发挥正常生理功能以及衰老和病理过程、揭示衰老这一重要生命现象的本质具有重要意义，对于器官退行性病变的发生机理和治疗及衰老的干预具有重要的临床指导意义。

关键科学问题：①成熟组织器官中细胞自我更新的细胞来源鉴定；②器官稳态维持中细胞自我更新的细胞行为及调控机制；③器官功能细胞自我更新能力衰竭与细胞衰老机制；④组织器官过度自我更新的避免机制；⑤器官间相互作用及社会环境通过体内微环境调控器官衰老的作用机制；⑥运用发育生物学和再生医学方法的衰老干预研究。

8. 器官发育异常疾病的发生机制

组织器官器质性或者功能性异常导致的先天性心脏病、白血病、青光眼等，主要由组织器官发育异常所致。生命个体经历早期胚胎发育后，开始形成大小和形态各异、功能不同的各种组织器官。组织器官发育涉及早期发育、细胞谱系建立、细胞命运决定和分化、图式形成、形态建成等基本生物学过程。组织器官发育成型后，通过组织重塑和稳态维持机制，应对来自自身和环境的改变，保持稳态平衡以维持个体生命。而其中任何一个环节异常，都可能导致器官发育缺陷而无法行使或无法完整地行使正常功能。加深对组织器官发育和稳态维持的细胞和分子机制的认识，将为器官发育异常疾病的预防、诊断和治疗提供理论基础。

关键科学问题：①人类器官发育异常疾病的动物模拟；②导致器官发育异常疾病的缺陷细胞类型的鉴定；③导致器官发育异常疾病的缺陷细胞类型的谱系建立缺陷机制；④代谢、营养和环境因素导致器官发育缺陷疾病的致病机制；⑤器官发育缺陷疾病的基因治疗与细胞治疗。

9. 器官再生修复的细胞和分子基础

动物界内不同物种的器官再生能力具有明显差异，通常情况下，相同器官的再生能力在高等动物中明显低于低等动物。进化进程中器官再生能力退化甚至丢失的根本原因是进化生物学和发育生物学的重要问题，是器官再生的重要科学问题之一，揭示进化进程中不同物种器官再生潜能的获得和丢失机制，是未来将器官再生能力"归还"给高等动物、实现高等动物器官再生能力改造的关键。器官再生的主要细胞来源、再生过程中重要细胞的细胞行为、细胞谱系重建机制包括去分化与转分化、再生的遗传和表观遗传调控机制、器官再生潜能的获得和丢失机制，都是器官再生领域的研究重点。在这些细胞、分子、进化研究的基础上实现器官再生的人工促进，对于器官严重受损后的快速功能恢复具有重要意义。

关键科学问题：①器官再生修复关键功能细胞或细胞来源的鉴定及其细胞行为和功能机制；②组织器官再生修复的细胞谱系重建机制及启动和终止机制；③免疫细胞与组织器官再生修复；④进化影响器官再生能力的关键因素及再生潜能的获得和丢失机制；⑤高等动物器官再生能力的人工改造和器官再生的人工促进；⑥生物材料与内源性细胞在促进器官再生过程中的相互作用机制。

10. 基于谱系建立机制的细胞命运操控

实现在体细胞命运的人为操控，是发育生物学研究的终极目标之一，是实现功能缺陷细胞的重新形成从而纠正器官发育缺陷的基础，是实现人为促进细胞转分化从而加速器官再生进程的基础，是实现有害细胞（如肿瘤细胞）谱系逆转成为无害细胞的基础，是实现体内细胞命运设计从而加强器官功能甚至赋予器官新功能的基础。实现在体细胞命运操控有两个方面的关键基础，一是全面深入理解发育过程中细胞谱系建立机制和器官再生过程中细胞谱系重建机制，二是实现细胞命运的离体操控从而为在体操控提供重要参考。如上所述，实现在体细胞命运操控意义重大，将成为治疗器质性疾病的强大推动力。

关键科学问题：①生物因子和小分子介导的离体细胞命运操控系统构建；②生物因子和小分子介导的在体细胞命运操控系统构建；③通过在体细胞命运操控实现功能缺陷细胞的重新形成或再生；④通过在体细胞命运操控实现将有害细胞谱系逆转成为无害细胞；⑤通过在体细胞命运操控实现加强器官功能甚至赋予器官新功能；⑥在体细胞命运操控的机制和安全性研究。

11. 组织器官体外重建及类器官和类系统研究

利用在基因水平上的干预及外部微环境的诱导，通过三维组织构建能重新建立某些组织器官的结构和功能，形成类器官甚至多个类器官组成的类系统。类器官的构建可以基于干细胞，也可以基于体细胞甚至肿瘤细胞，这不仅为发育生物学研究提供了新的研究模式，也为组织损伤修复和再生医学提供了新的选择，为利用肿瘤类器官等开展肿瘤研究和药物筛选提供了新的模型。组织器官体外重建的类器官技术极大地推动了从细胞层次到组织器官层次的生命体的体外构建，为在体外开展接近体内环境的研究提供了极大的便利。

关键科学问题：①利用干细胞体外构建组织结构高度接近器官的类器官；②微环境对于组织器官体外重建和三维结构的影响；③类器官的生物学功能以及免疫源性研究；④类器官对损伤信号的响应及细胞去分化和转分化研究；⑤多个类器官组成的模拟体内结构的类系统的构建。

12. 植物器官形成与胚胎发育

与动物发育过程显著不同，植物具有更加明显的胚后发育特征，即绝大部分器官是在种子萌发后形成的，这种独特发育策略依赖于植物所特有且能维持其一生器官发生潜能的特殊结构：生长点。生长点是植物干细胞维持、器官发生和组织分化的主要功能区，包括位于地上的茎端生长点和位于地下的根端生长点。茎端生长点形成地上部分的各种器官如叶片、花、果实等，根端生长点形成根系。此外，植物在胚后还形成位于叶腋的侧生生长点，产生分枝，这是植物适应环境变化而采取的重要发育策略。顶端生长点和侧生生长点的功能调控是作物株型、花果数以及最终产量等农艺性状的基础，构成水稻、小麦等重要粮食作物产量的三个因素（穗粒数、千粒重和有效分蘖）均与生长点功能直接相关。研究植物生长点和器官发育过程对理解植物发育的模式建成、优化作物穗数和穗粒数/果实数以及利用作物分子设计培育高产抗逆优良品种均有重要指导意义。而植物种子是人类粮食的最主要来源，也是农作物繁育的最主要形式。对于包括禾谷类作物在内的单子叶植物而言，胚乳是最主要的营养储藏器官。胚乳细胞核增殖、细胞化和灌浆状况既影响胚胎发育，也决定了作物的产量和品质；对于包括大豆和油菜在内的双子叶植物来说，胚胎的子叶是最主要营养储存器官。因此，胚胎和胚乳发育机理研究不仅是植物科学领域的重大基础理论问题，也与农作物的产量与品质形成密切相关。

关键科学问题：①生长点维持和分化的遗传与代谢调控网络；②控制分蘖、穗粒数和千粒重等重要农艺性状的关键基因鉴定及其调控机制；③生长点与环境的互作机制及对不同环境的响应机制；④植物配子体发生、识别与受精机制；⑤激素信号及其互作调控种子发育的机制；⑥胚乳发育和储藏物质累积调控机制及其环境因子（温度等）响应机理。

二、新兴交叉方向与关键科学问题

1. 单细胞分辨率活体谱系示踪新方法的建立（发育生物学-光学、数学建模、信息学的相互作用）

发育生物学研究的一大瓶颈，就是迄今还缺乏理想的细胞标记和谱系示踪技术，以实现单细胞分辨率、可视化、高通量、长时间甚至永久性细胞谱系示踪或活体实时追踪，导致我们无法全面认识胚胎中每个发育早期细胞最终产生的成熟细胞位置和功能、无法以单细胞分辨率认识器官再生修复过程中关键细胞的细胞行为和谱系重建过程。为突破瓶颈，将同源重组酶、高分辨率光操作和显微成像、人工 DNA 条形码、单细胞测序、细胞标记新材料等结合起来，推动多学科交叉以发展出理想的单细胞精准标记和谱系示踪新方法，实现单细胞分辨率细胞永久谱系示踪的胚胎全覆盖，建立全胚胎单细胞分辨率细胞谱系图谱；以单细胞分辨率解析器官再生修复过程中的关键细胞行为。不同发育时期的单细胞测序数据对应器官动态发育过程的影像数据，以及整个器官再生修复过程中的单细胞测序数据对应器官再生修复动态过程的影像数据，都需要发育生物学家与数学建模、计算机模拟、生物信息研究人员紧密合作，基于大数据建立数学模型用于以单细胞分辨率模拟器官发育和再生的细胞谱系建立动态过程。

关键科学问题：①细胞谱系示踪和实时追踪新方法与新模型的建立；②全胚胎单细胞分辨率细胞谱系图谱的建立；③以单细胞分辨率模拟全胚胎器官发育的谱系发生动态过程；④器官再生修复中的单细胞标记和谱系示踪；⑤以单细胞分辨率模拟器官再生修复过程中所有细胞的谱系重建动态过程。

2. 基于干细胞的人体组织工程技术（发育生物学–生物材料、工程学的相互作用）

细胞–组织的工程化构建是应用生命科学、材料科学和工程科学的原理与技术，在正确认识哺乳动物正常及病理两种状态下的组织结构与功能关系的基础上，研究和开发用于修复、维护、促进人体各种组织或器官损伤后的功能和形态的生物替代物，有效提升人类健康与重大疾病诊治水平，体现出现代科学技术从相互交叉走向有机结合的特征。我国已初步利用组织工程技术实现治疗一系列疑难疾病，在该领域取得重要进展。

关键科学问题：①细胞感受和转导生理力学信号的机制；②细胞与生物材料的相互作用及其功能化机制；③工程化构建的生物力学设计原理以及微环境调控；④工程化组织体外三维构建、体内移植修复和功能评价。

三、国际合作重点方向与关键科学问题

近年来，我国发育生物学发展势头迅猛，尤其是在一些当今重要的领域比如表观遗传机制方面、信号通路与细胞结构及代谢的调控方面、发育的细胞生物学基础以及特化细胞的命运决定方面、干细胞与单倍体细胞方面，取得了一系列重要成果。但我国在发育生物学的一些方面还较为薄弱，仍存在起步晚、规模小、研究体系不够完善、研究力量薄弱分散、研究创新及深度有限等问题，例如：以DNA条形码为代表的新一代高通量谱系示踪技术在我国还没有得到应用，细胞谱系研究基础比较薄弱，组织器官的体外构建和类器官研究还明显落后于国际先进水平，组织器官再生的机制研究方面还实力不足。在相对弱势的这些领域中，我国应通过研究合作、人员互访、学术会议等方式，开展实质性研究合作与交流学习，在深入学习尖端技术及先进方法的同时，加强自主研发能力，尽早实现在该领域取得技术领先和原创性重大成果。

发育生物学的重要国际合作方向：①活体单细胞分辨率谱系示踪新方法的建立；②类器官和类系统的体外构建；③器官再生的细胞与分子基础及物种差异研究；④器官成体干细胞的基础与应用研究。

第四节　发展机制与政策建议

1. 增加经费投入

随着生育年龄的提高，食品结构的改变，生态环境的恶化，生活和工作方式的改变，发育与生殖的问题越来越突出。国家急需从根本上保障经费投入的力度，以有效促进发育生物学研究领域的逐渐发展和成果产出。地方政府也应根据自身特点和经济发展水平，通过设立地方基金项目，形成具有特色和针对性的研究和转化应用策略，促进研究成果的有效转化应用；通过地方政府资助，设立基础研究和转化应用中心，重点关注发育生物学领域中基础研究的临床应用转化，针对影响我国人口健康素质的重大疾病（如生殖发育障碍、肥胖 / 糖尿病等代谢性疾病及器官损伤相关疾病等）建立新的治疗策略，有效提高人群健康水平。

2. 给予优秀项目和优秀科学家连续支持

科学研究项目应具有持续性发展的空间，并将成果不断转化应用。对一些优秀项目和优秀科学家建立连续支持的体制，可切实有效提高研究水准和推动转化进程。在每个项目结题时，管理部门组织相关领域基础研究和应用研究专家，联合同行专家进行综合评审，评选优秀项目（通过对项目实施情况、项目取得成果及未来发展空间等方面进行评价）；根据其未来继续研究方向差额决定连续支持的研究团队（主要从未来研究目标、可能取得的研究成果和可持续发展等方面进行考量）。通过给予优秀项目连续支持，实现原有基础上的飞跃和提升，最终落实到转化和应用。

3. 项目遴选机制

对于项目的遴选，目前我国采用的遴选机制基本可以保障各个层次研究项目应有的质量。就重大的科学研究项目而言，从组织撰写研究指南、制定研究总体设计和研究方向，到各个研究团队自由申报；从团队负责人的牵头到学术交叉的骨干团队成员共同合作；从申报单位初步审核申报，报送地方把关，到国家层面组织领域专家和大同行组成专家团对项目进行评审；从一审确立大致立项的研究团队，到二审更仔细全面遴选，保障研究团队质量和可预计发展前景等；层层把关，力求对项目的质量和实施的可行性予以监督，对提高我国相关领域的研究水平提供切实保障。对重大计划的专家组成员设立专项予以支持。对于原创性强但失败风险大的非共识项目要简化评审程序，敢于投入，不怕失败。

4. 进一步加强对于关键技术和平台建设的支持

公共资源平台是学科领域发展的基石，将科研资源和科学数据进行系统化和规范化重组，将促进科研资源的高效配置和综合利用，拓宽共享范围，提升创新能力，是一项长期性的工作，对于提升我国科研影响力具有重要意义。因此，建议在支撑环境上，加强公共资源平台的建设，如一些重要模式动植物遗传资源中心的建设，增设平台专项，对于公共资源平台本着长期、稳定的原则给予支持。

近年来，生物科学领域的几项突破性技术开发在真正意义上推动了整个领域的发展，例如单细胞组学技术、基因编辑技术等等，然而我国在这些领域仍然处于跟风的发展模式，缺乏原创性成果。国家应在政策上鼓励开发支撑领域发展的关键核心技术，推动领域的发展。

5. 重视知识产权保护

由于我国的知识产权立法较晚，发展薄弱，因此在知识产权保护方面意识较淡薄，而干细胞与再生领域将来的发展对维护人类的健康具有重要的意义，必将形成一个巨大的产业。目前，干细胞领域的发展前景已经吸引了世界制药巨头公司关注，并开始介入该领域。所以，在研究工作开展的同时，应建立知识产权保护意识，采取必要的行动加以保护。建议国家加强对科研单位知识产权保护工作的指导和协助，支持自有知识产权产业的建立和发展，引导科研机构开展知识产权管理工作和知识产权法律的普及。

第九章

免疫学发展战略研究

第一节　内涵与战略地位

免疫的本义为"免除疫病"。18世纪末牛痘疫苗的发明及"vaccination"概念的提出开启了人工主动免疫的先河，19世纪末抗血清疗法开创了人工被动免疫疗法，20世纪70年代单克隆抗体技术问世和全球消灭天花病毒，凸显免疫学对人类健康的重大贡献。免疫学也是年轻和充满活力的学科，20世纪末证实天然免疫在哺乳动物中的重要作用，距今不过20多年。21世纪，免疫学科以势如破竹的态势飞速发展，重大突破性成果频频出现，如肿瘤的免疫治疗更成为国际公认较有前景的癌症治愈手段，类似于青霉素对于细菌的治疗。免疫学研究的突破，引发全新免疫类药物研发的浪潮。因此，免疫学成为世界各国争抢的医药发展制高点。世界一流大学的医学院支持数以百计的免疫学实验室，跨国制药公司不惜成本投入研发力量从事免疫学相关研发工作。免疫学已成为医学与生命科学中基础、前沿和支柱性的关键学科，其水平成为衡量一个国家综合科技实力的重要指标之一。全球发达国家建立国家免疫学研究中心，如法国巴斯德研究院、美国NIH的国家过敏和传染病研究所等。迄今诺贝尔生理学或医学奖获奖者中，1/3以上从事或涉及免疫学研究，而2011年（天然免疫）及2018年（肿瘤免疫）的诺贝尔生理学或医学奖更见证了免疫学的重要战略地位。

免疫系统通过区分"非我"与"自我"，排除病原体、异物及危险信号，维持机体内环境稳定。免疫应答或免疫耐受具有特异性、多样性和记忆性，从而使同一疾病不会再患；或通过接种疫苗获得免疫。免疫系统的三大功能为：针对病原微生物、移植物等进行免疫防御；清除衰老或损伤的自身细胞以维持自身稳定；监视并清除突变的自身细胞以杜绝肿瘤。

免疫学在生命科学和医学领域所发挥的战略作用体现在如下方面。

（1）免疫学是生命科学和基础医学中根基性的学科。免疫学解决医学科学的核心问题，是"健康中国"实施的根本保证。当前人类重大传染病（慢性乙型肝炎、艾滋病、流感、肺结核）、肿瘤，以及神经退行性疾病的防治，都直接依赖免疫机制的阐明及其后续的药物研制。免疫学关键技术还为临床诊断学、抗体类药物学理论构筑提供技术支撑，从根本上推动微生物学、病原生物学和临床医学的飞跃。

（2）免疫学科具有应用基础研究的特性。抗体类生物制剂作为生物技术工业的主要代表，是免疫学与分子生物学技术融合的创新产业成果。单克隆抗体在疾病检测和治疗方面得到广泛应用并取得巨大成功。在全球抗肿瘤药物中，抗体药物比例正在不断提高，说明抗体药物在抗肿瘤方面的巨大前景。细胞因子、佐剂、生物医药材料等免疫生物制剂和临床免疫检验、诊断试剂研发，显著推动了临床诊断和免疫生物类医药产业的飞速发展，得到全球高度重视和国家政策的倾斜性资助。此外，疫苗产业是解决人类健康问题的支柱产业，除现有疫苗的改良，各种人用的病毒疫苗、结核疫苗和肿瘤疫苗的研发更成为重中之重。各种新型或变异的动物性传染病，例如非洲猪瘟及时常发生的禽流感，每年都给我国造成数千亿人民币的损失，针对这些病原的疫苗研制是解决动物疫情的有效途径，关系到国计民生。

（3）免疫学基础研究发展前景广阔，派生出肿瘤免疫学、免疫药理学、免疫病理学、生殖免疫学、遗传免疫学、进化免疫学和疫苗学等诸多分支学科；还与其他学科衍生出神经免疫学、代谢免疫学、结构免疫学、金属免疫学、免疫化学等新兴学科。免疫学科支撑众多其他学科的发展，同时将不断突破理论，产生新兴交叉学科。

因此，免疫学科将持续在基础理论、产业应用、学科交叉支撑等层面发挥其在生命与医学学科的引领作用，将持续在基础科研、公共卫生、医疗药物、民生和国防乃至大国地位支撑方面突显其战略地位。

第二节 发展趋势与发展现状

一、免疫学的发展趋势

免疫学科近几年的发展速度惊人，并呈现如下规律：①免疫学研究的免疫识别核心问题从病原体拓展到非病原体，从识别"非我"拓展到识别"自我"；②免疫应答的过程和范畴从 T/B 细胞介导的适应性免疫，拓展到各种细胞介导的天然免疫应答；③免疫学相关疾病的防治从感染性疾病拓展到包括肿瘤、糖尿病及神经退行性疾病在内的几乎所有重大疾病；④多种调节性细胞和分子的不断发现，促进人们对免疫系统稳态调控的理解；⑤免疫记忆机制从 T/B 细胞记忆突破到 NK 细胞等其他细胞；⑥免疫学与众多生命科学前沿学科交叉融合，衍生出神经免疫学、遗传免疫学、代谢免疫学、结构免疫学、金属免疫学、免疫化学等新兴学科；⑦生物学技术的不断创新推动了免疫学科发展：如基因敲除技术推动以细胞因子、转录因子和信号分子为主的分子免疫学，大数据组学技术、条件敲除基因技术和动态成像技术使分子免疫学研究进入单分子、单细胞、动态化和网络化层面；⑧免疫学基础理论与免疫学新技术相辅相成，丰富了生命科学的内涵，给生物学发展和现代医学带来卓越贡献。例如，基于抗体的检测技术在生物学研究中的广泛应用及人源化抗体的创造直接推进治疗自身免疫疾病和恶性肿瘤的抗体药物革命。

（一）天然免疫研究的发展态势

天然免疫在20世纪末期被发现并证实后，得到了飞速的发展。天然免疫是当前免疫学研究的前沿，在抗感染、自身免疫、肿瘤免疫和炎症损伤等方面的重要意义被不断认知，促使免疫学家对整个免疫系统功能进行重新审视。机体几乎所有细胞均表达模式识别受体，如Toll样受体、胞内DNA受体cGAS、NOD样受体和凝集素样受体等，它们通过识别多种病原体共有的病原相关分子模式和来自病原体或者自身细胞产生的危险信号相关分子模式，介导快速清除效应，成为抗感染和消除危险信号的第一道防线。天然免疫细胞在感染初期或者危险信号产生之初，通过受体识别不同病原体及危险信号启动天然免疫反应，并活化指挥适应性免疫，在初期决定疾病的发生与进程。

1. 天然免疫识别与应答

天然免疫识别与应答研究将持续成为今后免疫学的前沿重点，将围绕：①新的模式识别受体及已知模式识别受体的新功能；②天然免疫识别信号转导网络；③天然免疫调节分子的发现及其功能；④新的第二信使；⑤代谢与天然免疫；⑥金属与天然免疫；⑦天然免疫与神经退行性疾病；⑧肿瘤细胞的天然免疫监视。

2. 炎性小体活化与功能

炎性小体是由多种NLR成员诱导的大分子复合体，经ASC活化caspase-1，产生IL-1β参与抵抗感染免疫并活化获得性免疫。其由于参与多种人类重大疾病而备受瞩目，未来研究将围绕：①未知NLR的功能鉴定；②各种炎性小体活化机制；③炎性小体与其他模式识别受体相互调节；④炎性小体中的第二信使及其功能；⑤代谢性疾病与炎性小体；⑥炎性小体与神经退行性疾病；⑦NLRP3炎性小体识别的模式分子和危险信号及机制。

3. 天然淋巴细胞分化与功能

天然淋巴细胞（ILC）是一类新天然免疫细胞，来源于共同淋巴细胞前体，但不表达抗原特异性受体。其与Th亚群的转录谱和功能存在镜像关系，分为表达T-bet、IFN-γ的1型ILC（ILC1和NK）、表达GATA3、IL-5/13的2型ILC（ILC2）、表达RORγt、IL-17/22的3型ILC（ILC3和Lti）。需解决的科学问题包括如下几种。① ILC 前体细胞向各 ILC 亚群定向分化的机制及其不同 ILC 亚群在不同的条件下的相互转换，重点关注不同组织微环境信号通过代谢与表观遗传学途径影响不同 ILC 发育分化。② ILC 介导的局部炎症损伤在重大炎症类疾病中的作用。包括 ILC1 和 ILC3 介导肠道的抗感染免疫及炎性损伤；ILC3、Lti 可修复肠道组织；ILC2 在抗寄生虫、介导 Th2 型气道炎症和肺脏组织修复中的作用。③ ILC 在癌症、抗体生成、介导口服耐受、血管生成、生殖免疫等方面的功能。④不同组织微环境调控 ILC，以及 ILC 如何通过感知外界微环境中各种刺激发挥调控功能。⑤人 ILC 参与炎症、感染、肿瘤、代谢性疾病等各种疾病发生发展及其诊疗手段。

（二）适应性免疫研究的发展态势

T/B 细胞主导的适应性免疫是免疫应答的核心，适应性免疫活化和调控是免疫学的重要研究内容。CAR-T 技术和检查点阻断治疗均基于人们对 T/B 细胞的研究。淋巴细胞抗原识别、细胞间网络连接与交互调控、细胞命运决定的表观遗传调控机制及相关的物理–化学耦合调控机制将成为学科发展的新态势。

1. 免疫细胞的网络连接与调控

免疫网络调控在整体免疫反应和平衡中广泛存在。免疫细胞之间通过细胞因子、趋化因子、黏附分子、活化或抑制性分子等交互作用和调控，是免疫系统发育和功能的重要作用方式，一直都是免疫基础研究和相关疾病研究的重点。这方面将持续重点研究：①新的免疫细胞功能亚群和效应分子；②介导免疫细胞网络连接与调控的新机制（如生物力学调控等）；③组织特异性免疫细胞网络连接和调控；④系统组织间的网络连接和调控；⑤免疫网络的实时动态追踪技术。

2. 免疫细胞的抗原识别机制研究

T/B 细胞和其他细胞不同之处是每个 T/B 细胞均带有独一无二的抗原受体。这个抗原受体的抗原特异性决定了 T/B 细胞的功能、定位、活化方式及活化后的命运。之前由于技术原因，在单细胞水平分析各淋巴细胞的受体手段有限。随着单细胞分析技术的发展，我们在分析单细胞转录和表观调控特征的同时，能分析单个T/B细胞的受体序列，使得我们能利用这一手段明确不同生理病理状态下参与免疫反应和病理的淋巴细胞受体特异性及抗原识别后的命运。将有望解决：①淋巴细胞单细胞水平克隆分析应用于临床疾病诊疗；②各种免疫相关疾病（如肿瘤和自身免疫性疾病）发生过程中淋巴细胞参与的克隆特征及活化分化特征演变；③抗原特异性淋巴细胞功能调控机制；④淋巴细胞抗原特异性与抗原特征在决定细胞功能失调中的作用及机制；⑤免疫调控中旁观者效应的功能特征与应用；⑥局部免疫微环境与抗原的亲和力对决定淋巴细胞功能演变的作用及机制；⑦抗原识别的力学化学耦合调控机制与肿瘤新抗原筛选中的应用。

3. 免疫细胞命运决定的基因表达与表观遗传调控

免疫细胞发育和行使功能过程中，细胞间的通信最终激活特异性转录因子。表现在基因表达和表观遗传指纹（如组蛋白乙酰化、甲基化修饰，DNA甲基化和染色质重塑等）的变化。表观遗传调控因子和转录因子对T/B细胞亚群分化、可塑性和记忆T细胞分化维持起关键作用。以"免疫基因组计划"为代表的系统性组学分析已经将免疫研究带入大数据时代。结合单细胞技术的应用，将重点研究：①免疫细胞分化和活化过程中的基因转录调控网络，新的功能蛋白、表观遗传修饰功能和调控机制；②组织微环境对免疫细胞基因表达和表观遗传的调控；③神经-内分泌系统对免疫系统基因调控；④靶向共抑制分子及工程性免疫细胞转输治疗的完善与推广。

（三）免疫器官（组织）的区域特性研究态势

中枢免疫器官和外周免疫器官已知是免疫细胞发生和激活应答的场所，而各种组织才是免疫效应发挥的直接场所，既涉及经典免疫器官，也涉及其他"非专职"免疫器官或组织。近期免疫学界已逐步认识需在更大范围对免疫器官或组织进行区域免疫特性的研究。

1. 各种器官或组织的区域免疫特性研究

已发现肝脏、肠道、胸腺、皮肤、胰腺和子宫等组织都存在长期居留的与外周免疫细胞表型和功能显著不同的组织特异性免疫细胞，在介导局部免疫、组织炎症性疾病中发挥关键的功能，是近期研究热点。

2. 组织器官的区域免疫特性与疾病

肝脏、肺脏、肠道等是已获认可的"非专职"免疫器官，其独特的解剖位置和组织微环境塑造出由独特免疫细胞亚群构成的区域免疫体系，与众多疾病发生发展密切相关。肠道免疫细胞亚群为肠道稳态维持所必需，母胎免疫耐受与正常妊娠密切联系，肺脏免疫特性与肺结核、哮喘等相关，肝脏的天然免疫耐受特性与肝脏病毒慢性感染、肝脏肿瘤和肝移植成功率紧密相关。组织器官区域免疫特性与疾病是免疫学发展的重要方向。

（四）免疫相关疾病与转化医学研究发展态势

1. 代谢免疫

代谢免疫学是一门新兴学科，主要研究三个方面内容。第一，免疫细胞自身代谢途径及对免疫细胞命运和疾病的影响，包括①调控免疫细胞活化与记忆的代谢变化；②调控免疫细胞分化/极化的代谢途径；③代谢产物或中间物对胞内信号转导的影响，比如病原体入侵时巨噬细胞中的衣康酸上升、发挥抗炎的作用。第二，免疫细胞影响机体代谢及在代谢性疾病中的作用。①免疫系统影响脂肪代谢：脂肪组织中存在大量的免疫细胞，与脂肪组织存在复杂的相互调节；②免疫系统影响肝脏组织代谢；③免疫系统影响其他非免疫细胞的代谢。第三，饮食及代谢对于免疫细胞的发育与免疫反应的影响。研究内容包括①高糖高盐高热量等饮食习惯导致的慢性炎症，对先天免疫细胞代谢或者表观遗传重编程，从而引起与生活习惯相关的流行疾病；②低纤维饮食导致胃肠道内产生的短链脂肪酸含量较低，从而引起结肠内 Th17、Treg 等细胞的发育异常，引发慢性肠炎等一系列免疫相关疾病。

2. 神经免疫

神经免疫学是近年来新兴的一个免疫学交叉研究领域。神经系统和免疫系统是机体较为复杂的两个系统。神经系统的不同神经元之间以及神经元和不同的细胞之间的相互作用非常精细和复杂，调控着整个机体的各种机能。而免疫系统包含多种免疫细胞，这些细胞之间相互作用，在维持机体的稳态方面发挥重要功能。神经免疫学就是研究这两个在机体内极端复杂的系统之间如何相互作用，从而在机体的发育、稳态等方面发挥功能。目前这方面的研究在国内外都刚刚兴起。目前的科学问题包括①在感染或者机体损伤等状况下，神经系统调控免疫系统的功能；②免疫系统在神经退行性疾病的发生和发展过程中的功能，特别是炎性小体异常活化在各种神经退行性疾病中的可能作用；③神经系统在免疫相关疾病（如自身免疫疾病、炎症性疾病等）发生发展中的功能；④临床上用于治疗神经和免疫相关疾病的新靶标。

3. 自身免疫

自身免疫疾病的机制研究在近些年取得了突破性进展，包括天然免疫、适应性免疫对于自身 dsDNA、组蛋白等自身抗原的免疫识别机制与信号通路；炎性小体失调在多种非感染性炎症介导的自身免疫疾病发生中的重要作用；Ⅰ型干扰素正反馈环在多种自身免疫疾病中发挥重要作用，靶向 JAK/STAT 信号通路的小分子药物用于临床试验；多种免疫细胞对自身免疫疾病发挥着重要的作用；一些细胞因子也对自身免疫疾病具有调控作用，例如低剂量的 IL-2 可用于自身免疫疾病的治疗；肠道微生物与自身免疫疾病存在着关联，参与了免疫系统的稳态维持，自身免疫疾病的发生会使肠道菌群发生变化，而肠道细菌也能够通过特定机制影响自身免疫疾病的发生。今后的研究重心将在于易感基因多态性、自身抗原免疫识别机制（天然免疫失调）、组织区域免疫特性（肠道微生物）以及三者复杂的交互过程中。

4. 肿瘤免疫

免疫系统对于抗击肿瘤发挥着至关重要的作用，因此如何增强机体免疫系统对于肿瘤的免疫监视、杀伤、治疗是目前也是未来重要的科学问题，肿瘤免疫治疗是当今令人激动的突破进展。目前肿瘤免疫治疗研究主要关注肿瘤的免疫监视、肿瘤微环境、T 细胞改造、溶瘤病毒、降低药物的耐药性、寻找新的免疫抑制靶点、肠道菌群对于肿瘤免疫的调节和癌症疫苗等方面。肿瘤免疫治疗手段可以分为两大类，一大类是免疫检查点抑制剂疗法，其中以 anti-PD-1 和 anti-CTLA-4 为代表；另一大类则是过继细胞免疫治疗，其中以嵌合抗原受体 T 细胞（CAR-T）治疗和 T 细胞受体嵌合型 T 细胞（TCR-T）治疗为代表。这些免疫治疗手段都展现出了优良的治疗效果，但同时也存在一些缺点。例如免疫检查点抑制剂疗法的有效率还有待提高，寻找新的免疫抑制靶点和多种免疫治疗方案联用成为今后的研究热点。CAR-T 虽然对于血液肿瘤有优秀的治疗效果，但对于实体瘤的治疗效果不佳；TCR-T 虽然能增强对 HLA 提呈的肿瘤抗原的识别，增强对实体肿瘤的杀伤，但存在很大的局限性，因此寻找有效的肿瘤靶抗原以及克隆高亲和力的 TCR 成为研究重点。

5. 疫苗设计

全球正在发生第三次疫苗革命，采用免疫学前沿理论和技术，发展疫苗研制新策略、新模式、新技术，研制出新疫苗和更好的疫苗。疫苗学国际主要发展趋势有：①疫苗研制无靶到有靶转变。②免疫原的经验设计到理性设计的转变。传统减毒、裂解、灭活病原 / 细胞或选择天然抗原的技术除了安全性问题，还有冗余免疫应答、非需免疫应答、原始抗原错误、自身免疫等一系列问题，需要通过精确、理性、从头设计免疫原克服。③高效递送和适配佐剂。旨在配合免疫原高效诱导并维持保护性免疫。④机体、个体因素的影响，发展个性化疫苗，推进疫苗的精准使用。

（五）免疫学技术研究的发展态势

当前免疫学技术不应当仅限于个体和单一数据层面应用，应重点推进单细胞测序及大数据大信息的免疫学技术与仪器研发；克服当前免疫学技术与试剂主要针对人和小鼠的缺陷，开发拟人化免疫模型体系、可视化系统、更多疾病动物模型和通用检测技术。

二、免疫学的发展现状

过去五年中，中国免疫学研究呈现出蓬勃跨越式发展、快速上升态势，研究的质与量均取得了显著进步。我国在国际免疫学期刊发表论文总数已跃居世界第二位，仅次于美国，国际学术地位显著提升，部分优势领域处于国际领跑位置；但总体而言与美国、日本等发达国家的差距仍然较大，少有领域内的突破，研究缺乏原创性、引领性。

在天然免疫应答及其调控机制方面，我国免疫学家发现了一系列新的天然免疫调节分子或调控机制。主要包括：①激酶 ALPK1 识别糖分子 ADP-heptose 激活天然免疫反应，为天然免疫研究开辟了新领域。②发现 GSDME

剪切引发细胞焦亡及鸟苷酸结合蛋白 GBP 泛素化降解抑制抗细菌天然免疫的重要作用。③内质网膜适配器作为天然免疫受体识别细菌 c-di-AMP 促进 NF-kB 激活。④发现 DNA 羟甲基化酶 TET2 促进免疫细胞的免疫反应。⑤发现细胞核内病毒 DNA 受体 hnRNP-A2B1。⑥发现细胞核内病毒 RNA 受体 SAFA。⑦发现 iRhom2 促进 STING 转位并维持 STING 稳定与活性。⑧泛素化酶 TRIM38 催化 cGAS 和 STING 发生 SUMO 化修饰促进 STING 的稳定；RNF128 促进 TBK1 活化和抗病毒天然免疫。⑨ cGAS 蛋白谷氨酸化−去谷氨酸化调控抗 DNA 病毒免疫反应。⑩锰离子激活 cGAS-STING，为锰离子作为免疫调节剂（抗感染、抗肿瘤及免疫佐剂）打开了一个窗口。炎性小体活化 caspase-1，参与抵抗感染免疫并活化获得性免疫。由于其参与多种重大疾病而备受瞩目。在这些方面，我国科学家发现：① caspase-4/5/11 为胞内 LPS 受体诱导炎性小体激活 GSDMD，诱发细胞焦亡。②多巴胺抑制 NLRP3 炎性小体的活化。③胆汁酸通过 TGR5-cAMP-PKA 通路抑制 NLRP3 炎性小体化。④抗体依赖的细胞吞噬促进 AIM2 识别癌细胞 DNA，激活炎性小体上调巨噬细胞 PD-L1 及 IDO 表达。⑤炎性小体活化后的 caspase-1 负调节 cGAS-STING 信号通路；而凋亡活化的 caspase 切割 cGAS、MAVS 和 IRF3 保证凋亡细胞"免疫沉默"。在免疫细胞亚群分化及其调控机制方面，我国免疫学家卓有建树：①转录因子 TCF-1 及 LEF-1 对 Tfh 细胞分化及活化的作用。②肠道微生物通过调控 DC 细胞促进外周淋巴结发育。③ miRNA-183-96-182 簇促进致病性 Th17 细胞的生成和活化。④发现滤泡杀伤性 T 细胞在抗病毒中的关键作用。⑤生发中心 Tfh 细胞应答调控的新机制及 Ephrin-B1 分子在抗体免疫应答与生发中心反应中的重要作用。⑥ Tfh 细胞产生 IL-9 促进记忆性 B 细胞生成。⑦发现肿瘤诱导的促进肿瘤侵袭的新红细胞亚群 Ter-119+CD45-CD71+。⑧发现 ILCreg 细胞在肠道炎性疾病中的重要作用。通过表观遗传调控影响免疫基因表达及免疫细胞成熟分化的机制日趋受重视。在遗传和表观遗传机制在免疫生理及病理中的作用方面，中国免疫学家发现 RNA m6A 修饰负向调控抗病毒天然免疫，DNA 羟甲基化酶 TET2 在炎症消退期通过促进组蛋白去乙酰化抑制 IL-6 转录，在 T 细胞中促进 DNA 去甲基化激活细胞因子表达，调节 Treg 细胞分化和功能，而且可以通过调控 mRNA 氧化的方式，提高机体天然免疫细胞的数量及功能。同时，DNA 甲基转移酶 DNMT3A 也促进抗病毒天然免疫。组蛋白去乙酰化酶 SIRT1 抑制 Th9 细胞分化及抗肿瘤免疫和过敏性气道炎症；而 mTOR-HIF1α 信号促进 Th9 细胞分化增强抗肿瘤免疫。此外，转录调控因子 Hes1 抑制炎症性应答。在自身免疫性疾病及肿瘤免疫治疗方面，我国免疫学家发现：①编码人类膜联免疫球蛋白 IgG1 的基因片段中存在 SNP 导致 IgG1 点突变促进磷酸化，活化 Grb2-Btk 正调控抗体应答。②低剂量 IL-2 升高 Treg 细胞，降低 Tfh 及 Th17 细胞，显著降低 SLE 病情。③ E3 泛素连接酶 FBXO38 介导 PD-1 的 K48 泛素化，促进 PD-1 降解。④抑制胆固醇酯化增强 CD8+T 细胞抗肿瘤活性。

多年来，世界多国持续大幅提高免疫学人力物力投入，支持免疫学领域的基础和转化应用研究。如美国 NIH 在免疫学方向的总投入占其预算总量的 20% 左右。同时美国等发达国家大量吸引免疫学领域高端人才，哈佛大学免疫学科独立课题组负责人达 100 多人，斯坦福大学约 100 人。我国的免疫学总体水平和发达国家相比差距仍然较大，未形成有规模的原创性知识积累和人才储备。因此我国现阶段多在追随国外的研究热点，缺乏原创基础研究。主要问题包括：①免疫学研究方向局限，集中于天然免疫、T 细胞亚群分化等少数"热点"，在大多数其他免疫研究领域仅有零星亮点。②研究队伍整体规模小，分布较散，设施差，研究低水平重复，各实验室各自为战，不利于合作研究。③缺乏具有自主知识产权的免疫学相关技术。免疫学的基础研究和临床应用离不开免疫学相关技术的发展，但是重要免疫学技术，如流式细胞术、多因子检测技术、免疫荧光技术、免疫学诊断技术、单细胞组学分析技术、免疫磁珠分离技术、多种细胞分离培养技术、基因编辑技术、宏基因组学分析技术等均由国外原创并掌握关键知识产权。相对于在免疫学研究领域的快速发展，我国在具有自主知识产权的免疫学新技术开发方面停滞不前。如不能在免疫学新技术开发上取得突破，我国在相关技术上受制于欧美的局面就不会改变。④免疫学试剂和设备严重依赖进口。长期以来，我国在免疫学试剂和设备上几乎完全依赖进口，包括各种类型的功能抗体、蛋白、酶类、多种大 / 小分子化合物、细胞培养基、血清产品、细胞因子、多种常规实验耗材。我国曾一度出现进口血清价格疯涨，国内研究组在实验中没有血清可用的局面。一旦国外对我国免疫学领域相关试剂和设备实行封锁政策，我国的免疫学和医学研究将处于极其危险的困境。⑤缺乏原创性动物模型用于免疫现象、感染及免疫相关疾病研究。在免疫学的研究过程中，动物模型是模拟人类疾病、观察免疫学现象的必备工具。我国目前在免疫学领域所取得的丰硕成果很大程度上得益于各种动物模型的使用，但是目前已知的动物模型所使用的建立方法以及特定品种、基因敲除和转基因动物，极少数是我国原创的。打破我国对动物模型进口的依赖，消除免疫学发展的限制因素，建立我国原创性的动物模型，特别是我国人群特有疾病的动物模型，是当前我国免疫学发展的迫切任务。⑥缺乏中国人特有的人体免疫基础数据。免疫学研究的终极目标在于治疗甚至治愈人类疾病、造福人类。一个必要条件是尽可能全地收集健康人和各种疾病人群的免疫数据指标。我国是一个地域广、人口多、民族多的国家，呈现出地域性、民族性、家族性的复杂特征，人体健康的免疫大数据库的建立是我国生物医学研究不能回避的重要问题。

第三节　重要前沿方向、新兴交叉方向和国际合作重点方向

一、重要前沿方向与关键科学问题

1. 免疫分子的结构基础与功能解析

免疫分子的结构与功能研究是一切免疫学研究的基础，受到广泛重视，包括免疫相关膜分子、分泌型分子、免疫球蛋白、细胞因子、趋化因子、黏附分子及其受体以及补体和调控因子等研究。我国在天然免疫和适应性免疫受体的激活、信号通路与效应研究方面具有一定的优势，在其他方面则有较大的不足。

关键科学问题：①免疫细胞重要功能和信号转导的各种膜分子（包括受体）、分泌蛋白、转录因子、信号分子、接头蛋白分子等的结构与功能；②免疫受体的激活、信号通路与效应；③免疫细胞受体激活与变构的结构解析；④免疫调节活性分子的结构与功能。

2.免疫细胞及系统的分化与发育机制

免疫细胞是免疫应答、调节及病理发生的主体，其分化与功能研究包括抗原提呈细胞、调节性免疫细胞、T/B 细胞、天然免疫细胞及其他免疫细胞，是免疫学研究的基础。免疫系统的衰老引起的免疫系统失调，造成免疫衰退、慢性炎症、对肿瘤细胞和病原体的免疫监视减弱等。我国在多种 T 细胞及天然免疫细胞的分化与功能方面有高水平科研产出，但缺乏系统研究和突破性重要发现；在免疫系统的发育、进化与免疫衰老、免疫系统稳态与失衡及比较免疫学方面的研究相对薄弱。

关键科学问题：①新型免疫器官（组织）如肝脏、肠道、皮肤中免疫细胞新亚群新功能的鉴定；②各免疫器官内免疫细胞分化发育表型及区域免疫功能；③重要免疫细胞的新亚群的表型特征、发育分化及生理和病理功能；④环境因素如高盐（糖）、肠道菌及表观遗传调控免疫细胞分化的功能与机制；⑤免疫衰退与慢性炎症；⑥进化免疫组学与比较基因组学。

3.感染性免疫应答的分子机制

病毒、细菌、真菌、寄生虫及其他病原体免疫引发的免疫应答与调控，主要包括感染引发的免疫识别与信号转导及免疫细胞活化应答与调节。我国在病毒、真菌感染引发的免疫应答与调控研究方面具有一定的优势。

关键科学问题：①感染中天然免疫细胞识别的配体及识别规律，特别是新模式识别受体及已知模式识别受体的新功能；②主要致病病原微生物的模式分子和危险信号；③免疫应答维持与反馈的分子机制及疾病发生发展；④天然免疫与适应性免疫在病原生物的免疫应答与调控间的相互调节；⑤病原微生物和宿主细胞相互作用及病原生物的逃逸宿主免疫应答的分子机制；⑥ T/B 细胞特异性免疫记忆机制及天然免疫细胞可能的"记忆"机制。

4.非感染性免疫应答的分子机制

非感染性炎症指机体障碍疾病和顽固疼痛的部位没有感染，病理检查和组织切片找不到任何微生物侵害的迹象，病理变化没有感染，因而抗感染治疗无效。包括日益增多的代谢性疾病（如糖尿病、脂肪肝、动脉粥样硬化等），部分自身免疫疾病及肿瘤等。我国在这方面的研究具有一定的发展优势。

关键科学问题：①组织损伤的炎症机制，特别是炎性小体的重要作用；

②代谢、肥胖与炎症中免疫的关键调控信号通路及其作用；③能量、糖、脂、血流与压力对免疫功能的调控及与非感染性炎症的关系；④生理及病理条件下免疫系统对自身抗原、肿瘤抗原的免疫应答与调节；⑤肿瘤内外循环免疫细胞与肿瘤细胞的相互作用，肿瘤免疫治疗对于全身和区域免疫系统的影响；⑥神经退行性疾病、2 型糖尿病等非感染性炎症疾病的免疫机制研究。

5. 自身免疫及免疫排斥

包括自身免疫、自身免疫相关疾病、免疫耐受及移植免疫与排斥。自身免疫性疾病是免疫系统攻击自身组织引起的疾病，种类极多，对人类身体健康造成极大的危害；而免疫排斥是组织或器官的移植过程中面临的一个医学难题。我国在自身免疫相关疾病及移植免疫与排斥研究领域具有一定的优势。

关键科学问题：①免疫对于自身 DNA、组蛋白等自身抗原的免疫识别机制与信号通路；②器官移植后的慢性移植排斥机制；③肠道微生物参与免疫系统的稳态维持机制及与自身免疫疾病的关系；④自身免疫疾病易感基因多态性；⑤组织区域的免疫特性。

6. 生殖免疫的分子基础

生殖免疫微环境失调是不孕不育的主要原因之一。基于生殖医学的临床需求，生殖免疫成为日趋受重视的研究领域，生殖免疫微环境对配子发生和胚胎发育的影响，受到国内外研究者的广泛关注，将为精准治疗生殖障碍奠定理论基础。我国在血睾屏障、母胎界面和卵巢微环境区域免疫研究领域取得重要成果，在生殖免疫细胞和免疫分子特征，反复流产临床免疫干预方面与国际同步发展。

关键科学问题：①血睾屏障和母胎界面等生殖免疫微环境的基本特征研究；②血睾屏障损伤触发抗精子免疫应答的机制研究；③母胎免疫界面调节胚胎免疫耐受与免疫排斥的机制研究；④基于关键因子对生殖障碍的免疫干预研究。

7. 黏膜及区域免疫

黏膜免疫参与构建机体的第一道生理屏障，是机体免疫系统大而复杂的部分，是执行区域免疫功能的主要场所，其发育和功能异常可能导致免疫稳态失衡，参与多种严重疾病的发生和发展。肝脏、肠道、脂肪、脑等特殊区域免疫器官（组织）的免疫细胞亚群及功能也显现"局部"特征，因此对黏膜及区域免疫发育和功能的研究近年来迅速成为免疫学研究的热点和前沿之一。我国在肝脏、肠道、肺等器官免疫及肿瘤相关免疫细胞功能研究方面有一定特色，黏膜免疫研究起步略晚于国际，亟待迎头赶上。

关键科学问题：①区域免疫器官的基本免疫特征与免疫细胞亚群基本性状与功能；②区域免疫器官调控网络及黏膜免疫对于全身免疫及免疫保护的影响；③代谢、自身免疫性疾病、肿瘤等及过敏、肥胖相关的区域免疫病理机制；④免疫-菌群-代谢的交叉与平衡及"肝-肠轴""脑-肠轴"的免疫调控；⑤黏膜及区域免疫发育和功能与肿瘤治疗。

8. 神经对免疫的调节作用及机制

神经和免疫系统是机体较为复杂的两个系统。神经免疫学包括神经免疫调节、胶质细胞免疫功能与调控、神经相关疾病的免疫学基础等。我国在这方面的研究才刚刚起步。

关键科学问题：①感染或机体损伤等状况下神经系统调控免疫系统发挥功能的机制；②炎性小体在神经退行性疾病中可能的作用及相关的治疗；③神经系统在免疫相关疾病发生和发展中的功能；④用于治疗神经和免疫相关疾病的靶标。

9. 代谢对免疫的调节作用及机制

代谢和免疫作为机体生存根本的两项需求，其相互调节、相互依赖在维持机体的稳态中发挥重要功能。代谢对免疫系统的调控作用体现在两个层面上：机体代谢及异常对免疫系统的调控作用；细胞代谢对免疫细胞的发育、分化、增殖、凋亡和功能的调控作用。机体代谢异常导致的日益增多的代谢性疾病（如糖尿病、脂肪肝，以及动脉粥样硬化等心血管疾病）发病与局部或系统性免疫功能紊乱密切相关；而细胞代谢异常可导致免疫细胞分化或功能的改变。

关键科学问题：①除了已发现的经典代谢途径，其他代谢途径影响免疫细胞的功能；②尚未发现的在免疫细胞活化过程中发挥功能的代谢物；③病原微生物调节机体代谢系统逃避免疫应答的机制；④靶向代谢分子进行免疫疾病或者炎症性疾病治疗。

10. 疫苗、抗体及其应用

控制疾病最主要的手段是预防，疫苗是预防和控制疾病较为经济、有效的公共卫生干预措施；而抗体在免疫检测、影像示踪、肿瘤和自身免疫疾病的生物治疗方面取得巨大成功。疫苗与抗体研制对"健康中国"的重要性是不言而喻的。我国在这方面虽然起步较晚，但发展势头十分迅猛。主要研究方向是采用免疫学前沿理论和技术，结合我国抗体与疫苗重大需求，发展抗体、疫苗研制新技术，新策略、新模式。

关键科学问题：①阐明疫苗、抗体靶标并进行设计重组与改型；②研制包括中和抗体、人源化抗体、单域抗体等多种抗体及抗体酶；③发展疫苗研制新策略与新技术，研制各种人用、兽用疫苗；④发展免疫原、抗原设计新技术及精准、高效的疫苗与抗体递送系统；⑤发展新型佐剂，促进细胞免疫及免疫细胞增殖、分化、效应和记忆等；⑥促进抗体、疫苗的精准使用和个体化发展。

11. 免疫学研究相关技术与方法

技术的创新推动了免疫学科发展，如基因敲除技术推动以细胞因子、转录因子和信号分子为主的分子免疫学。当前免疫学研究的技术应重点推进单细胞测序及大数据大信息的免疫学技术与仪器研发，开发拟人化免疫模型体系、可视化系统、更多疾病动物模型和通用检测技术。我国在这方面总体较弱，亟待发展。

关键科学问题：①利用小分子筛选平台体系，发现并鉴定具有免疫调节功能的化合物；②联合化学、物理学、光学、信息学等，研制具有自主知识产权的特殊免疫学应用的仪器与设备；③建立慢性乙肝、自身免疫疾病等转基因动物模型，包括灵长类动物模型；④结合当前免疫大数据大信息的免疫学新技术进行仪器研发。

二、新兴交叉方向与关键科学问题

1. 免疫学与肿瘤医学（免疫学与临床医学交叉）

肿瘤的免疫治疗是当今令人激动的突破。目前主流的肿瘤免疫治疗分为两大类：免疫检查点抑制剂疗法和过继细胞免疫治疗。这些免疫治疗手段都对特定肿瘤展现出了优良的治疗效果，但同时也存在一些缺点。免疫检查点抑制剂疗法的反应性、有效性待提高，细胞免疫治疗对于实体瘤的治疗效果不佳。

关键科学问题：①提高免疫系统对肿瘤细胞敏感性，增大免疫治疗受益患者比例；②免疫检查点抑制剂药物对多种肿瘤的治疗；③免疫检查点抑制剂药物毒性与细胞因子风暴的分子机制；④细胞免疫治疗的脱靶性问题；⑤肿瘤免疫治疗的联合策略及其抗肿瘤效果的临床评价新体系。

2. 免疫调节分子的发现与功能开发（免疫学-化学-材料科学）

近几十年的研究发现，多种有生物学活性的糖类、代谢产物、中间体、维生素、激素、氨基酸及其衍生物、肽、核苷酸等对免疫分子有重要的调节功能，其中金属广泛地参与了细胞的免疫应答、免疫相关蛋白质的结构和功能调控，以及免疫佐剂和免疫治疗等多个环节。这些问题是化学、材料科学与生命科学、医学的天然交叉点，将为免疫学的基础研究开辟新的思路、提供新的技术方法，也将为基于免疫原理的临床治疗、为实现免疫疾病的免疫干预开拓新的途径。

关键科学问题：①筛选并研究具有免疫调节功能的新型小分子；②多糖分子调控免疫识别与应答的分子机制；③金属离子介导的免疫活化及信号转导的调节；④新型免疫佐剂研发，特别是激活细胞免疫的佐剂。

三、国际合作重点方向与关键科学问题

1. 病原生物的免疫应答与调控

病原微生物的感染无时、无处不在，是人类健康的大隐患，研究感染与免疫是"免除疫病"的根本保证。

关键科学问题：①天然免疫细胞识别各种感染的新模式识别受体及已知受体的新功能；②病原微生物未知的模式分子和危险信号；③天然免疫与适应性免疫在感染与免疫中的相互调节；④免疫应答维持与反馈的分子机制及疾病发生发展；⑤病原和宿主相互作用及病原的免疫逃逸机制；⑥感染与免疫应答中效应细胞的分化和记忆细胞的形成机制。

2. 非感染性炎症、肿瘤与免疫

我国在这方面具有一定的发展优势，希望与美国 NIH、哈佛大学、耶鲁大学、德国马普所开展合作。

关键科学问题：①代谢、肥胖与炎症中免疫的关键调控信号通路及其作用；②非感染性炎症的免疫治疗分子靶点与策略；③神经退行性疾病、2 型糖尿病等非感染性炎症疾病的免疫机制研究；④肿瘤免疫耐受、免疫逃逸、炎癌转化机理；⑤发展新型免疫技术和免疫治疗手段。

第四节　发展机制与政策建议

1. 加大支持力度，建设国家级免疫学研究机构

成立国家级免疫学研究机构，配备国际一流的免疫学设备、动物中心、免疫大数据库及信息分析工具，赋予服务功能，在模型动物、技术体系、数据共享与分析方面为全国免疫学队伍提供支撑，将其培育成全国性免疫学基础和临床研究基地；集中精力针对基础免疫学重大科学问题、临床重要疾病的免疫学致病机制，开展前沿原创性的合作式系统性研究，推动重大免疫疾病和肿瘤免疫的临床研究并促进免疫学成果转化和产业聚集发展；对前沿原创基础研究提供稳定支持和必要支撑，这是防止或杜绝"追踪热点""跟风式"研究，保持原创性研究的保证，培养大批创新研究人才，在免疫学领域取得原创性重大成果，确立免疫学领域的国际领先地位；实现基础和临床研究领域的充分整合，展开国际一流的转化医学研究，形成基础-转化-产业闭环；联合光学、信息学、材料学、数学领域专门人才技术，建立和完善免疫学高效基因操作技术、活体显微成像、高通量筛选平台。

2. 建立合理评价体系

引导建立科学合理的评价体系，不简单以论文篇数或"点数"论英雄，而重视工作重要性、创新性和系统性以及对领域的贡献性；加大单项资助的

力度，激励科学家聚焦关键科学问题实现创新突破；建立国家级免疫学科人才基金，鼓励创新，长期跟踪，给予连续和高强度支持。

3. 增加免疫学研究队伍的体量

加大引进留学人才力度的同时，重点促进本土人才培养，完善硕士–博士–博士后培养体系；改善博士后体制，改变我国研究工作基本由研究生三年限期完成的薄弱现状，让毕业研究生留于国内从事博士后研究。

4. 实现学科内合理布局，促进学科间交叉融合

在人才引进方面，避免"因和尚设庙"，而更应充分考虑领域布局和学科长远发展要求，及专长是否契合需要，以实现重要免疫研究领域的全覆盖；在项目设置方面，国家科技计划通过设定重点支持领域，可发挥关键性的政策导向作用，令免疫学科内各领域的布局更趋合理；学科间交叉融合是当代科学发展趋势，从国家科技计划层面，鼓励免疫学与各种生物学科的交叉，与医学、物理学、化学及农学等交叉，推动免疫学向深远发展，拓展新方向和生长点。

第十章

神经科学、心理学和认知科学发展战略研究

第一节　内涵与战略地位

    神经科学是系统性研究脑结构、功能与疾病发病机理的学科，旨在揭示人类大脑的工作原理，并为脑疾病的诊断与治疗提供理论指导。神经科学被视为人类科学最后的前沿疆域，是当今世界科技发展的战略制高点之一。神经系统是人体的重要系统，庞大而复杂的神经网络控制着机体器官和系统的正常活动，神经系统和机体很多重要机能，如代谢、免疫、内分泌、循环等相互影响。因此，神经科学是人类探索自然规律和生命现象的主要学科之一，其基本原理的揭示对智能技术发展也具有引导作用。神经系统的异常会导致疾病的发生，所以神经科学研究也是解决医学、心理学和药学等学科问题的基础，具有重要的科学意义和社会价值。神经系统之所以被视为人类科学最后的疆域是因其结构与功能的高度复杂性，这注定了神经科学研究的重要条件和发展趋势是需要多门学科的交叉、多种技术的

结合和海量数据的处理。近半个世纪，神经科学的研究取得了许多令人鼓舞的进展，比如，在分子和细胞水平上揭示了一些重要的分子如何在神经细胞中表达，神经细胞如何通过借助特定的联系实现特定的功能等。尽管如此，由神经递质介导的神经元之间的通信何时发生并如何受到精准的调节，神经元如何相互连接并形成具有某一特定功能的神经环路或网络，神经元和神经环路如何对外部环境信息进行编码、加工和处理，从而形成感知、记忆、思维和语言，并做出学习、注意、抉择等脑高级功能反应的机制仍不清楚，这些科学问题是现代神经科学面临的巨大挑战。光遗传、药物（化学）遗传、基因编辑、细胞重编程、神经通路示踪、各类探针和电生理记录、光学成像、脑功能成像、动物行为学等技术的交叉融合，正在给深入解析大脑的工作机制提供了可能；由于多学科的交叉特点，单一的研究团队已经不可能持续占据国际脑科学的前沿，使得此研究领域的国际竞争异常激烈；使用不同模式动物的跨学科、跨物种、跨国界的脑科学攻关团队密切合作，解决人类面对的重大脑科学问题，正在成为神经科学研究的主要趋势。

心理和认知科学是研究人类心理、行为、认知和智力本质及规律的科学，旨在阐明认知、情绪、智力、意识等心理现象的发生、发展、作用规律及机制。当前我国正处于思想碰撞和利益冲突凸显的变革期，全球化、信息化、老龄化和城市化进程日益加快，使人们产生了大量的心理和行为问题。心理学的学科地位和作用日益凸显。中国心理学研究要为提高国民心理素质与健康水平、促进社会和谐稳定与可持续发展不断提供新知识、新理论和新方法，服务国家、造福人民。当前，心理学研究具有以下突出特点：一是经济社会和谐、稳定、可持续发展越来越依赖心理学的研究进步，心理学更加注重价值观的研究、关注人类个体与社会行为的机制研究，以调节和提高人的社会行为效率；二是心理学研究积极应对全球化、信息化、老龄化和城镇化带来的新问题和新挑战，关注基于新媒体、大数据分析的宏观社会心理规律研究和针对不同种族、民族、文化背景人群的大队列、纵向、跟踪研究，尤其重视对特殊人群的研究；三是对新技术、新方法的依赖越来越强，借助神经科学、信息科学、医学和工程科学等的新技术和新方法，心理学与其他学科、心理学科内部各个分支之间正在进行多层面的深度交叉融合；四是更加重视对精神、心理疾患的研究，努力为解决各种心理疾患和行为问题提供预防、识别和干预的方法和宏观管理决策建议。

第二节　发展趋势与发展现状

一、神经科学、心理学和认知科学的发展趋势

脑是人类赖以认识外部世界和自我的物质基础，神经科学是在分子、细胞、环路和宏观系统等水平上研究其结构、功能与疾病发病机理的学科。神经科学研究被视为人类科学最后的疆域。认识脑、保护脑和开发脑是人类认识自然与自身的终极挑战。神经科学从最初人们对大脑解剖结构和神经元形态与电活动的"好奇式"探索，经过半个世纪的努力，已在基因、分子等微观水平，在神经元信息传导机制等方面获得了较为深刻的理解；在宏观尺度上各种脑成像手段也日益完善，可以大致观测神经束在不同脑区之间的连接特征。然而在还原论为主的微观分子细胞研究和系统论为主的影像行为研究的接壤处介观尺度环路层次的研究是贯通现有神经科学知识和更好理解其工作原理及异常机制的必经之路，所以解析神经环路结构的形成与功能、中枢与外周脏器的神经稳态与调控的机制等的研究，并融合经典还原论和系统论研究是神经科学发展的必然规律和态势。今后几年内的前沿热点问题主要包括：神经环路发育机制及神经细胞谱系建立，突触信息编码、可塑性机制以及神经递质/调质稳态维持，感知觉信息处理和整合的神经机制，行为调控的环路机制（行为的跨物种保守性和特殊性的神经机制），自主神经系统功能与调控以及中枢与外周脏器相互调控的神经机制，神经精神障碍的分子、环路机制和干预靶点，知觉加工的基本单元和过程，注意与意识的产生和调控机制，儿童认知和情绪的典型与非典型发展，社会认知与情感的神经与计

算建模，心理异常和疾病的早期诊断和干预，神经科学、认知科学研究的新技术与新方法等。

19 世纪末，冯特在德国建造了世界上第一个心理学实验室，标志着当代心理学的开端。20 世纪中期，计算机的诞生对心理学的理论和概念产生了巨大影响，催生了认知心理学。20 世纪末期，生命科学领域的技术突破推动了非侵入性脑影像技术的发展，也催生了认知神经科学这门交叉学科，使得心理学家可以直观地观测大脑的活动。科学实验和定量分析的引入使得心理学从哲学思辨中独立成为一门兼具自然科学和社会科学属性的支柱学科，由于研究对象的复杂性，心理学研究呈现多层次和多角度并存，并且由于社会需求的不断增长和学科自身发展日益成熟，心理学的分支越来越细。各个子学科既有共同的发展规律和研究特点，也有自己的独特性。与此同时，借助神经科学、信息科学、医学科学和工程科学等的新技术和新方法，心理学和认知科学与其他学科，以及内部各个分支之间正在进行多层面的交叉融合，这些交叉领域的研究有助于促进心理学学科的完整知识体系和大一统理论的形成。中国心理学各个分支学科的发展并不平衡。当前心理学主要分支有认知心理学、生理心理学、医学心理学、工程心理学、发展心理学、教育心理学、社会心理学、应用心理学、运动心理学、健康心理学、心理学方法与技术。认知科学的主要分支有语言认知、认知建模、认知的脑结构及神经基础。

二、神经科学、心理学和认知科学的发展现状

最近的神经科学研究，已在基因、分子等微观水平，对神经元基因表达特异性、蛋白功能以及突触递质传递等方面取得长足进展，对各种类型神经元的细胞工作机理有了深刻的认识。另外，得益于长期临床积累以及磁共振成像（MRI）、正电子发射体层成像（PET）、脑 CT、脑电图等先进技术的应用，神经科学在宏观水平上拓展了对功能脑区定位和大尺度功能连接的认识。近年来，新发展的光遗传学、神经环路标记和高清晰度神经元活动成像技术与电生理和行为学的结合，使得神经科

在介观层次的研究得到有效发展，沟通联系了微观分子和宏观大脑结构、功能与疾病的研究，也使神经科学的研究重点回到了对大脑的"功能语言"——神经活动的研究上。由此可见，在不同层面上对大脑的结构基础和工作机制，以及疾病状态下异常机理的研究一直是神经科学研究的重要方向。

我国神经科学研究近年来发展迅猛，在非人灵长类精神疾病动物模型、自由活动双光子脑成像技术、活体化学神经递质检测技术、光遗传学神经调控新技术、多通道电生理技术、fMOST 等脑连接图谱研究新技术方面取得了多项重要突破，在行为的神经机制、抑郁及药物成瘾等神经精神疾病的发病和干预机制、类脑算法和神经拟态芯片研究及研发领域与国际前列相比，还有差距。

我国心理学研究起步较晚，但近年来我国心理学学科取得快速发展。中国心理学会创建于 1921 年，目前按心理学各分支学科设立了多个专业委员会，举办的"全国心理学学术会议"是国内心理学领域的大规模学术交流平台。我国心理学研究机构和高校心理学院系的学科设置比较齐全，实验设施基本齐备，研究内容涵盖了心理学的主要分支领域。国内的心理学研究得到了国家自然科学基金，科技部 973 计划、863 计划、科技基础性工作专项、科技支撑计划等，以及中国科学院、有关部委和地方政府各类计划，企业联合研发经费的支持。我国心理学科研人员近年来在国际重要学术期刊上发表了一系列原创成果，得到国际同行的瞩目和高度评价。

1987～2018 年，国家自然科学基金神经科学各类项目立项资助数目较多的单位包括中国科学院神经科学研究所、复旦大学、浙江大学、北京大学、北京师范大学等；心理学立项资助数目较多的单位包括中国科学院心理研究所、北京大学、北京师范大学、华南师范大学、西南大学、浙江大学、华东师范大学、中山大学、深圳大学和首都师范大学等。从国家自然科学基金历年申请与资助情况分析，中国心理学各分支学科的发展并不均衡：认知心理学作为传统优势领域，其项目申请量最多，发展心理学、医学心理学、认知的脑结构与神经基础、社会心理学和教育心理学等也是申请项目相对较多的领域，而认知模拟、遗传心理学、实验心理学和个性心理学等领域申报数量则较少。

第三节　重要前沿方向、新兴交叉方向和国际合作重点方向

一、重要前沿方向与关键科学问题

1. 神经环路发育机制及神经细胞谱系建立

人脑胚胎神经干细胞通过发育生成约 860 亿个神经元。神经元是神经系统结构与功能的基本单元，不同脑区的神经元通过神经突触形成庞大而复杂的神经网络，调控大脑和其他器官的生理功能。神经元的数量和类型是神经环路与脑高级认知功能形成的细胞基础。大脑的发育机制，尤其是神经环路形成的解析，是一个复杂而又远未解决的难题，我们对大脑发育的分子细胞调控机制的了解仍然非常有限。大脑的发育要经历神经前体（干）细胞谱系分化、神经元迁移和形态发生（轴、树突发育）、突触形成与消除、神经网络的形成与重塑等过程，并受细胞内外环境和神经元活性的精确调控，最终达到大脑结构与功能的成熟，从而完成诸如感觉信息处理、学习记忆、情绪调控、抉择、注意、应激、奖赏、动机、自我意识以及语言等认知功能。神经系统的发育异常可导致严重的神经精神疾病。在多个物种中阐明神经环路及神经元谱系的发育和进化机理，不仅是生命科学领域中的重要科学问题，而且可为优生优育、神经精神疾病的防治和提高人口素质提供理论指导。

关键科学问题：①跨物种的神经元、胶质细胞谱系及其起源的调控机制、示踪和空间组学解析；②脑结构与神经元形态发生的跨物种研究；③成体阶段内源性神经发生的调控机制；④特定神经环路形成和特定脑功能、脑疾病的关系；⑤多潜能干细胞的定向诱导分化和神经细胞转分化在神经损伤和退行性疾病中的应用。

2. 突触信息编码、可塑性机制及神经递质 / 调质稳态维持

神经元是神经信息处理的基本单元。突触是神经元之间神经信息交换单

元。它以突触可塑性为主要特征、以离散的或量子化的方式进行信息编码，并以此介导神经系统信息的传递、计算和整合。中枢神经系统及其与外周系统包括脏器和免疫系统的突触传递功能决定着认知与智能的实现和机体功能的正常调控。突触功能的失常或紊乱常导致多种神经精神疾病。因此，突触研究不仅在近十年，也是半个多世纪以来神经科学的研究热点。突触的信息处理工作原理也是理解智能和脑疾病病理机制的关键。短时程和长时程突触可塑性被认为是神经信息编码以及学习记忆等认知功能的神经生理机制，随着该领域有关研究的深入，突触可塑性还被发现参与了感觉、运动、认知以及神经系统多种疾病（孤独症、智力障碍、精神分裂症、癫痫等）的病理过程。然而目前我们对突触的结构和分子基础，以及突触可塑性调控机理的认识仍很缺乏。

关键科学问题：①突触形成的精确分子和信号机制及其受胶质细胞及神经元代谢调控的机制；②突触可塑性机制及其在神经信息编码与高级认知功能中的功能；③突触递质和调质释放的时空结构、机制，检测与调控新方法；④动作电位及阈下膜电位振荡时间结构特征与 EEG 节律、整体行为的相关性及可能编码机制；⑤中枢、外周神经系统和免疫系统的突触调控机制及在神经精神疾病模型中的异常特征与恢复策略；⑥不同神经信息间调制解调、不同神经环路间神经信息调制解调的作用机制。

3. 感知觉信息处理的神经环路基础

感知觉系统包含有视觉、听觉、嗅觉、味觉、触觉、痛觉、痒觉、本体感觉及前庭平衡觉等系统，是人和动物获取外界环境信息的途径，在人类和动物的社会行为和维持机体生存和健康方面起着决定性作用。大脑对感知觉信息进行抽提、处理和整合，用以进行运动、学习、记忆、决策和情感等高级认知活动，因此对理解大脑高度智能的信息处理机制具有重要理论意义。对感知觉的神经生物学机制的理解不仅是人类最终战胜各种感知觉功能障碍和相关疾病的基础核心，也将对人工智能等国家重大需求产生直接推动作用。感知觉系统的信息处理机制及结构基础一直是神经生物学的热点领域。近年来，基因表达检测与编辑技术、高通量细胞功能检测技术，以及显微结构重构技术、神经通路示踪和调控技术、活体动物多通道电生理记录及计算神经科学技术、行为学技术等的成熟与应用极大推动了感知觉系统信息处理机制的研究。

关键科学问题：①感知觉系统的发育组学研究、精确图谱绘制及关键期的调控机理；②皮层及皮层下感知觉神经编码和记忆信息的整合与转化机制；③感知觉系统多级神经环路和信息传递特征及编码规律的多尺度解析；④神经递质与调质对感知觉系统的调控机制；⑤跨模态感知觉信息的整合及感知觉系统与高级认知系统的相互作用机制；⑥感知觉功能异常及疾病状态下的神经网络机制。

4. 行为调控的环路机制

行为包括与生俱来、与物种生存繁衍密切相关的本能行为和后天习得行为。前者包括防御、竞争、饮食、睡眠、觉醒、生物节律、求偶、哺育等，在生命演化进程中，通过进化与遗传"固化"在动物和人类的大脑中。因此，与其他类型的行为相比，与生存繁衍密切相关的本能行为在物种内个体差异较小，具有跨物种的高度保守性。习得性行为有赖于学习与记忆，是人和动物智能活动的基础和适应复杂环境的关键，也是人的精神和意识活动的基本过程。学习与记忆的神经机制是自然科学具挑战性的科学问题，其研究对理解智能的本质、相关疾病的诊疗、药物的研发，以及发展新一代人工智能具有重要意义和价值。理解本能行为与习得性行为的相互调控机制、各种本能行为之间为精准适应外界环境产生的不同输出模式和层级关系、调控本能行为的神经环路在大脑中如何被刻画，以及本能行为的遗传、表观遗传调控机制等，将有助于我们理解大脑的工作原理以及脑疾病状态下本能行为异常的调控机制，进而寻求可能的干预靶点。

关键科学问题：①防御、竞争、饮食、睡眠、觉醒、生物节律、求偶、哺育等本能行为的神经环路构筑的模式、特征及其调控机制，以及不同外界感知觉输入及内在生理状态下本能行为的选择性输出规律；②本能行为的跨物种保守性特征、性别二态性特征、受调质能系统调控的机制及其与习得性行为间的相互调制机制；③记忆不同阶段的分子、细胞和神经环路机制及神经调质对习得性行为的调节作用；④发育、衰老、病理过程中，学习记忆功能发展、下降的神经机制；⑤共情等社会行为、等级及情感信息处理的跨物种神经环路机制、表观遗传学机制和调控及病理状态下的干预策略；⑥基于生物机制的学习记忆新计算模型及其应用和基于脑连接与活动图谱的模拟本能行为处理的类脑行为控制算法。

5. 神经精神障碍的分子、环路机制和干预靶点

除了研究脑的正常生理功能，神经科学的重要研究方向还包括脑功能失常和紊乱的发生机制及修复策略。在分子、细胞、环路水平上解析脑疾病机理，并开展多器官、多系统的互作研究，对探索众多神经精神障碍和疾病的干预策略至关重要。大脑的高级功能不仅丰富我们的日常生活，也深刻地影响着我们的行为和抉择。认知、情绪与行为的障碍都可能导致心境障碍、精神分裂症等精神疾病的发生。解析与重要负面情绪及情感障碍类疾病相关的分子和环路机制，将为寻找精神疾病的创新药物靶点提供指引。随着老龄化步伐的加快，神经退行性疾病已构成现代人类健康的威胁。神经退行性病变是区别于正常衰老过程的、渐进式的神经结构和功能的病理改变，最终导致神经系统功能的异常或衰退，产生阿尔茨海默病、帕金森病、亨廷顿病、肌萎缩侧索硬化等多种不同类型的疾病。近年来，神经科学研究向着神经系统与多器官、多系统的协调方向发展，探索神经和免疫、消化、内分泌等系统的互作机制，为开发针对神经系统的诊疗技术带来了前所未有的机遇。在神经精神疾病研究领域，当前热点主要包括脑疾病与免疫系统、新陈代谢的相互调控，以及针对相关神经精神疾病新诊疗技术的机理研究。这些相互作用的交叉领域研究将极大促进我们对神经精神疾病的理解，并有利于找到新的攻克脑疾病的诊疗策略和方法。

关键科学问题：①神经精神疾病的多系统、多器官基础研究；②抑郁症、焦虑症、精神分裂症和药物成瘾等精神疾病发生发展的神经机制和治疗新靶点，以及运动锻炼等非药物疗法对精神疾病的干预策略和机制；③神经系统发育疾病和退行性病变的机理、生物标志物和综合干预策略；④理化因素所致脑损伤的过程、机制及综合防治策略；⑤神经免疫、神经胶质细胞与神经元的相互作用在神经精神疾病中的作用机理；⑥新型神经精神疾病跨物种模型研究及其在诊疗新技术研发中的应用。

6. 知觉加工的基本单元和过程

研究任何一种过程，建立任何一种过程的科学理论，必须回答一个根本的问题：这种过程操作的基本单元是什么？每门基础科学都有其特定的基本单元，例如高能物理的基本粒子，遗传学的基因，计算理论的符号，信息论的比特。对认知科学而言，大量实验事实表明"组块""知觉物体""时间格式塔"等这些认知科学概念对认知的理解具有不可替代的意义，是适合描述认知精神世界的基本变量。陈霖院士提出"大范围首先"的理论框架来描述认知过程操作的基本单元，建立这些基本变量的模型。这一理论框架是我国认知科学家在认知科学重大基础理论问题上的独创系统的贡献，中科院生物物理研究所、心理研究所等国内多个研究机构已经在开展"大范围首先"的研究工作，为"大范围首先"模型的全面系统的发展，为推动我国成为认知科学的强国，提供了难得的历史机遇。

关键科学问题：①"大范围首先"的神经表达的解剖结构和计算的体系结构；②"大范围首先"的系统的数学基础；③"大范围首先"的量子模型；④处理知觉物体"拓扑特征"的神经生物学机制；⑤恐惧情绪影响大脑"拓扑特征"辨别的机制。

7. 注意与意识的产生和调控机制

人类的心智活动以意识为基础，意识的生物学基础是科学研究中备受关注的研究问题。从意识角度来看，注意可以被看成是信息能否进入意识的门槛，注意是外界信息进入脑信息加工系统的控制机制，指心理资源被选择性分配给某些认知加工过程，从而易化这些认知过程。注意可以控制哪些信息进入意识，而意识下信息也可以调控注意的分布，对注意与意识的研究是心理科学和认知科学领域中受关注的科学问题。意识研究需要回答的基本科学问题包括对意识本身的理解及对其神经机制的解码，在此基础上对于与意识相关的部分大脑功能异常疾病（精神疾病）的诊断和治疗也有极其重要的价值。我国在注意和意识的研究领域汇集了一批高水平的研究队伍，在无意识条件下视觉信息的加工、皮层下核团的功能成像、视觉注意和意识的神经机制以及与意识相关的脑疾病研究上取得了令人瞩目的成果。未来的主要研究目标是采用多种研究手段，从微观到宏观多层次系统地揭示注意和意识的产生和调控机制，促进对注意与意识机制的理解，为治疗严重意识障碍患者提供可能。

关键科学问题：①意识在感觉信息整合中的作用及神经机制；②注意的产生、控制及其调控的神经环路机制及其与意识的关系；③意识和无意识的区分、意识状态转换过程及其神经机制；④意识调控的动物模型、神经环路和分子机制；⑤从人脑意识大数据，提出意识评价标准，解析意识机制以及意识丧失状态的神经机制。

8. 儿童认知和情绪的典型与非典型发展

儿童/青少年的教育和心理健康关系到国家和社会未来的发展，同时也是重要的心理学研究领域。调查显示，我国儿童/青少年中，有约 3000 万人受到各种情绪障碍和行为问题的困扰，心理精神疾病致残的儿童/青少年人数逐年增加。此外，非典型儿童的发育障碍，如儿童孤独症和多动症等疾病的患病率逐年升高，也成为不容忽视的公共卫生问题。我国现阶段工业化和城镇化的进程影响着家庭和社会结构，父母关爱的缺失使留守和流动儿童在家庭教育、学校教育和心理发展方面受到影响。在国际心理学和精神病学领域，近年来儿童的认知和情绪发展也成为研究热点，特别是非典型儿童发育和情绪障碍的致病机理（如遗传和环境的作用）、发展规律、神经机制，及其早期筛查。我国在这方面的研究虽然才刚刚起步，但人口基数大，每年出生人口数较多，门诊量大，另外我国较为健全的儿保体系也凸显出我国在这方面研究的发展潜力和优势。

关键科学问题：①儿童发育障碍和情绪障碍的神经机制和发展规律；②儿童问题行为的早期筛查和诊断工具的开发；③父母对儿童情绪发展的影响；④儿童问题行为和情绪障碍的干预。

9. 社会认知与情感的神经与计算建模

社会认知指加工关于他人与自我的信息及其相关的情绪反应和行为决策过程。社会认知是人类和高等动物复杂社会行为的基础，经济发展促使人类发展出更复杂的社会行为模式，理解社会行为的科学规律，解析相关的心理和脑机制，是 21 世纪面临的重大科学挑战。社会发展变化是人类社会认知和行为转变的重要催化剂。基于我国新时代社会发展变化在社会层面和个体层面的特殊性，国外相关研究在我国的应用效度相对较低。只有真正理解我国新时代社会发展变化和传统观念对社会认知和行为的影响，才能从根本上建立适合时代发展的、促进道德行为的监督、教育和干预体系，以维护社会和谐和提升人民幸福感。科技化生活方式同样对社会认知与行为产生了重大影响，我国是互联网发展大国，网络社会已经成为一种新的社会结构，为深入把握网络舆情的发展变化规律，探索这些用户的心理特质与网络舆情间的关联显得极为重要。

关键科学问题：①社会决策的认知和神经机制；②共情行为、合作及竞争等社会行为的神经环路机制、演化规律以及意识获取与自我意识的认知和神经机制；③中国社会阶层结构变化、传统观念等因素对道德认知的影响；④基于大数据的社会行为研究和技术开发；⑤网络舆情的检测预警、传播演变以及应对。

10. 心理异常和疾病的早期诊断和干预

心理健康是健康的重要组成部分，关系广大人民群众幸福安康，影响社会和谐发展，是影响经济社会发展的重大公共卫生问题和社会问题。党的十九大报告中提出，加强社会心理服务体系建设，培育自尊自信、理性平和、积极向上的社会心态。临床心理学、医学心理学、健康心理学提供相关心理学知识，也运用这些知识理解和促进个体或群体心理健康、身体健康和社会适应；注重个体和群体心理问题研究，并治疗心理与精神障碍。与国际相比，我国心理健康领域的研究无论是研究规模还是学术影响力，尚存巨大的差距。然而，近10年来许多研究者开始将临床心理学的内容与认知科学的相关技术相结合，例如心理与精神障碍的生物标记或行为指征、应用机器学习对心理与精神障碍进行早期诊断等，探究诸多心理与精神障碍在认知与神经方面的机制。随着社会各界对于心理与精神健康的重视，需要在心理与精神障碍的诊断、机制研究与干预方法上有进一步的发展。

关键科学问题：①发展心理与精神障碍的评估与诊断的新技术；②探索心理与精神病理机制和干预机制；③睡眠障碍与其他疾病和社会行为的相互作用；④网络成瘾特征的精细化评定和干预策略；⑤结合大数据、人工智能、互联网应用和可穿戴设备等新技术开展健康信息检测、监测、数据分析与建模；⑥急性应激与健康行为的关系。

11. 神经科学、认知科学研究的新技术和新方法

神经科学和认知科学的发展，离不开新技术手段的开发与应用。通过物理、化学、材料、机械、工程、信息等多学科交叉的技术手段，发展三维快速脑结构与功能显微成像、活体实时神经活动记录以及新型电极等方法，提升了大规模研究神经环路和细胞活性的效率。跨物种建立自主知识产权的脑图谱绘制技术平台，绘制基因表达与细胞类型、神经连接结构和神经活动三个层次的全景式脑图谱，是理解脑认知神经环路原理、实现高效类脑计算的基石。脑机接口以及人工智能，是国际前沿的研究方向，现已形成国际竞争态势。这些新技术和新方法的进一步发展将为新的神经科学、认知科学基础研究重大突破，以及为临床转化提供赋能的前沿工具。

关键科学问题：①跨物种、基于高通量电子显微学的脑图谱绘制新技术，大尺度多脑区的结构（快速三维脑成像和数据分析）和功能（高时空分辨记录大规模神经元活动）记录新方法及适用于高通量、多维度不同数据形式的数学分析方法及模型的研发；②多时空尺度脑成像和脑调控技术的融合；③开发以非人灵长类为代表的跨物种新动物模型；④细胞类型特异性神经元标记示踪、活性调控的新工具与新型神经递质和神经调质探针的开发；⑤神经信息的细胞起源机制及神经接口新技术研发；⑥超高场磁共振成像技术、人体颅内脑电和单神经元记录技术的开发和应用。

二、新兴交叉方向与关键科学问题

1. 基于认知机理及神经环路功能的智能建模和混合智能

人工智能是关于如何构造人工系统来模拟人类智能行为的基本理论、方法和技术。信息科学、认知科学与神经科学的深度融合产生了以深度神经网络为代表的新一代人工智能技术。以机器智能为象征的第四次工业革命的目标就是把人脑智能赋予机器，该目标的实现显然依赖于对人脑智能基础的研究。机器在搜索、计算、存储、优化等方面具有人类无法比拟的优势，在感知、推理、归纳和学习等高级认知功能方面，人工智能还远弱于人类大脑；

但是在脑神经科学领域，要完全弄清楚人脑智能也比较遥远。随着信息技术、神经科学、材料科学等的快速发展，将人工智能嵌入生物体将成为可能。脑机接口技术是一项融合了人类思维和机器的新兴技术，可以打破当前人类与机器、人类与环境的交互方式，让人类能够突破肉体和工具的局限。鉴于机器智能与人类智能的互补性，研究人员提出混合智能的概念，将研究扩展到生物智能和机器智能的互联互通，深度融合生物智能和机器智能，创造出兼具人类智能的环境感知、记忆、学习、决策能力和机器智能的信息整合、搜索、计算能力的新型智能形态，在神经康复、肢体残疾、生物机器人等关系到国计民生和国家安全的领域做出重大贡献。

关键科学问题：①感知、运动信息整合的信息表征与编解码以及决策等认知功能的神经环路与网络的层间连接；②学习记忆的编码、存储、提取、消退等重要过程及其功能异常的神经环路机制；③行为和神经数据的联合计算建模与学习；④单智能体的自主感知和群体智能的协同感知与认知增强；⑤脑机协同的感知与执行一体化；⑥从虚拟环境到真实世界的迁移学习理论与方法。

2. 自主神经系统功能与调控以及中枢与外周脏器相互调控的神经机制

多种外周疾病，如骨质疏松、功能性胃肠道紊乱、糖尿病等常伴随着神经精神疾病的发生；而神经精神疾病患者，也常常出现成骨/破骨平衡失调、肠道菌群紊乱、血糖调控异常等并发症。近年来，逐渐有证据显示，中枢神经和外周脏器间存在双向分子、细胞及神经通信系统，两者之间有着密切的相互作用。自主神经系统是周围神经系统的主要组成部分，发挥重要的调节外周脏器功能的作用。中枢与外周脏器通过神经支配介导外周免疫、代谢水平等相互调控，其调控障碍是很多神经精神疾病的重要病因之一，同时也是外周靶器官功能失调相关疾病的重要因素。因此，绘制中枢-外周连接图谱，并深入解析神经系统疾病与外周脏器疾病的关系、二者相互调控的神经机制以及自主神经系统对外周脏器的调控作用，对揭示神经系统疾病与外周脏器疾病的关系、探索有效的干预靶点、开发基于神经调控器官功能的下一代治疗手段，有着极为重要且深远的科学意义。

关键科学问题：①自主神经系统功能与调控的经典功能之外的新机制探

索；②中枢神经系统与外周脏器相互关联的神经图谱结构和特定功能环路的精确绘制；③中枢-外周相互调控神经网络的示踪技术、自主神经系统图谱标记、电生理记录技术及微观递质释放及功能检测的新技术开发；④自主神经系统功能与调控以及中枢与外周脏器相互调控的稳态维持在骨、脂、糖代谢，免疫及脑肠轴-菌群调控中的作用及其调控机制研究；⑤探索不同外环境引起自主神经系统功能与调控以及中枢与外周脏器相互调控的作用以及环路结构和机能重构机制；⑥自主神经系统功能与调控以及中枢与外周脏器相互调控在疾病中的作用机制及药物干预新靶点研发。

3. 极端环境下神经系统稳态维持及脑认知功能保护与增强的机制

深空、深海和极地等极端环境探索是关系国家、国际安全的重要课题，人员长期驻留在特殊环境下的健康问题是世界大国非常关注的科学问题和国家需求。以太空为例，在狭小、幽闭、失重、宇宙辐射等极端环境下，维持大脑功能正常是肩负民族使命的航天员执行复杂任务的基本保障。大脑是人体的复杂和重要器官，除了执行高级认知功能外，还是调节众多机体器官功能和内脏代谢活动的重要中枢。大脑内各个神经核团通过复杂的神经网络联系外周器官并维持机体稳态，在各种极端环境下，大脑功能的稳定在人员保持身心健康、顺利完成任务等过程中扮演重要的角色。大脑正常功能的发挥依赖于机体代谢内分泌系统、免疫系统、共生微生物系统、运动系统等维持内稳态。空间飞行的失重与强宇宙辐射、航天器和潜水器的密闭狭小空间、极地的低温等特殊极端工作环境如何影响脑功能，并进而影响脑对其他外周脏器功能的正常调控需要深入解析。由于极端环境的实验条件特殊性和机会稀缺性，整合生理学、医学和信息科学的研究力量，系统性开发各种脑功能和生理状态监测和信息储存管理工具尤为重要。各种信息库的构建将有助于建立模拟极端环境的各种测试系统，针对性加快研究进展。同时，以脑功能保护和脑功能增强为核心目标，通过理解极端环境下的神经内稳态的调控机制，利用前沿神经科学技术和手段，寻找脑功能维持和增强的干预方式，可以为航天员等特殊工作人群提供健康保障。

关键科学问题：①深海、深空、极地等极端环境对机体生命体征、睡眠节律及衰老等的影响机制；②深海、深空、极地等极端环境引起的应激压力对大脑调控机体生殖、代谢、内分泌等生理功能的机制；③空间环境下的共生微生物稳态与代谢免疫对宇航员的脑功能影响的调控机制；④诱导机体低温状态以达到紧急实施对神经保护的调控技术；⑤开发新型极端环境下检测脑功能和其他生理状态的传感器；⑥建立深空、深海、极地驻留条件下的神经系统生物学信息库，用于评估模拟特殊环境下的实验动物模型。

4. 健康心理学和临床心理学

临床心理学注重个体和群体心理问题，了解引起心理与精神障碍的因素和发病机制，发展制定多种心理评估技术和有效干预方案。健康心理学探寻的就是与人们的生活息息相关的健康问题，它专注于生理、心理和社会因素如何促进身体健康和疾病康复。健康心理学旨在通过研究健康保持和医疗卫生中的心理和行为过程，帮助人们改变行为，促进健康和提升幸福感。

关键科学问题：①探索心理与精神疾病的病理机制和干预机制；②探索健康行为改变的认知神经机制；③睡眠–觉醒过程的调控机制和神经基础；④网络成瘾的神经机制和干预策略；⑤基于大数据、云计算的人体健康数据分析与建模；⑥结合生物标记、认知特点等信息，发展新的评估与诊断技术。

5. 功能性神经环路图谱的解析

神经系统对认知行为调控是由脑内不同的神经环路构成的，因此解析执行特定认知行为的神经环路的结构和活动图谱是理解大脑功能的关键。现有的神经科学研究技术通过与物理电子学、纳米化学、材料工程、光学工程、微纳器件技术、信息科学等优势学科的深度交叉，将带来对神经环路图谱解析的变革性技术影响，实现对特定神经环路图谱的完整解析和绘制；为神经疾病的临床诊疗提出新的治疗靶点和治疗策略，发展相关的脑疾病诊疗器械。而与信息科学和计算机科学的交叉融合，将有力促进新型类脑神经网络、人工智能新理论和算法的发展。

关键科学问题：①基于光、声、电、磁的新型神经调控干预手段研发及其在神经环路解析中的应用；②神经信息的细胞起源机制；③下一代脑机接口和神经界面理论和技术；④临床神经精神疾病的有效干预靶点和手段；⑤基于神经环路图谱的人工智能新理论和算法。

6. 认知智能

对实体物理世界和虚拟理念世界的有效表达是智能的基础，认知智能的目标就是以智能感知与认知计算为切入点和突破口，开展对自主感知和学习的基础研究，揭示生物智能行为的认知机理，建立自主感知与学习的计算理论框架，提出鲁棒高效的计算方法，启发带动人工智能其他方向的研究，为计算机视觉和新一代人工智能的发展，做出具有国际影响力的原始创新性贡献。

关键科学问题：①面向真实世界的主动视觉感知及计算；②单智能体的自主感知与学习；③群体智能的协同感知与学习；④人机协同的感知与执行一体化；⑤从虚拟环境到真实世界的迁移学习理论与方法。

三、国际合作重点方向与关键科学问题

1. 脑图谱结构与功能解析

神经系统的所有功能依赖于系统内的神经环路，因此测绘这些神经环路的结构图谱以及与特定功能相关的活动图谱是理解大脑丰富功能、诊疗大脑疾病的基础。继续推动以我国原创的先进脑图谱解析技术为主导的国际合作，充分利用国际脑图谱资源，有利于快速、高质量地提升我国脑科学领域的整体实力，在世界范围建立和扩大国际领先优势，并且运用这些技术为我国庞大的脑疾病人群的诊疗提出新的治疗靶点和治疗策略。在此过程中，我国将建立领先、全面并优先考虑我国需求的脑图谱大数据，对这些数据的分析以及对大脑结构功能的理解，也将推动与信息科学和计算机科学的交叉融合，也将有力促进新型类脑神经网络、人工智能新理论和算法的发展。

关键科学问题：①建立高精度（单细胞甚至亚细胞尺度）的大型非人灵长类动物大脑结构连接图谱；②建立大脑中枢-外周神经系统的高精度结构连接图谱；③多种认知行为相关的大脑多脑区协同功能连接图谱；④解析孤独症、抑郁症等多种脑疾病相关的结构和功能基础；⑤发展处理和分析脑结构功能图谱大数据的高效智能算法；⑥基于脑结构图谱的通用人工智能新理论和算法。

2. 高级认知功能的神经和遗传基础

人类经历了漫长的进化过程，在不断变化的外部环境中获得语言、学习、记忆、决策等重要的认知功能。从 20 世纪开始，分子生物学、基因组学、遗传学被引入研究心理过程的遗传与分子机制，研究人员不断发现遗传物质作用于认知能力的证据，例如通过对双生子的研究发现语言能力的早期发展，识别面孔、记忆的能力在很大程度上由先天决定。文化对认知能力的影响与塑造也是近年来心理学家关注的热点问题之一。多项跨文化研究发现不同文化背景的人群在注意、记忆、决策、社会认知等方面存在差异；结合神经成像技术，揭示出人类面孔种族分类加工的神经机理，并且证明大脑使用不同神经元集群表征内种族个体和外种族个体的疼痛表情。有研究者提出理论模型，阐述文化-行为-大脑环路相互作用的动态过程，说明基因与文化-行为-大脑环路的关系。心理和行为是社会化的产物，取决于特定的社会文化模式，而当代心理学的核心概念和理论在很大程度上建立在西方文化背景上。未来应加强国际合作，探讨文化、语言、种族、基因等因素对决策等高级认知功能的影响机制。有关东西方文化差异的研究成果对于理解不同文化下个体和群体行为的不同表现至关重要。

关键科学问题：①文化背景对决策等高级认知功能的影响及机制；②种族对决策等高级认知功能的影响及机制；③母语和双语对高级认知功能的影响及机制；④决策等高级认知功能的遗传基础；⑤语音交流和语言起源的神经机制和应用。

第四节　发展机制与政策建议

1. 加强人才引进与培养

相比欧美发达国家，我国目前神经科学、心理学和认知科学人才队伍的总体数量还不多，不能满足和适应国家对相关领域高层次人才的需求，因此人才队伍建设是学科发展的重要任务之一。人才队伍建设要坚持人才海外引进与国内培养相结合，培养造就一大批具有国际水平的战略科技人才、科技领军人才、青年科技人才和高水平创新团队。

2. 深度调研学科现状

从国家自然科学基金历年申请与资助情况来看，中国心理学各分支学科的发展并不平衡。在未来五年内，对心理学和认知科学做一个全方位的学科调研，深度了解各学科分支的发展现状和发展方向，为国家科技计划资助提供可靠依据。

3. 开展有中国特色的神经科学、心理学和认知科学研究

中国特色的神经科学研究将以理解脑认知功能的神经基础为主体，同时注重脑疾病的诊断与治疗，形成各种新型的医疗产业，以及发展类脑人工智能、类脑计算、脑机接口等与人工智能相关的新技术。

为更好地理解脑网络，未来可从三个层面考虑实施。在宏观层面，进一步研究各脑区电活动与脑功能的联系；在介观层面，解析神经细胞之间的连接和信息传输机制，建立跨物种的全脑结构图谱和功能图谱；在微观层面，观测和理解神经元电信号的产生、传递以及在神经网络中的处理模式。在脑疾病的防治方面，要继续建立重大脑疾病的动物模型，结合临床研究发现反映各类脑疾病的早期变化的生物标志物、研发药物和非药物干预手段。在解决国家需求方面，神经科学需要在与国家安全关联密切的，特殊环境下的脑保护与脑功能增强机制与干预技术方面，做出具有显著影响力的贡献。在未来 5～15 年，要发挥神经科学优势，积极拓展不同学科交叉和技术融合，在神经科学重大前沿问题方面取得突破性进展。

目前心理学研究的重要成果，主要是基于西方国家的被试人群。中国心理学研究正从跟踪模仿向自主创新转型，例如在文化心理学领域的跨文化研究。要回答中国人的心理学问题，需要以中国人为被试进行实证研究。同时针对中国社会的特殊场所、特殊人群和少数人群进行研究，可以有效地提高国民心理素质和维护国民心理健康，满足国家需求和服务经济社会发展，让心理学的研究成果惠及百姓。

第十一章

生理学发展战略研究

第一节　内涵与战略地位

生理学是研究生命体的生命活动现象、规律和调控的科学。生理学的研究对象包括微生物、植物、动物和人。人体生理学主要研究在生理状态下，机体内各分子、细胞、器官、系统的功能以及作为一个整体各部分之间的相互协调并与外界环境相适应的规律和机制。

生理学科的重要特点是研究尺度上空间不同层次与时间不同阶段的有机结合。以基础研究为主，服务于实际应用，在实际应用中发现问题，指导基础研究的模式，是生理学科的又一个特色。这曾经在 20 世纪两次世界大战和其后的冷战时期尽显。当时交战各方都征集了杰出的生理学家通过人体基本活动规律和机制的研究，研发提高人体环境耐受性，增强人机功效等方面的技术。如中耳功能研究与鼓膜内外压力平衡技术的研究，催生了高精度俯冲轰炸战术等。当前，随着生命科学界对细胞分子水平研究的不断深入，人均预期寿命的不断延长，人民生活水平的不断提高，生活节奏的不断加快，人类活动空间的不断扩展，生理学研究面临新的机遇和挑战，生理学战略地位的重要性正在日益凸显。

在认识机体稳态维持与稳态失衡的网络调控机制方面。随着科学研究的深入，对错综复杂生理活动的探索已经逐渐深入器官、组织、细胞甚至基因水平，获得了海量的信息。但是对于人体这样一个复杂的系统而言，不仅需要对脏器、组织、细胞、基因表达与信号通路等层次进行独立研究，更需要将各层次的研究成果进行整合。从系统论的角度，以对整体功能的最终影响为导向，将爆炸性增长的细胞分子水平的研究信息整合、分析，才能正确理解这些细胞分子水平的复杂变化在整体调节机制中的作用，为认识人体生命运行规律及调控机制提供坚实的理论基础，为应对疾病与环境危害的研究提供正确的思路。

在营养与能量代谢调控网络方面。随着人民生活的改善，代谢综合征、心血管疾病等非传染性疾病已经成为我国政府和民众关注的重大问题；迫切需要对机体代谢规律和代谢调控的研究。从能量代谢的角度认识机体的机制是生理学乃至生命科学领域的热点领域。围绕机体代谢稳态维持，从个体、组织器官、细胞和分子层面，深入系统研究糖脂代谢的时空和网络调控机制，深入揭示机体与细胞如何感应内外环境变化以调控营养代谢，糖、脂、氨基酸等代谢物质如何精确运输与转化，各组织器官如何协调互作以维持代谢稳态，生理病理过程的代谢重塑，对于深入认识糖尿病、脂肪肝等代谢性疾病和肿瘤、衰老等机体异常代谢机制有重要作用。

在人体老化的生理过程与干预研究方面。随着社会老龄化进程加快，迫切需要加强有关研究，研发系统干预手段，争取老而不衰，延长人民群众的健康工作生活年龄，减少国家、社会与个人养老的生活与经济压力。目前人们对机体衰老标志物的认识还比较有限，限制了对生理年龄和衰老干预的评估。目前正在开展新衰老基因和抗衰老基因的寻找，挖掘关键的衰老干预靶标，建立衰老相关疾病模型，并综合运用基因编辑、小分子药物或干细胞治疗等多种手段，如原位衰老细胞清除、衰老或长寿相关基因的体内原位调控、增强干细胞移植、运动处方等，建立衰老相关生理标志物和延缓衰老的干预体系。

在生物节律规律与调控机制方面。随着生活节奏的加快，工作压力的加大，昼夜连续性工作种类的增加，迫切需要深入认识生物节律的规律与调控，以提升工作效率，降低相关事故的发生。机体的生物钟系统和机体不同组织、细胞的生物钟系统之间保持良好的时间相位，维护各组织处于良好的稳态，使得机体保持良好状态。机体的主生物钟信息如何传递到各组织器官的外周生物钟，进而调控本组织器官的特定生理周期；探索昼夜倒错、衰老、疾病及环境应激条件下生物钟节律重塑的规律与机制，寻找调控手段与措施。这是一个有着广泛应用前景的研究领域。

我国幅员辽阔，又有世界屋脊的独特地理环境，高原、高寒、高热一直是国家层面传统关注的问题。现在我国又把深空、深海、深地的开发与利用作为重大国家战略，如太空站建设、登月计划。川藏铁路（雅安—林芝段）建设也面临高原等极端环境因素危害的问题。如何保障进入极端环境人员的身体健康和脑体工作能力是重大的国家需求。目前有关研究已经从现象观察、规律总结等层次到深入探讨特定的细胞、分子机制，在高原低氧、航天失重、潜水高压等细胞分子机制和干预措施研究方面达到国际一流水平。这些研究还可以依托我国大量的独特资源，吸引国际同行参与，从独特的角度发掘生命的奥秘。

还有很多亟待解决的重大社会经济问题也与生理学科的发展息息相关，这里不再一一列举。综上所述，由于生理学曾经作为医学之母的历史地位和作为生命科学各个微观学科研究成果向预防医学、药学、临床医学、环境医学、人机功效等应用学科过渡性桥梁的现实需求，生理学科的发展对国民经济和社会发展有着重要的作用。

第二节　发展趋势与发展现状

一、生理学的发展趋势

生理学是生命科学的奠基性学科之一，重大基础性突破将推动健康医学、预防医学和临床医学的发展，而健康医学、预防医学和临床医学的验证可以反过来证明重大基础性突破的意义。因此，在20世纪的100年中，只有约四分之一的诺贝尔生理学或医学奖授予疾病直接相关的研究，而有四分之三的奖项授予不同层次生命活动规律与生命本质揭示的研究，如生物节律与睡眠、衰老的端粒机制、一氧化氮等气体分子对心血管的调节作用等，也包括生命科学研究所需的创新性技术。21 世纪，基本上都是授予基础研究和技术研发的成果。2019 年的诺贝尔生理学或医学奖授予的低氧诱导因子发现及其功能调控的工作，也是从低氧环境影响机体造血功能这一基本生理学现象出发的系列研究。

随着生命科学研究的深入发展，学科不断细分，生理学作为生命科学重要的"母"学科，在发展过程中派生出病理生理、生物物理、生物化学、营养、药理、微生物和神经生物等众多的子学科。

随着后基因组时代的到来，分子生物学、分子遗传学、基因组学的快速发展，"还原论"的思想占了统治地位，也就是从宏观到微观，将一个生物体还原到各个系统、器官、细胞，一直到分子和基因。这导致生理学自身的学科特色一度弱化，学科外与学科内的专家都曾经有疑惑，"红旗到底能够打多久"。对于如何应对这种学科特色不断弱化的挑战，21 世纪初，国际生理科学联合会（IUPS）和中国生理学会（CAPS）都曾经组织过专题讨论会并提出了"生理组学"的理念。近年来，细胞、分子生物学的技术发展突飞猛进，特别是各种组学技术等的发展，使得生命科学整体上进入研究数据大爆发的时代。一方面，这种还原论为主的研究模式使人类在微观尺度认识方面有了长足的进展，另一方面，也局限了生命科学工作者的视野，出现了"小问题越做越深，大问题越做越少"的局面。整个生命科学的研究与人类健康维持和人类疾病诊治这一初衷越来越远。幸运的是，很多生理学科之外的生命科学家也开始注意到这一问题，一方面试图用生物信息学等技术在基因和蛋白分子层面挖掘海量组学数据的内在意义，绘制细胞内各种信号通路的网络；另一方面，开始呼吁重视把人体作为一个复杂工程，从系统论的角度，进行"系统""整合"的研究。Bjorn Folkow 疾呼：整合生理学是真正的未来的生物学。当今，对于生理学的正确的思维和方法论是：不仅需要分析性的研究，还必须进行整合性的研究。因此必须把还原论的思维和整体论（系统论）的思维联系并且统一起来，促进在各个不同研究水平之间的相互联系，进行"转化性研究"，把在不同水平上对生命现象的认识整合起来，才能对生物体的功能得到完整的、整体的认识，进而解决人类的健康和疾病的各种问题。国际生理科学联合会曾对生理学下了一个定义，即生理学是从分子到整体的各个水平上研究复杂的生命体的各种功能及其整合的过程；而对功能的研究则包括所有机体在进化、环境、生态和行为等各个方面。总之，在当前，生理学要突出两点，即功能和整合。

遵循事物螺旋式上升发展的必然轨迹，当前的生命科学走过学科不断细化的阶段后，又开始关注从整体的角度融合各个分支的海量知识，构建知识图谱，梳理相互关系，通过系统论的方式，以期形成对生命体新的整体认识。生理学凤凰涅槃，以其整体性、多层次、时空结合、与应用直接关联的研究特色，又开始受到国内外学界的关注，近年来取得了一系列重大突破。

不仅仅是生命科学自身发展的需求，日益广阔的应用前景也对生理学科的发展提出了需求和方向。近半个世纪，随着科学技术的进步和医学防诊治技术的发展，人类总体预期寿命不断延长。在人类社会发展方面，从以生存为主，逐渐过渡到以健康为主；在疾病谱上，由传染性疾病为主，逐渐过渡到以代谢病等非传染性疾病为主，并开始关注心理精神疾患。特别是在时间尺度上，随着人造光源、长距离跨时区飞行等情况的出现，生物节律与睡眠的问题引起高度重视；随着人类进入老龄化社会，衰老的规律与机制也是重要的议题。在空间尺度上，如何发掘人体潜能，如何应对人造组织、人造器官甚至人机融合的挑战，如何探索太空、深海、极地，挑战生命极限，拓展生存空间，更是全世界科学家、民众和各国政府高度关注的问题。

今后几年本学科领域的热点问题可能为：机体稳态维持与稳态失衡；生物节律与衰老；代谢与代谢调控；心血管、肾脏等器官（系统）的虚拟化模型与芯片器官；新的功能调控因子、受体及其信号途径；肠道菌群与其他机体腔道菌群功能；极端环境因素机体应激与适应机制等。

二、生理学的发展现状

中国近代生理学的研究自 20 世纪 20 年代才开始发展。1926 年在国际著名生理学家林可胜的倡议下，成立了中国生理学会，远早于国际生理科学联合会（1953 年成立）。1927 年创刊《中国生理学杂志》，新中国成立后，改称《生理学报》。中国生理学家在这个刊物上发表了不少很有价值的研究论文，受到国际同行的重视。我国的生理学科与国际同领域在历史上一直有非常密切的、平等的联系。在中国生理学会成立初期，诺贝尔奖获得者巴甫洛夫等著名的学者是中国生理学会的名誉会员。我国学者林可胜、蔡翘、张锡钧、吴宪、冯德培等在国际本领域也享有盛誉，如国际生理科学联合会大会有冯德培先生的纪念讲座。

我国生理学科近年来总体上取得了很大的进展，如在心血管和造血研究领域较系统地解释了心血管系统发生、重构与稳态维持的规律和调控机制，解析了体内造血干细胞发生、归巢、细胞异质性和微环境调控机制，文章在国际本领域高水平刊物上发表，进入了国际先进行列。在细胞功能的可视化诠释技术方面，开发出钙离子、自由基和新型可遗传编码的乙酰胆碱和多巴胺等多种内源性功能物质的荧光探针，具有高灵敏度、分子特异性、精确的时空分辨率和亚秒级响应速度等特点；研制出实现自由状态体内成像的微型双光子显微成像系统，在国际本领域中位于先进行列。在痛觉、痒觉与本体感觉等的感受器、新环路、新机制以及与情绪相关环路方面做出了一系列的发现，从分子、细胞、环路和中枢整合等不同层次揭示了慢性瘙痒、慢性疼痛等的产生机制与转归，在顶尖刊物发表重要研究成果，在国际本领域产生重要影响。在高原低氧损伤与遗传适应方面，在发现低氧诱导因子通路重要基因 EPAS1 和 EGLN1 是藏汉族高原适应能力差异关键基因的基础上，对其作用机制进行了阐述；提出了高原肺水肿的炎症机制假说；形成 CRF 和 CRFR1 是机体神经内分泌网络对低氧反应的关键环节的理念等，开始引领国际本领域的研究方向。在代谢与代谢调控，生物节律与衰老，肠道菌群与其他机体腔道菌群功能，心血管新的功能调控因子，非经典内分泌器官的生物活性因子，自然与环境机体应激与干预等方面也有长足的进展。

但是，目前在学科发展上还存在一些发展不均衡问题和科学技术的"卡脖子"问题：各个领域发展不平衡、学科交叉有待加强、如何进一步融合各个系统的研究成果、如何建立人体（器官）研究的新模式等；特别是如何从系统论的角度，从整体水平综合研究人体生命活动各种功能及其规律。

人体结构和功能极其复杂，各系统、器官及组织通过相互协同、配合共同组成了一个功能统一的整体。这就要求在研究人体功能活动时，既要研究人体各系统、器官、组织和细胞的生命活动现象和规律，也要研究在整体水平上各系统、器官、组织、细胞及分子间的相互联系及其协调机制。人体生理学所列的十大系统的划分仅仅是出于学习和研究的目的，并非指各系统处于独立运行的状态。从组织结构而言，全身的所有器官、组织和细胞都通过神经系统、内分泌系统、免疫系统和脉管系统实现相互联系和功能协同，而神经、内分泌、免疫和脉管系统本身又广泛存在于几乎全身所有的器官和组织中；从功能稳态调节而言，几乎每一个生命现象都需要多个系统和器官的协调才得以实现。举例而言，正常血压的维持至少需要包括神经系统、心血管系统、内分泌系统、泌尿系统、消化系统和免疫系统的参与；而正常血糖的维持则至少与消化系统、内分泌系统、泌尿系统、运动系统和神经系统的协调工作有关。因此，生理科学的研究必须运用系统和整合的理念和手段，在其各二级学科之间实现交叉，才能更好地揭示人体功能活动的机理，从而为疾病机制的阐明提供基础。

此外，因为人体生理学研究的对象是一个极其复杂的生命体，其研究的任务是人体各种生命现象的内在规律和调节机制，因此涉及几乎所有其他生命学科的研究内容，特别是与人体解剖学、组织学、细胞生物学、遗传学、生物化学、免疫学、微生物学、病理学和病理生理学等学科关系密切；由于人体功能活动极其丰富，内部和外界环境的变化极其多样，为维持内环境稳态必须实施多重及精准的调控，因此人体生理学也广泛涉及数学、物理、天文和地理等自然科学及伦理、心理和法律等社会科学。人体生理学的上述特点决定了其研究的思路和手段必须强调和其他学科及各学科高新技术的交叉融合，从而实现对人体个体及群体生命活动规律的全面认识。

在国内外科学基金的资助上，生理学科的覆盖范围都比较宽泛，一般是按照机体的各个系统划分，如心血管系统、内分泌系统、消化系统、运动系统（骨骼肌肉）、血液系统、泌尿系统、神经系统等；但是支持的重点方向也比较突出，如某个系统内功能、调控、内稳态表型维持的机制以及与其他系统的关系，机体与特定系统正常功能范围以及功能失调与疾病发生的关系，极端环境因素与机体的交互作用等。例如，自然科学基金委生命科学部以重点、重大项目连续支持了高原低氧机体损伤与适应机制相关研究，又进一步推荐到973项目延续支持，使得该领域跃升到国际前列，并在高原地区建设中发挥作用。

近年来，随着生命科学界关注点的变化和人类社会发展的需要，功能调控与代谢调控的关联，不同层次的生物节律，新的动物模型，数字化功能模拟，新的功能调控因子，衰老发生发展的机制，运动与健康，不同物种功能层面的比较研究等也日益受到重视。

生理学科设立了一个重大项目"脂代谢可塑性调控的分子与细胞机制"，"人胚生血结构及功能的单细胞尺度解析""幼年期运动裨益中老年心脏健康：'运动记忆效应'及其机制"等多项重点项目。主要集中在：机体稳态失衡中细胞器功能异常的作用及机制，营养感应在机体稳态调控中的作用及机制，生物节律对机体重要生理功能的调节机制，机体稳态调控或失衡的病理生理机制，非经典内分泌因子的功能及调控机制，机体重要组织器官稳态维持或失衡机制，机体（细胞、组织、器官等）代谢重塑与功能的分子机制，物质转运调控与机体稳态，机体结构及生理功能的稳态调控，病理生理过程中组织器官重构及分子调控等方面。

"十四五"期间，生理学科将更加重视功能与代谢的关系，更加重视生物节律与衰老的机制，更加重视环境因素应激与机体的交互作用，更加重视数字模拟等多学科交叉融合，更加重视新技术的研发和引入，更加重视基于研究优势和特色资源的平等国际合作。

第三节　重要前沿方向、新兴交叉方向和国际合作重点方向

一、重要前沿方向与关键科学问题

1. 重要组织脏器之间功能活动的网络调控及稳态维持

当代生理学的发展，已逐渐从研究单分子的作用，过渡到研究多个分子、

细胞、组织、器官和系统间不同层次的网络调控作用。随着转化医学概念的出现，需要借助系统生物学的研究理念，系统、深入研究基础生理学并应用于临床疾病的预防和治疗，力争在理论上取得重大突破。如生理和病理条件下，心、肾、肺、脑等重要组织器官功能稳态的维持和相关疾病的发生，往往涉及复杂的系统以外的组织器官参与，与中枢和外周神经、免疫系统、脂肪组织、肝脏、肠道、骨骼肌、内分泌腺等的精密调控相关。目前的研究和认识更多集中在重要组织器官功能和外界环境危险因素的交互作用，而对体内各个器官系统的对话及相互影响知之甚少。深入理解这种网络调控作用和机制，有助于全方位立体地认识整体的系统（器官）之间调控功能，实现相关重大疾病早期防治的目的。

关键科学问题：①心脏、血管、呼吸道、胃肠道、肝脏、胰腺、骨骼肌、脂肪和胎盘等组织器官之间维持重要功能的相互调控机制；②血液系统，特别是血液中血小板及凝血系统激活与心脑血管稳态之间的相互作用；③不同外环境引起组织器官之间相互调控作用以及形态和机能重构机制；④机体重要组织器官经典功能之外新的调控机制；⑤肠道微生物群落的组成、分布、生理生化特征以及对宿主基本生理功能的可能影响。

2. 重要组织器官内细胞之间的相互作用及微环境稳态调节

在加强传统的器官系统生理学研究的同时，必须注重细胞分子生理学的研究，加强对分子、细胞、组织、器官和系统的多层次的整合生理学（系统生理学）研究，促进整合生理学与传统生理学和微观生理学的交叉和融合。生理和病理条件下，重要组织器官细胞内的细胞通过特定的感受器和效应器，与微环境交互作用，产生适应性改变或病理性重塑，维持稳态或走向病理性重构，启动相关疾病的发生发展。近年来单细胞测序等技术的发展，提示以往认为的同一类型细胞之间也存在很大的差异，可能有新的亚类，新的功能。系统揭示这些细胞的异质性，揭示相应细胞的感受器、效应器及对微环境的特定反应，是细胞生理学的重要科学问题，也是相关新药研发的重要靶点。

关键科学问题：①心血管、呼吸道、胃肠道、肝脏、胰腺、骨骼肌、脂肪和胎盘等重要组织器官内不同类型细胞之间相互作用维持该组织器官微环境稳态及其生理功能的机制及网络调控新模式；②应用单细胞测序等技术对重要组织器官内细胞类型的精细分析；③血液系统中细胞/分子图谱、功能特征、异质性起源与稳态维持的内在调控机制与微环境调控机制；④肺干细胞与胎肺发育、肺上皮与肺间质相互作用的机制，肺内抗损伤机制与肺重塑；⑤心血管自身微环境调控网络及心血管重构的病理生理基础与平衡到失衡的关键节点。

3. 衰老过程的调节机制与干预

日趋严重的人口老龄化及其伴随的老年病和慢性病高发的人口健康问题已成为全球关注的焦点。衰老增加了老年群体罹患癌症、糖尿病、心脑血管疾病和神经退行性疾病等衰老相关疾病的风险。鉴于衰老带来的诸多人类疾病问题，实现健康老龄化及衰老相关疾病的预防和诊疗，已经成为一个亟待解决的重要社会问题和科学问题，成为国际生命医学领域研究的热点和各国战略布局的重点。然而，目前人们对机体衰老标志物的认识还比较有限，限制了对生理年龄和衰老干预的评估。此外，人们对人类衰老调节蛋白及其编码基因的认识还较为有限。近几年随着单细胞技术（如单细胞基因组，单细胞转录组，单细胞表观转录组）的日趋发展和成熟，通过结合非人灵长类动物自然衰老模型，将有望拓展人们对机体衰老的标志物的认识。与此同时，结合人类干细胞衰老模型以及基于CRISPR-Cas9的高通量基因敲除或激活筛选，将有望在基因组范围内发现一系列新型的衰老基因和抗衰老基因，挖掘关键的衰老干预靶标。

关键科学问题：①人体与模式动物的生理性衰老相关分子标志物的发现；②不同器官的衰老速度和衰老程度的评价指标；③衰老基因和抗衰老基因的解析及其对衰老的调节模式；④脊椎动物衰老模型/老年化相关类器官模型的建立、分子机制及其在评价衰老干预相关小分子药物、（干）细胞治疗产品和基因治疗产品中的应用；⑤配子对子代印迹作用等生命早期事件对成年和老年环境适应性反应的分子机制。

4. 代谢重塑对机体功能稳态的调控作用与机制

从能量代谢的角度认识机体稳态维持与稳态失衡的机制是生理学乃至生命科学领域的热点。随着多组学、基因编辑、单分子技术以及相关科学技术的飞速发展，营养代谢研究也正在发生着深刻变革，众多代谢领域研究正在从分子水平向网络互作集成、从认识分子作用机制向设计构建新生物体系、从单器官到组织间应答协调、从基础研究向应用转化等方面纵深质变发展。内分泌是组织器官间信息交流的重要方式，也是调控代谢稳态平衡的重要方式。近年来，新发现的具有内分泌功能和代谢调节功能的因子越来越多。这些新的内分泌因子和传统的内分泌激素构成一个复杂的调控网络，对机体的代谢产生精细的调控作用。

关键科学问题：①营养物质与能量代谢的时空感应机制；②组织器官间的代谢信息交流与网络调控；③糖、脂、氨基酸等代谢物的产生、运输、转化调控与病理过程的代谢重塑；④新型代谢通路、代谢酶和代谢机制的发现和机制研究；⑤代谢重塑与机体内分泌功能调节的交互作用。

5. 极端环境因素的健康危害与机体适应机制

极端环境因素对机体的影响是生物进化重要的原动力和重大的基础科学问题；随着我国深空、深海、极地国家战略布局以及青藏高原科考与重大工程建设的展开，研究机体对极端环境因素的适应机制不仅有科学意义，而且有重大的应用前景。经典的极端环境概念主要指超过机体正常承受能力的低氧、失重或超重、高低温、高压、振动和噪声等，近年来开始关注深地、舱室等幽闭环境的影响。有关研究已经从现象观察、规律总结等层次发展到深入探讨特定的细胞、分子机制。我国有幅员辽阔的高原地区和特有的高原世居人群与高原动物等研究极端环境因素健康危害与机体适应机制的独特资源。在"十四五"期间，将以国家重大需求为导向，以关键科学问题为突破口，发挥特色资源优势，积极开展学科交叉，不仅要发表高水平文章，还要努力形成有国际影响力的理论（假说），同时争取服务于国民经济建设。

关键科学问题：①复合环境因素对机体生理功能的影响规律与机制；②特殊群体或个体对极端环境因素抗性的遗传学和生理学研究；③极端环境下机体生理变化与代谢组、表观遗传组、宏基因组等组学变化关系；④不同系统之间的相互作用对机体适应极端环境的调控；⑤深地、舱室等幽闭环境健康危害的规律与对策；⑥大气污染（大气细颗粒物等）慢性暴露对机体重要生理功能和形态的影响及机制。

6. 生物钟重塑对生理及行为的影响与机制

机体的生物钟系统和发育、代谢、生理及各种行为之间存在紧密的系统偶联，使得机体在一天24小时中保持优化的状态。同时，机体的不同组织之间保持良好的时间相位，维护各组织处于良好的稳态。因此这是一个等级管理系统，从输入系统、振荡系统到输出系统。而理解这个管理系统，需要从基因组水平到细胞、组织水平，并且解决组织与组织的偶联机制。在分子生物学层面，生物钟的振荡性周期信号如何传递到下游通路，进而调控各种生理和行为；在器官层面，各个器官的时间同步化；在个体层面，主生物钟如何传递到各组织器官的外周生物钟，进而调控本组织器官的特定生理表型。在病理、衰老及环境应激条件下，生物钟的重塑同样能够在分子、细胞、组织及个体层面极大影响我们的生理功能。因此生物钟在维持生理稳态及稳态破坏下的调控作用是未来的重要研究方向。

关键科学问题：①组织内生物钟的同步化机制与组织之间生物钟时相；②影响生物钟输出的关键分子及信号通路；③病理、衰老、应激等状态下生物钟的稳态与重塑机制；④中国不同人群生物节律参数标准范围；⑤生物节律参数在优化临床用药方案中的作用。

7. 运动的健康效应调控机制与应用

运动作为一种外界应激因素，通过打破机体现有内环境稳态，诱导一系列分子水平、细胞水平、器官水平和整体水平等重构使机体达到新的平衡。骨骼肌是运动的直接应答器官，事实上适量规律性运动除了调控收缩器官（骨骼肌）结构和功能重塑，对心血管系统、神经系统等几乎所有的器官系统均有显著的健康促进效应。既往研究主要集中于运动对单一器官系统生理功能的影响及调节机制，忽视了机体作为整体应答运动时各系统间的交互调控和协同效应。研究发现，骨骼肌收缩时可产生一系列"运动因子"，并以自分泌和内分泌的方式释放，调控远隔器官。此外，心脏、肝脏、脂肪组织等非经典内分泌器官组织亦可通过释放类激素物质与远隔器官发生关联。

关键科学问题：①运动诱导重要器官结构/功能重塑的生理意义及调控机制；②运动应答（适应）中细胞器间的相互调节机制；③骨骼肌以及其他器官调控各远隔器官的特异性"运动因子"的筛选与鉴定；④运动应答（适

应）中非经典内分泌器官间的交互调节机制；⑤建立我国人群特异性运动健康相关分子传感器和个性化运动处方数据库；⑥探索评估运动健康效应的新型分子标志物。

8. 组织器官之间的屏障与物质转运

血胎屏障、血脑屏障、血睾屏障、血眼屏障、血肠屏障等体内生理屏障不但是保护大脑、胎儿、眼球等特定目标的天然生理屏障，同时也是选择性精准调控机体各系统、器官、组织之间交互作用的重要环节；在应用上，也是治疗相关疾病的一大障碍，使大分子药物难以进入目标中发挥疗效。胎盘是妊娠期间的特殊器官，是母体与胎儿之间物质交换的重要通道和妊娠期重要的内分泌器官。妊娠相关疾病发生发展以及胎儿发育异常不仅与胎盘有关也与母体适应性反应异常有关。然而本领域对母体各个器官与胎儿交互对话的分子机制及血胎屏障的调控作用所知甚少，亟待深入系统研究。近来利用石墨烯复合纳米材料或超声波等技术手段解析血脑屏障等体内生理屏障运输新机制的研究取得了初步进展。诸如超高分辨电镜、荧光分子探针示踪、病毒转染技术、靶向多肽设计、新型纳米材料等方面的新拓展，使得我们进一步研究血脑屏障等体内生理屏障的微观结构特性、生理特性规律和动态变化情况变得更为便利。

关键科学问题：①胎盘滋养层细胞命运决定和细胞亚型谱系分化的调控机制及其与妊娠结局的关系；②妊娠期间胎盘和胎儿引起母体重要器官产生适应性反应的重要分子与血胎屏障的调控；③使用新的成像技术和分子生物学手段解析跨血脑屏障等体内生理屏障运输的新机制；④解析血脑屏障等体内生理屏障的细胞组分特性、电生理特性、化学特性；⑤影响各种转运体功能的发育、遗传、代谢及环境因素及具体机制。

9. 脊椎动物重要生理过程的适应性调控机制

从无脊椎动物发展到脊椎动物是动物进化史上的革命性事件。由于脊椎对动物体的支撑和运动协调作用，大型动物成为可能。动物的大型化对信息处理、能量供应的需求直接促进了神经、循环、代谢等重要生理过程及其调节机制的进化，最终产生了能够认识世界、改造世界的人类。因此，对不同进化阶段脊椎动物生理功能及其调控机制的深入认识，不仅对认识动物进化的基本机制和发展规律有重大理论意义，也将为解决医学、农牧渔业的关键问题提供思路。这些研究将揭示脊椎动物重要生理功能进化和适应的基本规律，发现和鉴定新的实验动物和资源动物模型，为解决医学、航天、潜水、畜牧、水产、可持续发展等领域相关问题提供理论基础。

关键科学问题：①脊椎动物神经、循环或代谢等重要生理功能的多样性及其调控的系统进化；②寒冷、炎热、高原、深水等环境中脊椎动物生理功能适应性的分子机制；③野生脊椎动物神经、循环、代谢、内分泌等系统的功能基因组和比较基因组研究；④野生脊椎动物对抗有害和致病因素的生理调控机制；⑤重要野生脊椎动物的生理功能调控与区域生态环境可持续发展的关系；⑥配子对子代印迹作用改变其成年后对环境适应性反应的分子机制。

10. 功能稳态与应激状态的神经-体液-免疫相互调节

在机体功能稳态与内外环境应激状态下维持的整体调节网络中，神经-体液-免疫起到了关键的作用。以往的研究主要关注应激相关的神经-内分泌-肾上腺激素轴的自上而下的调控，而对神经-体液-免疫三者之间的交互调节作用关注较少。当前，神经细胞与免疫共用的信号分子受体，外周免疫细胞（因子）在脑功能稳态中的作用，体液信号中非经典内分泌器官、胞外体等新的信号形式和新的内分泌因子、炎症因子与功能稳态的关系，应激等因素导致重要器官慢性炎症及其向慢性疾病的转归等成为国际生理学研究中悬而未决的前沿热点问题。肺脏、肾脏、肝脏、心脏等由于独特的解剖结构，易于遭受血源性因子攻击，引起慢性炎症损伤并导致器官纤维化。肠道中大肠杆菌等是机体天然的内毒素蓄积库，其调控机制、作用规律及其对于神经-体液-免疫网络的作用也需要深入研究。

关键科学问题：①分离和鉴定非经典内分泌器官的新的内分泌因子对自身和远隔器官功能调节及其在机体内稳态平衡中的意义；②慢性应激对机体生理功能稳态、免疫功能和机体能量代谢的影响及其机制；③神经-体液-免疫网络在肺、肾、肝、心等器官慢性炎症导致器官纤维化中的作用；④神经-体液-免疫对消化道内各种细胞（细菌）相互关系网络的调控与机制。

11. 生理学研究的新模型和新技术

制约生理学研究发展的瓶颈问题之一是新模型和新技术的匮乏。急需引入新的模式生物，建立新的功能解析模型，引入多种生理活性物质的组学技术和新的分析技术。利用以往生理学研究积累的资料和人工智能技术，建立生理学知识图谱，发展整合生理学与生理组学，提炼新的规律，形成新的假说并加以验证，是今后的重要发展方向。有关研究涉及领域多，实现难度大，但其应用前景和价值是不可估量的。

关键科学问题：①整合生理学模式生物和细胞模型的建立和研究，从基因调控、电生理等角度探讨比较模式动物、细胞模型与生理稳态调控的关系；②采用高通量、高灵敏度、高重复性的脂质组学、糖组学、RNA 组学和代谢组学等分析技术，以及系统生物信息学分析技术研究机体网络与生理功能的关系；③通过研究胚胎发育过程中干细胞的谱系发生、发展及命运转归，深入阐明其具体调控机制及关键信号分子，实现模拟胚胎发育过程的体外类器官的重建；④新的分子成像和影像技术对活体精细结构和功能的无创、零干扰研究。

二、新兴交叉方向与关键科学问题

1. 高精度数字人体构建及关键技术探索

基于标本断面数据的数字人体可以通过计算机重建技术真实地展现人体内部器官、组织的结构、位置、毗邻和色彩，是任何医学影像技术都无法比拟和替代的，是识别现代医学图像和开展疾病数字诊疗的基础。囿于技术条件，目前的人体断面数据集和三维数字人体难以清晰展示细微解剖结构，如组织层次、筋膜延续、器官内部管道构筑、精细脑结构和淋巴系统等，不能满足识别超高场强磁共振图像和开展微创外科手术、数字外科手术及机器人手术的需要。因此，利用高精度切削、大数据处理、虚拟增强现实与人工智能等技术，在器官与组织层面上创建高精度数字人体并探索关键新技术是当今亟待解决的科学问题。

关键科学问题：①在巨微解剖水平，研发适用于器官和局部组织的小型人体冷冻切削系统，以获取高精度数字人体断面数据；②利用多模态、多尺度数据建立数字化人脑图谱，更精确地探索人脑的结构和功能；③探索可以在物理性能上替代人体组织的生物医学材料，以 3D 打印技术复原数字人体，以解决在实体模型上解剖学习和手术模拟问题；④以深度学习和人工智能技术研发可用于人体解剖学教学、科研和临床实践的解剖学机器人。

2. 组织细胞的精细结构三维重建

随着科技的进步，3D打印和人工组织器官的重建为临床许多疾病的治疗提供了新的手段。尽管目前对于组织器官的一般构造和组成已经比较清楚，但对于精细结构，细胞间物质以及各种成分的比例构成仍不明了，严重阻碍了人工脏器和3D打印器官的推进。因此，开展人体组织器官结构精细成分构成和分布的研究，有望解决该科学问题。明确正常组织器官、不同生理状态的改变以及相关疾病的变化，将为组织工程和生物技术的研发提供必要基础。在体外或动物体内制造出具有功能性的器官或组织用于临床移植替代治疗是再生医学的终极目标，同时也为人体生理及病理机制的研究及新药研发提供了理想工具。近年来伴随干细胞技术、生物材料以及微纳加工技术的迅猛发展，采用多学科交叉技术来实现人体生命器官的体外再建已成为国际再生医学研究领域的新策略，且其研究的核心已经由初期的全器官再建研究逐渐转变为功能性微器官/微组织的构建与转化应用研究。研究上述生物学过程的基本原理，突破相应的技术壁垒，是实现器官重建与制造的前提。目前，该领域已经成为国际生理学、发育生物学，以及再生医学的重要前沿。

关键科学问题：①研究胚胎发育过程中干细胞的谱系发生、发展及命运转归，深入阐明其具体调控机制及关键信号分子，实现干细胞的高效定向诱导分化；②建立成熟稳定的人体多种组织类器官的分离培养及表征技术平台，探索规模化扩增技术并建立质量控制体系，阐明类器官的体内外诱导分化调控作用规律，建立基于类器官体系的相关疾病模型及药筛评价模型，为疾病机制探讨及新药研发提供新体系；③明确人体器官组织的体内原位再生潜能与机制，揭示病理损伤性微环境基本特征，采用功能性组织工程材料支架结合干细胞技术原位诱导组织再生修复，研究病理性微环境–材料–细胞相互作用规律，揭示原位再生修复的分子机制，为促进组织原位再生修复提供新策略。

3. 生物信号处理过程中的量子物理机制与神经调控

生物信号的发生和转导等生理过程依赖膜离子通道和其他功能蛋白的参与。原子间通过化学键相互作用形成三维的蛋白分子结构，蛋白分子的磷酸化修饰等过程改变了化学键的作用，从而影响到蛋白的三维构象及其介导的生理功能。例如，在磷酸激酶的作用下，电压门控离子通道可改变其门控特性，影响细胞的兴奋性和生物信号的发生和转导。长期以来，人们对原子间的化学键量子特性了解非常有限，对其如何介导分子功能更是知之甚少。但是，通过分子模拟和实验结合的方式，可以探讨其深层物理机制，并为生物信号产生和调节提供新的解释和新方法。因为化学键的振动频率非常高，能量非常弱，基于相干原理探索相似能级的电磁波干预手段在理论上是可行的，有望发展出新型的神经调控技术。

关键科学问题：①蛋白分子受到细胞内物质修饰过程中的能量传递机制；②神经信号相关蛋白的特定化学键及固有振动频率；③太赫兹等电磁信号在神经系统中的存在及在信息处理过程中的作用；④外加与化学键相似能级的电磁波对功能蛋白分子的调控及其机制；⑤神经调控的环路、核团、细胞与分子靶点。

三、国际合作重点方向与关键科学问题

1. 内分泌因子调控机体代谢稳态的新机制

过多营养的摄入、超负荷的工作与生活压力以及不规律的生活方式是导致现代社会代谢病剧烈增多的重要因素。内分泌作为不同组织器官间信息交流的重要方式，调节器官自身乃至全身的糖脂代谢稳态平衡。发现并揭示内分泌因子在代谢中新的功能及调控机制，并进一步阐明内分泌因子在代谢稳态/失稳态中的作用机制，势必为肥胖、2型糖尿病、脂肪肝等疾病的干预和治疗提供新的靶点。

关键科学问题：①内分泌因子（包括痕量蛋白和代谢产物等）的鉴定和动态检测；②分泌因子感受代谢或应激分泌的调控机制；③新的内分泌因子在主要代谢器官（肝脏、肌肉、脂肪、脑等）调控机体代谢稳态（如糖代谢、脂代谢等）中的分子机制；④已知内分泌因子在主要代谢器官（肝脏、肌肉、脂肪、脑等）调控机体代谢稳态（如糖代谢、脂代谢等）中的新机制；⑤内分泌调控紊乱在代谢失稳态中的机制及作用。

2. 运动生理学基础与转化研究

美国运动医学会（ACSM）是专业的运动医学行业协会，"exercise is medicine"（运动是良药）是 ACSM 的核心理念并越来越得到世界广泛的认同。通过其遍及全球的多元性和专业性研究，ACSM 被认为是运动医学、体适能训练、运动损伤与康复、特殊人群训练、健康关爱等领域的权威。ACSM 年会的主题报告成为全世界运动生理学和运动医学研究的风向标。近年来，ACSM 连续以整合运动生理学和转化运动医学作为年会主题；在美国 NIH 资助下开始了"人体活动的分子传感器"研究计划。我国运动生理学界应建立与 ACSM 的稳定联系，通过设立国际合作项目等方式，引进先进技术和研究理念，整体推动我国运动生理学基础研究和应用转化水平。

关键科学问题：①建立运动相关模式动物研究平台；②建立运动相关单细胞研究平台；③开展人体活动分子传感器合作研究。

3. 高原民族与平原特殊个体低氧耐受的生理学和遗传学基础

我国有青藏高原和帕米尔高原，居住着藏族等多个高原民族。他们通过长期的环境压力筛选，具备了独特的适应高原低氧环境的能力。平原人群中也存在少数对低氧天生耐受的个体，急进高原时可以快速习服。以往有关藏族低氧适应基因 EPAS1，EGLN1 等的发现使得我国在这一研究领域引领国际，但是这些基因只能部分解释藏族较少患高原红细胞增多症的机制，对于高原肺动脉高压，特别是急进高原时肺水肿、脑水肿等急性高原病的遗传学和生理学机制依然需要深入研究。这些方面也是我国生理学领域与国际合作的传统领域之一。

关键科学问题：①高原民族与平原民族低氧适应性的生理与遗传学机制；②同一民族高海拔世居人群和低海拔世居人群生理与遗传学机制；③平原人群中低氧耐受个体的生理、遗传学机制。

4. 肠道菌群与脑通过脑-肠轴双向调控的机制

肠道菌群与脑通过自主神经、免疫系统、下丘脑-垂体-肾上腺轴等途径和介质进行双向交流，脑肠轴参与多种神经及肠道系统基本生理功能，在维持机体内稳态中起重要作用。阐明肠道微生物菌群通过脑-肠轴调控机体功能和行为及其潜在机制，势必为神经及肠道系统相关疾病的干预和治疗提供新的靶点。

关键科学问题：①肠道微生物群通过脑-肠轴调控行为和基本生理功能；②脑肠轴研究新手段如无菌动物、抗生素、粪菌移植等；③环境、饮食、遗传、压力等因素影响菌群-脑-肠轴的机制；④脑肠轴参与多种神经及肠道系统相关疾病的机制。

5. 中医诊断数字化

传统的中医诊断信息主要是利用感觉器官获得的，诊断信息的表达具有综合性和模糊性。然而，利用信息技术获取的数字化中医诊断信息可以准确地表达出来。信息技术支持中医诊疗，可以弥补某些现代医学实践的不足。因此，发展多信息融合、多物理属性集成的四诊合参的中医诊疗设备，可实现中医诊断信息的快速获取、量化和存储，依据中医理论提供精准诊断和治疗或干预措施的信息。主要与日本、韩国合作。

关键科学问题：①基于图像识别深度学习的望诊技术；②基于嗅觉、味觉与听觉传感器的闻诊技术；③基于古典与现代临床辨证，界面友好的问诊技术；④基于濒湖脉学 28 脉和动态力学传感器的切诊技术。

第四节　发展机制与政策建议

1. 加强生理学科内各研究领域间的研究整合，鼓励学科交叉

用系统的研究理念和整体的研究方法，通过整合学科内各研究领域的研究成果，才能准确地理解人体所有生命活动的运行及调控机制，掌握人体在复杂内外环境下健康运行的规律。

2. 设置学科领域跟踪课题

可以参照美英的"地平线扫描"计划模式和 2035 学科发展战略研究课题的形式，设置 5 年期为一个阶段的学科领域发展情况追踪与新兴方向评估的

软课题，每年提交全球本学科发展评估报告，及时掌握学科领域的发展动向。

3. 加大学科（领域）交叉研讨会的投入和组织力度

鼓励由学会（分会）或一线科学家组织跨系统、跨领域、跨学科的小型研讨会，开展头脑风暴的跨界交流。特别鼓励召开青年科学家跨界交流会。具体形式不限。

4. 设置科学大设施联合课题

按照国家 / 部门 / 地方联合课题的模式，设立科学大设施联合课题，支持利用科学大设施开展的工作，提高使用效率。

5. 实行人才分类管理和分类评价改革

注重对本领域一流工作的评价，对不同类型创新性成果应该根据在公共杂志和在生理学相关领域的一流杂志上的文章发表情况，系列工作及其完整性，定性和定量相结合，评价对本领域未来发展的科学价值；发现有学术水平和影响力的生理学工作者，还要注意从事应用生理研究、整合生理学技术开发与推广的人员。注重技术创新对生理相关领域解决科学问题的长远推动作用，甚至对产业发展的推动作用。

第十二章

生物物理与生物化学发展战略研究

第一节　内涵与战略地位

生物物理与生物化学是利用物理和化学的原理和方法来研究生命现象的科学，旨在从分子水平认识生命体的组成、结构，功能、物质转换、能量和信息的传递转换等方面的规律，即生命现象的本质。具体而言，生物物理是一门应用物理学的概念和方法研究生物分子结构、功能、相互作用和相互转换的微观生物学科，是物理学和生物学相结合而产生的一门交叉学科；生物化学是研究生命现象及人类健康的基础学科，利用化学的理论和方法作为主要手段，关注生物体的化学组成、各组分结构和性质及其在生命过程中的转化规律，其研究领域涉及对生物组分的鉴定和定性定量检测、结构和功能、合成和降解、活性调节以及相关的能量转换等等。生物物理与生物化学分析的是生命现象的本质规律，是现代生命科学的基础学科。

生物物理与生物化学在最近十几年取得了飞速发展，相关成果数次获得诺贝尔奖，包括 2008 年绿色荧光蛋白的发现和发展、2009 年的核糖体结构和功能研究、2012 年的 G 蛋白偶联受体研究、2014 年的超分辨率荧光成像技术、

2017 年的冷冻电子显微镜技术、2018 年酶的定向演化和多肽及抗体的噬菌体呈现技术和 2018 年单分子操纵的光镊技术等。生物物理的发展使得人类能够更加清晰地了解生物的微观世界，并利用和改造它们，最终服务于人类；生物化学则通过在分子水平提供认识生命现象的理论和实验手段，推动了我们对生命的本质与规律的认识，也带动了医学、农业等的分子革命。

总之，生物物理和生物化学的理论和方法已经渗透到了生命科学的几乎所有学科领域。该学科的发展促进了物理学、化学和生物学以及相关其他学科，如计算机、数学、材料、工程等的交叉融合，为相关学科提出了大量极富挑战的新课题，同时又推动生物学整体向前发展。

第二节 发展趋势与发展现状

一、生物物理与生物化学的发展趋势

虽然利用物理学概念和方法研究生命现象可追溯到 17 世纪，生物物理学比较系统的建立则是在 20 世纪物理学理论和实验技术取得突破性进展之后。20 世纪，X 射线晶体衍射分析对核酸和蛋白质的空间结构研究开创了分子生物学的新纪元，将生命现象及其规律的研究推进到分子水平，并逐渐扩大到细胞、组织和器官等层次，成为微观生物物理发展的主干。应用非平衡态热力学和非线性科学，从宏观角度研究生命现象，成为宏观生物物理学发展的主干。除此之外，各种生物学实验的研究更离不开衍射、光谱、波谱、动力学、显微成像及图像分析处理等物理技术的不断开发和应用。正是在这样的背景下，从 20 世纪 50 年代起，生物物理学迅速发展成为一门具有鲜明特色的独立学科。经过过去半个多世纪的发展，生物物理学已成长为一门新兴的、包含多方面内容的交叉学科。随着物理、化学、计算机及工程学科与生命科学的大交叉以及生命科学内部各学科的小交叉，未来十几年生物物理学将迎来更大和更快的发展，学科本身的发展规律与发展态势使其研究内容几乎涉及生命科学的所有基本问题。

生物化学发源于对生命形成和生命存续的化学本质的研究。早期地球通过简单的生化反应产生了生命，后续的各种生命形态通过复杂的生化反应完成生命对外界的感知、与外界的物质信号交换，以及生命自身的进化。生物化学是生命科学领域的古老学科，长期的研究已经累积了数以千计的生化反应过程和数以万计的代谢物。近年来，以检测技术为主的研究手段的发展使越来越多的生化反应通路和代谢物得以发现，相关领域的深入研究极大地推动了生命科学研究的进步。比如，cGAS-STING 通路中新生化反应和新代谢物的发现就极大地推动了免疫学研究的深入。

长期以来，每次新的物理学、化学理论和方法的出现及在生命科学中的应用都会导致对生命现象更加深刻的理解和革命性的发现。比如冷冻电镜极大地促进了我们对生物大分子的结构和功能的理解，而超分辨率显微镜则让我们更准确地认识复杂生物学过程。所以，生物物理与生物化学的一个重要发展方向就是新技术（如冷冻电镜技术、X 射线晶体衍射技术、核磁共振技术、单分子生物物理技术、生物医学成像技术、测序技术等）的发展和应用。同时，随着研究手段的进步，海量数据的科学处理和分析也是一个重要的研究方向。

过去十多年来，尽管冷冻电镜、X 射线衍射、核磁共振、生物医学成像、单分子生物物理、测序等技术手段一直在进步和改善，但仍存在很大的进一步发展空间和发展需求。如冷冻电镜技术的发展具有学科高度交叉的特点，生命科学研究以及制药等领域迫切需要冷冻电镜技术的进一步发展，提升和扩大重构分辨率以及适用范围；X 射线衍射技术需要继续提升技术方法的能力，具体包括：更高性能 X 射线衍射仪的制造，新一代同步辐射加速器的建设，新型同步辐射光束线站的建设，高质量探测器的研制，自动控制软件、数据处理软件算法的改进与研究，结构数据库技术的研究等；核磁共振领域当前的核心发展趋势是以核磁共振方法为核心，结合其他生物物理方法，实现对这些常规方法难以测量的瞬态构象的研究；单分子生物物理技术在多种物理学手段的应用和改进，尤其是在健康医疗等领域的应用方面稳步迈进；生物医学成像技术的一个重要发展趋势是如何实现清醒、在体成像并同时获得足够高的时间和空间分辨率；测序技术已经成为生命科学和医学应用中的基础支撑技术，并得到越来越多的应用，但这一基础数据获取工具还需要在研究效率和研究对象方面有新的革新和进步，带来更重要的发现，催生更重要的应用。更进一步，以上多种生物物理技术手段的整合正在成为现代生物物理学研究的主要趋势，从而实现对生物学特征进行多尺度、多参数联合的观察研究，在宏观与微观尺度上综合分析揭示生命的本质规律。

基于质谱和核磁共振技术的代谢组学在生物化学研究中的应用推动了生物化学技术的革新。然而，对单细胞代谢物和代谢组学的痕量检测，以及对生化反应的活体实时检测则需要检测原理的完全创新。国际上已经开始出现基于晶格不完整性的激光衍射的痕量检测新原理，活体代谢物示踪等新代谢物检测原理理论的突破和方法的逐步建立，为生命生化反应的实时检测提供了可能。对这些全新检测原理、检测技术的完善将促进生物化学研究的跨越。

总结来说，生物物理与生物化学的发展规律和态势体现为：从分子水平的研究逐渐深入细胞、组织和器官，从单一到整合各学科的不同技术、从不同的时空角度研究生命现象的分子机制。

二、生物物理与生物化学的发展现状

我国生物物理与生物化学在最近十几年取得了长足的进步，凝聚了一大批国际一流的科研人员，瞄准本学科的前沿问题，积极开展富有原创性的科学研究，在激烈的国际竞争中已经取得了相当大的影响力。我国科学家在冷冻电镜技术、生物成像技术、单细胞测序技术、新生物化学反应和新代谢物研究等方面取得了显著突破：如冷冻电镜技术方法的革新和应用，特别是在超大生物分子复合体和膜蛋白的结构与功能解析方面取得若干世界级的研究成果；超高分辨率成像技术突破了光学成像中的衍射极限，使得生物学家能够从分子层面解析生物结构和过程；单细胞测序技术极大地促进了基因组学领域，尤其是我国研究人员开发的一种新型的单细胞全基因组线性扩增的方法——LIANTI，使得基因组覆盖率可达到97%，从而能够更有效、精准地检测出更多疾病突变；新生物化学反应和新代谢物的发现推动了生物化学和生物医学的进步，对代谢物功能的重新认识推动了生物化学研究进入更高层次。新的技术方法的进步又促进了生命科学问题的研究中更多的突破，如：RNA剪切体系列结构的揭示、光合作用捕光复合体系列结构的解析、线粒体呼吸链复合体系列结构的研究、G蛋白偶联受体家族及其与上下游配体的相互作用研究等，使得在分子水平上对生命现象的认识得以进一步深化。另外，生物物理和生物化学方面的国际权威学术会议陆续选择在中国召开，标志着我国在该学科领域的研究已经融入国际主流，成为国际上不容忽视的重要基地。

从学科领域分布来看，我国在生物物理与生物化学领域的研究涉及了本学科前沿热点的各个方面，但仍需大力加强。冷冻电镜方面，我国具有很强的结构生物学队伍，在冷冻电镜技术的应用上，目前处于世界前列。但是冷冻电镜的方法学研究相对不足，主流技术与硬件均主要在国外发展，我国需要大力支持原位结构解析技术以及突破冷冻电镜瓶颈问题的新技术发展，大力加强对具有原创性的硬件研发工作的支持力度，使国产硬件在冷冻电镜领域占有一席之地。X射线晶体衍射方面，我国建设了很多基础设施，如北京同步辐射生物大分子光束线站等。但国产X射线衍射仪由于测量精度原因只能作为教学仪器使用；同步辐射装置的很多基本关键设备也需要进口；在数据处理的软件方面，也基本都使用英美软件包。我们需要研发属于自己的科学研究用X射线衍射相关设备和装置，供国人自己使用。核磁共振方面，我国在生物大分子核磁共振领域已经形成了以北京、上海、武汉、合肥等地为核心的研究群体，在核酸的动态结构研究方面也具有优势，但国内目前该领域方向比较薄弱，需要加强资助和研究。单分子生物物理方面，我国已经取得了一大批国际一流的研究成果，未来还需要在一些重点领域包括生物单分子定位和结构解析、单分子动态功能、多分子组装体的结构和功能等方向加强支持。生物医学成像方面，我国在这方面的发展已展现出星火燎原之势，但与国际先进水平仍存在明显差距，特别是大多数科研院所在生物医学成像技术方面重应用，轻研发，严重依赖进口设备。我们需要大力加强高端生物成像设备和核心部件的研发以及相关专业人才的培养。测序方面，上游的测序原理、化学组分、主要耗材、关键部件、高端设备，目前基本上被国外（主要是美国）产品所占据。我们需要调整重点，开始重视和测序信息获取相关的生物物理及生物化学过程、问题、技术的研究，从源头夯实我国在这一关键领域的基础。生物大分子的动态修饰和质量控制方面，比如蛋白质的翻译后修饰和核酸的化学修饰等需要加强研究。糖的结构生物学及其研究方面，糖的生物化学研究远远落后于蛋白质和核酸的研究，已经成为现代生命科学领域的一大挑战，特别是糖的结构生物学及其功能研究亟待加强；非编码 RNA 的表达调控与功能研究方面，尚有大量非编码 RNA 及其作用机理有待发掘与鉴定，目前国际国内的差距不大，如果我国能够抓住这个战略机遇，可望争取国际领先优势。

综上所述，我国在生物物理和生物化学方面已经有一些优势方向在国际上具有一定的影响力，但在这些优势方向的新技术新方法的研发以及相关国产设备、装置和配件研发生产等方面还需要加强。同时，该学科也存在一些薄弱之处，例如：在生物大分子的计算结构生物学和蛋白质的从头设计方面，我国的研究力量比较薄弱；在自由电子 X 射线激光衍射方面的设施与研究团队都很缺乏；在核磁共振方面，我国虽然在核酸的动态结构研究方面具有优势，但国内目前整体核磁共振领域方向的研究投入比较薄弱。

学科交叉是本学科的特征。本学科中方法技术的发展主要依赖于从事物理学、化学和工程科学的科研人员。这些特征决定了该学科的发展布局。传统的研究方向仍然需要保持均衡发展。同时，本学科也必须及时调整重点研究方向。未来需要重点布局的领域方向包括冷冻电镜、X 射线衍射、核磁共振、单分子生物物理、生物医学成像、测序、生物大分子的动态修饰和质量控制、糖的结构生物学及其功能、非编码 RNA 的表达调控与功能等，侧重于从活体、定量、系统（即所谓的组学）、单分子、动态观察、微量检测等角度提出研究方向，同时强调与生命科学其他学科的交叉融合。未来需要大力布局的科学方向包括：更多地鼓励结构生物学原创性新方法新技术的建立；加强与其他学科的交叉，提高我国自主研发高端设备、装置和关键配件的研发能力以及相关专业人才的培养；尽快开展介于宏观与微观层面的介观生物物理与生物化学分析与研究，发现新的生命现象本质规律。

第三节　重要前沿方向、新兴交叉方向和国际合作重点方向

一、重要前沿方向与关键科学问题

1. 冷冻电镜原位结构解析技术

原位结构解析技术指的是在生物大分子复合物工作环境下解析处于工作状态的复合物三维结构的技术方法。和其他结构生物学技术手段相比，获得生物大分子复合物生理状态下的三维结构可以更好地理解生物大分子在生命活动中的结构基础、工作机制，有利于基础理论的发现以及药物、疫苗的开发。近几年，原位结构解析在技术上有了较大的进步，但是，在样品制备、数据采集以及数据处理上仍然存在许多瓶颈问题需要克服。另外，国内结构生物学的队伍蓬勃发展，对冷冻电镜原位结构解析技术具有很大的需求，这为在国内发展原位结构解析技术提供方向、合作条件和保障。发展目标：蛋白质复合物在亚细胞原位准原子分辨率的结构解析，在细胞、组织原位亚纳米分辨率的结构解析；将可获得高分辨结构解析的蛋白质复合物的适用范围拓展到 1 MD 以内。

关键科学问题：①细胞原位近天然样品制备的质量和通量的提升；②冷冻电镜对细胞原位样品数据采集在通量与质量上的提升；③光学显微与电子显微技术相关联的精度、自动化程度的提升，流程的简化与生物分子特异标记技术的发展；④冷冻电镜技术与其他技术如原位交联质谱技术的联合；⑤数据解析与分析技术的发展。

2. 硬 X 射线自由电子激光微晶结构解析和单分子单细胞成像

X 射线自由电子激光（XFEL）是自由电子激光技术产生的激光，拓展到 X 射线范围内而产生一种 X 射线激光。蛋白质结构解析常用光子能量为 7～12 KeV，称为硬 X 射线。XFEL 具有飞秒脉冲、近全相干、超高亮度等特

点。如果 XFEL 技术能够突破到全相干以及探测器噪声足够小，单个分子的散射信号就可以利用过采样技术完成结构分析，类似于单颗粒冷冻电镜方法。同时，基于 X 射线的穿透能力，全细胞器、全细胞就可一次成像，从而取代现有的电镜切片成像技术。在 XFEL 硬件无法达到全相干时，微晶的衍射信号解析结构成为候选方案，同时可能取代或者辅助粉末衍射方法。发展目标：XFEL 技术突破到全相干以及探测器噪声足够小。

关键科学问题：①自由电子激光全相干性的改善；②探测器技术的改善；③海量数据收集、处理的技术；④重构分析算法的发展；⑤利用 XFEL 解决重要生物学结构的应用。

3. 核磁共振新技术新方法的发展

以冷冻电镜、X 射线晶体衍射、核磁共振为代表的结构生物学已经对超过 15 万的生物大分子结构进行了解析，这些结构帮助我们深入理解生物大分子行使功能的内在机制。其中，核磁共振能够在接近生理环境对生物大分子的结构进行研究和表征。另外，核磁共振由于能够获得如距离、角度、速率等信息，因此不仅仅是一种结构测定的手段，更是一种生物物理化学分析的手段。当核磁共振用来分析生物大分子物理化学特性时，不是用于从头解析结构，就不再受分子量大小的限制。此外，核磁共振作为一种谱学方法，能够很好地与其他谱学方法和生物物理方法进行整合，包括电子顺磁共振、小角散射、化学交联质谱分析、荧光能量共振转移、荧光寿命成像、分子动力学模拟等，从而发挥协同优势。发展目标：发展核磁共振新技术新方法，实现各种环境条件下（如温度、压强等）以及原位细胞条件下的生物大分子的结构动态表征和实时成像。

关键科学问题：①稳态和脉冲超高强磁场的磁共振技术；②生物大分子的分子和原子探针的磁共振标记技术；③核磁共振与其他多种技术手段的整合运用和分析；④原位细胞水平的生物大分子结构动态的表征和分析；⑤系综水平与单分子水平对生物大分子结构动态过程的描述。

4. 生物大分子的动态结构、动态相互作用、自组装和聚集

为了行使特定的生物学功能，生物大分子的结构是动态变化的。结构的动态变化既包括分子本身从局部到整体水平的结构变化，也包括不同分子之

间的相互作用，生物分子的自组装乃至聚集过程。这些动态变化赋予生物大分子多样的调节功能，从而在生理病理过程中扮演着重要的角色。在许多重要的生命过程中，如酶催化、受体-配体识别、别构效应、信号转导等，生物大分子的三维结构会发生由能量低的基态结构向能量高、占比低的激发态构象转变的过程。对这些激发态构象的检测和解析对于理解基本生命过程的分子机制，以及针对疾病相关靶蛋白进行药物设计都十分关键。近年来随着研究方法的不断发展，对生物大分子的动态结构研究也逐渐从体外发展到细胞原位水平。对生物大分子动态结构和相互作用的研究不仅能够加深对其行使功能的认知，还能指导对生物大分子功能的调控干预。因此，该领域也逐渐成为国际上相关科研机构重点布局的研究方向和追踪的热点。发展目标：依靠核磁、顺磁、荧光、单分子等生物物理方法研究生物大分子的激发态构象、基态与激发态之间的动态转化、这些动态结构变化与生物大分子相互作用的关系等，以深入理解生物大分子的动态结构及相互作用与功能的关系，并进一步带动如靶向药物研发、新一代疾病诊疗等下游产业的发展。

关键科学问题：①细胞原位水平复杂分子机器和生物大分子的动态结构与动态相互作用；②生物大分子瞬态（激发态）构象的检测、解析及其与生物活性的关系；③信号转导过程中的生物大分子相互作用，环境因素、化学修饰对生物大分子动态结构与动态相互作用的调控；④生物大分子液-液相离的物理化学机理及调控；⑤生物大分子自组装、聚集以及液-固相分离的机理；⑥ RNA 分子之间、RNA 与 DNA 分子之间的动态相互作用。

5. 多时空尺度融合活体成像与组织原位单细胞多组分分析

多时空尺度融合的活体成像技术将对生物医学的发展起到巨大的推动作用，能够使传统的解剖、生理功能的研究，深入细胞和分子水平。在活体原位测量基因表达、代谢以及细胞分化、凋亡、迁移等细胞和组织的动态过程，将帮助我们在生理条件下深入理解体内高度协同的相互作用以及复杂的细胞内和细胞间的信号通路，从而更加科学地解释胚胎发育、脑功能和疾病发生发展等重要生命过程，对药物的研发和人类健康有着深远的影响。临床医学样品的特点或难点是活体成像，并且样品大、成像深、背景高。这些挑战意味着很难发展一种技术设备来实现所有目标，而是应该有针对性地发明新的成像技术、新的模态，以及创新和改造现有的成像技术。对人体组织与器官的细胞类型、数量、定位、关系和分子组成的系统刻画，形成不同类型细胞组成人体组织的 3D 图谱及其与疾病的关系，构造出细胞分辨图谱，将为解剖学、生理学和病理学的研究提供全面系统的参考地图，将研究能力提高到一个新的层面，也将变革性地促进医生和研究人员对疾病的理解、诊断和治疗，从而为生物学和医学带来深远的影响。基于细胞成像的多重原位分析方法成为近些年的技术热点。发展目标：针对不同组分和结构的原位成像分析，发展基于细胞成像的多重原位分析方法、技术，实现对例如上千种 mRNA 在组织和细胞原位的单分子成像分析，为组织原位细胞类型鉴定提供重要工具。发明新的成像技术、新的模态，以及创新和改造现有的成像技术，实现成像系统高速化、微型化和多模态。

关键科学问题：①单分子多重原位显微成像技术；②高通量高内涵单细胞成像；③细胞分辨质谱成像技术；④新型超分辨成像与无标记成像技术；⑤高分辨率的大视野成像；⑥微型化、探入式的成像系统；⑦结合光刺激或电刺激技术的多模态系统，研究诊疗一体化。

6. 基于新原理的高通量测序方法技术及其应用

高通量测序技术已在生物学和医学等领域取得广泛的应用，但当前已有的成熟高通量测序方法均存在各自的局限性。针对这些进行调整，通过原理上的创新，有望彻底改变这一状况，使得高通量测序的精度、通量、读长等关键技术评价指标继续超越。新的测序指标的实现，可以全面革新基因组学的数据标准和生物信息学的处理方式，同时可以大幅度改善在临床医学应用领域中由于序列数据原始质量问题而无法获得确切结论的局面。应用新的高通量测序方法对人类及其他物种进行大规模的单细胞测序将是人类基因组计划之后的下一个里程碑。发展目标：不断提高高通量测序的精度、通量、读长等关键技术评价指标，获取人类及大量其他物种的细胞图谱，对各种细胞类型及细胞亚型进行精准分析和分型，最终为各种生命过程的精准刻画和医学应用提供强大的坐标和依据。

关键科学问题：①单分子测序新方法；②超高读长序列的获取，超高准确度、超高通量的序列测定技术与方法；③测序技术中的关键酶反应动力学和结构研究；④序列中核酸修饰的直接读取技术；⑤大规模单细胞高深度转录组与基因组的获取、扩增和测序技术；⑥大规模单细胞高灵敏度高特异性的特定序列捕获测序技术；⑦大规模高分辨率单细胞三维基因组测定技术。

7. 基因转录调控的生化基础

生命功能的执行起始于从 DNA 开始的基因转录。DNA 的修饰和基因转录复合体的组装是基因转录调控的核心元件。如 DNA 甲基化等 DNA 修饰稳态的形成和维持需要酶的参与；转录复合体的组装遵循一定的生化规律。对修饰酶催化机制以及复合物组装生化机制的阐明是干预基因转录过程的先决条件。DNA 甲基化是表观遗传调控的核心内容之一，在配子形成、受精卵及发育的早期对胚胎的发育进行精确的时空调控，在肿瘤的发生发展过程中也扮演了关键的角色，是目前基因转录调控研究的热点。然而，DNA 甲基化的稳态调控，尤其是否存在主动去甲基化酶等领域的科学问题目前还没有确定的答案。细胞内是否存在新的 DNA 甲基化和去甲基化，调控 DNA 甲基化的代谢物有哪些等层面的研究非常活跃。在转录复合体研究领域，新的调控因子的寻找，新的作用方式的鉴定，以及 DNA 转录复合物高清晰度结构的解析等研究将基因转录调控研究推向深入。发展目标：用生物化学和其他学科传统技术手段，结合现代技术方法，对包括 DNA 和转录复合体在内的完整转录调控体系展开研究。重点研究转录对于环境的响应和转录调控在生命进化和疾病发生过程中的变化规律。

关键科学问题：① DNA 新修饰的鉴定及作用；② DNA 修饰酶的鉴定和功能分析；③ DNA 修饰新底物的鉴定和功能分析；④转录复合体的结构和功能；⑤转录复合体对环境的响应机制。

8. 核酸稳态及修饰调控机制

核酸在生命过程中起到核心作用。mRNA 是翻译蛋白质的模板，非编码 RNA 种类繁多，参与决定各种细胞的功能及命运的过程，是复杂性状表观遗传调控的分子基础。核酸修饰是近年来的新兴领域，将核酸研究推向新的深度。核酸研究的前沿聚集在非编码 RNA，正在引领生命科学各个领域的发展。对非编码 RNA 的研究将影响或辐射到遗传学、生理学、免疫学、细胞生物学、医学生物学等各个基础领域，最终为农业生产和人类健康研究提供全新的思路与技术。虽然，近年来国际上在微小RNA的鉴定及功能研究方面已取得许多重要进展，但这些仅仅是"冰山一角"，还有大量非编码RNA及其作用机理有待发掘与鉴定。值得注意的是，长链非编码RNA的研究国际上也刚刚起步，国际国内的差距并不大。如果我国能够抓住这个战略机遇，谋求在非编码RNA这个新兴领域的起始阶段取得创新性成果，可望争取国际领先优势。发展目标：系统研究非编码RNA在物种内的变异及跨物种进化，揭示非编码RNA在生物遗传多样性及生物进化过程中的重要意义，最终阐明各种复杂生命现象，并为农牧业生产和人类疾病的研究和防治提供新的理论和方法。

关键科学问题：① RNA代谢的生化机制；② RNA的修饰稳态的调控机理；③ RNA的功能及作用机制；④ RNA与生物进化的联系；⑤ RNA研究中的新概念、新技术、新系统。

9. 蛋白质功能与修饰

蛋白质是生命功能的执行者，其结构与功能不但取决于氨基酸序列，还受到蛋白-蛋白相互作用、分选、剪切、代谢物非共价结合、翻译后修饰、降解等复杂多样的调控。蛋白质功能的改变对应农作物性状、人类疾病、微生物环境等的改变，因此，对其研究是人类理解自然并获得更多更好生存资源的必然途径。国际上蛋白-蛋白相互作用、代谢物非共价结合、翻译后修饰、降解等领域的研究均已经取得丰硕的成果，相关领域也已经衍生出相应的生物医药产品。我国在各个方向，尤其是在包括磷酸化、糖基化、乙酰化、甲基化、泛素化、SUMO化、亚硝基化、氧化等领域已取得长足的进步。发展目标：在蛋白质翻译后新修饰的发生机制及生物学功能研究等方向继续保持国际领跑地位，在乙酰化、泛素化及SUMO化等方面的研究实现国际领跑。

关键科学问题：①蛋白质合成、折叠和分选生化机制；②蛋白-蛋白相互作用及其调控机理；③蛋白（含组蛋白）的蛋白质翻译后新修饰及生理意义；④蛋白质成熟及降解的机制和生物学意义；⑤蛋白质功能的设计与优化。

10. 糖、脂、氨基酸代谢及其代谢物信号的产生与转导

糖广泛存在于微生物、植物、动物细胞中。除葡萄糖外，细胞的单糖均以糖缀合物（包括糖蛋白、糖脂和蛋白聚糖）和多糖的形式存在，是组成生

命体的四种生物大分子之一。近 30 年的研究表明，无论是在胚胎发育、免疫识别、信号转导等过程中，还是在疾病的发生和发展中，都涉及糖的参与，糖在这些生命进程和疾病过程中起到特异性的识别和介导的作用。从 20 世纪 90 年代开始，大量聚糖与多糖的结构与生物学功能被揭示，使糖的研究成为生命科学研究新的前沿和热点。糖组学的发展为全面揭示生命体活动的分子基础奠定了基础。近几年来我国在糖信号感知研究中领先国际，在蛋白质糖基化修饰功能、糖与胚胎发育、糖与肿瘤发生发展、糖与感染免疫、天然多糖构效关系等方面的研究，已取得令国际同行瞩目的成绩。脂质是自然界中的一大类在化学成分及结构上非均一、可溶于有机溶剂的化合物。脂质的多样性结构和特异性活性，在维持生命细胞结构和细胞活动中起到极为重要的作用，因此阐明脂质的调控机制有助于我们深入理解更多生命过程。同时，脂质调控异常跟许多疾病有关，除了传统的心脑血管疾病，越来越多的证据表明脂质也跟肿瘤的发生发展密切相关。随着我国人口老龄化的加剧，心脑血管和肿瘤等疾病的发病率越来越高，深入研究脂质调控的机制和功能有助于为这些疾病的治疗提供理论依据，符合国家的战略需求。在国际上，该领域已经有完善的系统去研究脂质的吸收、转运和酯化等，同时我国也在胆固醇代谢领域产生了多项领先的研究成果。

　　生物体在遭受外界刺激的情况下，会迅速启动一系列非特异性但又受到精细调控的应激反应，以维持生命活动的相对稳定状态。人类社会工业化程度的提升必然伴随应激因素的迅速增加。阐明应激对应的生物化学反应改变，以及生物在应激状态下如何维持个体的生物化学和生理的稳态平衡，将是生物化学未来的研究重点之一。代谢物细胞信号调控功能的发现是生物化学研究领域近年来的前沿发现，为通过调控代谢物实现对生命过程的调控，以及对疾病过程的干预开辟了新方向。代谢物信号的失调在肿瘤的发生发展进程中等起到至关重要的作用。葡萄糖感知等机理的阐明为理解包括糖尿病、心脑血管疾病等疾病的发生和发展，以及制定干预策略，提供了方向。代谢物感知的重要工作包括代谢物感知蛋白的鉴定以及其感知和信号转导机理的阐明。相关领域的进步是推动生物以及医药产业的希望之一。发展目标：代谢物的信号属性，开拓代谢物研究新领域，为代谢性疾病的干预新手段提供理论基础。

关键科学问题：①代谢物合成、分解代谢及储存转运的调控机制；②新的代谢中间小分子的鉴定和功能研究；③代谢物信号的产生及转导机制；④代谢调控机制失调和疾病发生的相关性；⑤环境因素调控生命过程的生化机制。

11. 跨细胞器/器官生化调控

生物膜构成了细胞及细胞器之间的天然屏障，使得一些重要的生命活动能在相对独立的空间内进行，并使得生化反应可以具有空间特异性，比如，能量生成发生在线粒体，蛋白质成熟发生在内质网。然而，细胞与细胞之间、细胞器与细胞器之间的物质、能量和信息需要交换。细胞器的功能异常与许多重大疾病的发生直接相关，因此，研究细胞器对细胞重要生理功能特异性的调节机制，对于认识细胞活动以及相关疾病的发生机制具有极其重要的意义。细胞器的形态建成和动态变化的调控涉及蛋白质分子及其与脂质分子的相互作用，这需要多学科交叉和多种方法的联合攻关，如单分子生物学、结构生物学等生物物理学手段对了解相关蛋白分子识别和作用机制有重要作用。我国对亚细胞器的功能研究设立了重大专项予以特别支持，有利于生命科学与化学、数学和物理学等学科间的交叉互动，特别是与物理数学建模和化学合成相关的分子标记开展学科交叉。发展目标：发现并证实亚细胞器新生物化学功能及对细胞生理的调控作用。

关键科学问题：①细胞器及组织结构形成的生化基础；②膜性细胞器的形态建成、维持及功能的生化基础；③代谢物在细胞器及组织之间的转运调控机制；④不同细胞器、组织生成的代谢物对其他细胞器、组织功能的调节。

12. 代谢物及代谢组学检测新原理

代谢物是生命的基础物质，连接生命与自然界。代谢物的检测是生物化学研究的基石。生命的正常运行需要各种代谢物的稳态平衡。高通量测定生命运行过程中的各种代谢物，也称代谢组，以了解生命运行规律的基础信息。对关键代谢物及其代谢调控的分析研究一直是阐析生命体活动分子基础的重要突破口。国际上代谢组学研究已快速兴起，我国在极少数方向具有与国际前沿水平竞争的实力。由于生命体的复杂性和代谢物的极其异质性，代谢组研究对分析技术的灵敏度、分辨率、动态范围和通量提出了特别高的要求，必须不断创新技术应对结构鉴定上的难点问题，同时对功能完善的代谢物数据库及代谢组研究标准化的构建等的要求也逐渐提高。质谱和核磁共振技术应用于代谢物的检测极大地推动了代谢物检测和代谢组学技术的发展。但目前这两种尖端检测方法及仪器设备被发达国家垄断。此外，定量及单细胞代谢组学检测依然是技术难点，需要从检测源头创新以实现突破。我国在化学及物理学科的基础研究目前已经处于国际前沿，提出新的检测原理、实现定量及单细胞代谢组学突破具有一定的可能性。发展目标：在未来5～15年提出代谢组学检测新原理，实现定量及痕量代谢物检测的技术突破。

关键科学问题：①基于化学或物理新原理的检测理论的提出；②生物样本检测特殊技术原理的发展；③新原理设备原型机的设计与制造；④新设备的检验、应用。

二、新兴交叉方向与关键科学问题

1. 极弱相互作用介导生物大分子在生命活动中的作用

各类相互作用是生物大分子参与生命活动的重要方式。相互作用的强度决定了生物大分子之间形成的复合体存在的时间及功能。由于细胞内的蛋白质浓度非常高，为了保障细胞内成千上万种生物大分子相互作用在极短的时间内高效发生，很多相互作用的强度必须是极其微弱的。近年来逐渐成为研究热点的生物大分子液–液相分离过程往往也是由极弱的、动态的相互作用介导形成的。另外，极弱相互作用和极短的存在时间考验着检测和分析方法的灵敏度。目前已知的较弱的蛋白质复合体是由我国科学家利用顺磁核磁共振在2014年解析获得的。因此，今后需要充分发挥跨学科交叉的优势，整合分析化学、化学生物学、生物物理等学科的研究基础和优势，提高研究方法的灵敏度和准确度，以更好研究极弱相互作用介导的生物大分子在生命活动中的作用，揭示生物大分子自组装和聚集的动力学和热力学过程。

关键科学问题：①细胞感受和转导生理力学信号的机制；②发展高灵敏度的检测分析手段捕获生物大分子极弱相互作用；③生物大分子极弱相互作用的机制及调控因素；④体外与细胞水平极弱相互作用的比较研究；⑤极弱相互作用参与介导生物大分子液–液相分离的分子原子机制；⑥极弱相互作用

与生物大分子功能的关系与调控。

2. 大气污染的机体应激机制

大气循环过程中的气体分子通过大气中的化学反应、生物活动等维持环境稳态，大气循环紊乱将直接或间接地影响人体呼吸系统、心脏及血液系统等导致诸多疾病。研究表明，有毒气体可进入细胞、组织与蛋白质、核酸、金属离子及人体活性大分子相互作用，调控机体氧感知、应激等多种生物学过程，导致炎症发生以及氧化应激等，进而影响疾病发生发展。如今大气污染成为全球范围内的公共卫生危机，废气导致的相关疾病机制研究对环境友好型、健康促进型的社会发展模式意义重大。

关键科学问题：①含碳类有毒气体调控下的氧感知信号转导机制；②含氮类有毒气体在大气循环与人体循环系统的相互作用机制；③含氮、硫类有毒气体与人体氧化应激的调控机制；④有毒气体影响人类应激反应的分子信号网络；⑤大气污染程度与人类应激的健康安全评价。

三、国际合作重点方向与关键科学问题

1. 原创单分子技术的交流合作

单分子生物物理的发展严重依赖技术的创新发展，如近些年获诺贝尔奖的技术突破。这些技术的发展往往需要多学科的知识和跳出原有局限的思维。然而，我国单分子技术、仪器研发的能力尚达不到原创要求，开发的单分子技术基本属于跟踪模仿，并且不能第一时间介入。因此，我国需要与有原创思想的国际课题组进行早期交流、合作研发，学习先进的原创仪器研发思想、知识技能，为解决重要的生物学问题储备原创力量。

关键科学问题：①研发原创仪器的思想来源；②原创仪器研发的方法和技术；③原创仪器研发过程；④原创研发仪器的验证。

2. 脂质代谢与肿瘤免疫治疗的关系

以 PD-1/PD-L1 抗体为代表的免疫检查点抑制剂疗法是当前肿瘤治疗领域的研究热点，在临床上取得了巨大的成功，对多种癌症都有疗效。但是，

PD-1/PD-L1 抗体药物只对部分患者有效。国际上已经有研究表明肿瘤细胞和免疫细胞的脂质代谢异常会影响免疫治疗的疗效，并已鉴定出部分脂质代谢的关键靶点，这也是目前肿瘤免疫治疗领域的前沿。我国在脂质代谢和肿瘤免疫治疗研究方面已经有了一定的基础，希望通过国际合作让我国在该领域的研究达到甚至超过国际水平。

关键科学问题：①肿瘤微环境中脂质代谢产物的鉴定；②脂质代谢产物对免疫细胞的功能影响；③肿瘤细胞异常脂质代谢通路的研究；④脂质调控药物对肿瘤和免疫细胞的影响。

3. 气体信号分子的感应机制及调控网络

气体信号分子（包括氧气、一氧化氮、一氧化碳和硫化氢等）是细胞内众多信号通路以及病理生理学反应的重要中介物，在多种生物学过程中发挥着不可替代的作用。另外，这些气体分子可通过改变多种生化、分子和细胞生物学事件而互相影响，构成复杂的信号调控网络。这些气体信号分子的异常调控往往导致多种疾病，包括神经系统疾病、心血管疾病、免疫异常及肿瘤等。因此，阐明气体递质特定的分子靶标、异型相互作用以及形成和代谢的时空特征，对于更好地理解它们在不同器官系统中的病理生理学作用十分重要。同时，深入解析气体信号分子的药理特性及其潜在生物学作用机理也有助于进一步指导临床应用，为相关疾病的诊治提供新的思路。

关键科学问题：①气体信号分子之间的相互作用机制；②新型气体信号分子的发现；③组织和细胞中气体信号分子的动态示踪；④气体信号分子与靶标的互作机制；⑤靶向气体信号分子的药物开发。

第四节　发展机制与政策建议

1. 夯实经费投入

以国家自然科学基金为例，当前部分学科（尤其是热点学科）仍然存在研究经费向临床倾斜的问题。未来需要继续加强重大或重点方向上的项目立项与实施，关注真正源头创新的探索性项目，加大对这类项目的资助力度。针对本学科与其他学科交叉性强的发展特征和趋势，建立相关专项促进多学科或基础与临床学者共同申报课题，共享转化成果。

2. 培养和引进优秀人才

人才是学科发展的关键因素，我国近年在优秀研究人才引进方面不断加大力度，已有一批年轻的引进人才真正落地并有丰硕产出。建议在已有的国家各类人才专项基础上，适当增加青年人才项目（例如杰青、优青）数量。

3. 建立合理的科研评价体系

科研的评价是极重要的风向标，基础研究的评价体系要给科研人员创造一个相对宽松的科研环境，鼓励自由探索和创新，鼓励科研人员潜心从事长期性的前沿颠覆性或方法学研究；所以，对基础研究学科，要尽快建立多标准、符合我国基础研究发展需要的综合评价体系；对于源头创新的工作，考核评价不唯论文论，适当放宽对成果基金号序次的要求。

4. 提高国际影响力和领导力

我国近年来在生物物理与生物化学领域的国际合作和交流逐渐活跃，在少数领域已经处于国际前沿地位，但在国际性学术组织和学术刊物中所占席位仍然有限，且较少占据主导地位。建议自然科学基金委加强对国际前沿和热点问题的关注，举办高水平、多层次、学科交叉的学术研讨会，并形成具有国际影响力的品牌；在我国有领先优势的领域建立本土的高水平期刊；增加相关经费的投入，鼓励并推动青年学者和学生出国交流。

第十三章

分子生物学与生物技术发展战略研究

第一节　内涵与战略地位

分子生物学是研究核酸、蛋白质等所有生物大分子的形态、结构特征及其重要性、规律性和相互关系的科学，是人类从分子水平上真正揭开生物世界的奥秘，由被动地适应自然界转向主动地改造和重组自然界的基础学科。分子生物学的核心研究对象是基因的表达过程，具体研究 DNA、RNA、蛋白质等生物大分子合成代谢与互作，从而从分子水平上解析不同生命过程的机理。分子生物学的中心法则认为"DNA 转录 mRNA，mRNA 转译蛋白质，蛋白质反过来协助前两项流程，并协助 DNA 自我复制"。在此基础上，分子生物学主要致力于对细胞中不同系统之间相互作用的理解，包括 DNA、RNA 和蛋白质生物合成之间的关系以及它们之间的相互作用是如何被调控的。现代分子生物学研究主要包括以下 4 个大的方面：重组 DNA 技术；基因表达调控研究；生物大分子的结构功能研究；基因组、功能基因组与生物信息学研究。

生物技术指的是分子生物学在生物基础研究和应用研究中的使用。研究内容包括基因克隆、重组蛋白表达、细胞转化、蛋白纯化和分析、转基因物种、突变分析、DNA 指纹图谱的应用、RNA 干扰、PCR 技术、微阵列技术、单细胞单分子技术、蛋白质组学、质谱、基因探针和疾病诊断、药物开发、疫苗开发、基因编辑及基因治疗、干细胞技术和组织工程、蛋白质工程和酶技术、糖生物学和糖组学以及农业生物技术等。

第二节 发展趋势与发展现状

一、分子生物学与生物技术的发展趋势

1. 在理论上和技术上高度依赖物理学和化学学科的发展

物理学和化学在 19 世纪飞速发展，很多自然规律被发现，也建立了很多观察自然的方法和手段。但因为受到"活力论"观念的影响，这些理论和观念并没有太多地被移植到生物领域。直到 20 世纪初，随着生物学科系统的建立，这些化学和物理学的理论和方法才被用于研究生命现象。随后，自由能、化学反应速率、信息、密码、程序、反馈、立体结构等物理和化学的概念陆续被用于理解生命现象。显微镜、离心、电泳、层析、X 射线晶体学、光谱学、同位素标记等物理和化学领域的技术也被用于研究生命物质。分子生物学也随之得到了极大的发展，比如富兰克林拍摄的 DNA 晶体 X 射线衍射照片促使沃森和克里克发现了 DNA 双螺旋的结构，开启了分子生物学时代，使遗传的研究深入分子层次，"生命之谜"被打开，人们清楚地了解遗传信息的构成和传递的途径。信息和密码的概念帮助破译了核酸与蛋白质直接关系，进而推动完善了分子生物学的中心法则。中心法则第一次阐明了生物体内信息传递的规律，对以后大量关于基因性质的研究起到了指导作用，导致了现代生物学研究战略的根本转变，可以说是现代生物学的理论基石。

2. 对生命现象更加深刻的理解依赖于新的物理学和化学理论与方法的出现

尽管对生命的认识已经进入了分子水平，但我们对生命本质的认识仍很

肤浅，对于很多问题还没有可行的研究手段。例如，核酸和蛋白质等生物大分子是如何通过其动态结构变化而发挥其生物功能，生物分子在活细胞内发挥功能的机制和活性条件机制，生物体内微量分子的检测，活体内生物能量转换的定量分析，活细胞内生物分子间的相互作用，等等。物理学和化学等学科的进一步发展，必将为分子生物学提供更多的理论和方法，进而促进我们在分子水平对生命的认识。随着基因组学、蛋白质组学、超分辨成像技术、单分子技术、低温电子显微镜三维成像技术和生物信息网络分析等技术日新月异的发展，人们开始整合各学科的技术和方法，从不同的时空角度对生命现象的分子机制开展深入研究，以揭示生命的本质与规律。生命研究的总体态势是，从体外到体内、从定性到定量、从静止到动态、从研究一个分子群体的综合行为到对单分子行为的剖析、从研究单种分子到揭示分子构成的动态网络，进而认识生命过程的本质和规律。这一切都高度依赖物理学和化学为研究生命现象提供新研究工具。

3. 前沿理论和技术的突破可促进分子生物学与生物技术实现爆发性发展

分子生物学与生物技术经过多年的发展实现了飞跃性的进步，但是在理论研究和技术手段上也出现了诸多瓶颈。传统的生物技术方法已经难以适应整体水平的分子生物学研究和生物技术研发的需求。集成多种生物技术以及与其他学科（数学、物理、化学、计算机和信息科学、医学、工程学）的交叉融合，发展前沿性交叉理论和生物技术，已经成为现代生命科学研究和生物技术发展的迫切需求。

现代分子生物学与生物技术重要的一次爆发可追溯到 20 世纪末，人类基因组计划启动，包括中国科学家在内的研究人员，破解人类第一个"生命天书"。随后第二代和三代高通量测序技术的革命性突破使得基因测序成本飞速下降，出现了基因组数据大爆炸。同时各种成像技术和组学技术的变革性发展使得各种生物学数据海量增长。但庞大的数据产出对海量信息的传输、存储、计算及分析提出了新的挑战。生命大数据、生物信息云计算和人工智能与生物智能等新兴领域的发展将为分子生物学与生物技术的发展提供前所未有的机遇。大数据分析工具加强了信息的解读能力，能够多维度储存分析。人工智能系统学习积累大量样本数据案例，可促进分子生物学与生物技术从单个分子功能到群体分子效应，最后到个体的综合应用。

基因编辑技术是一种能够在细胞内改变基因组 DNA 序列的遗传操作技术。基因编辑技术能够在基因组水平上精确改变 DNA 序列，包括 DNA 序列的删除、插入和替换，从而快速改变动物和植物性状，也可以修复人类的遗传突变，这将给农业、工业生产和疾病治疗带来巨大变化。但是以往的基因编辑技术操作复杂，并且脱靶率高，严重限制了基因编辑的应用和发展。第三代的基因编辑技术 CRISPR-Cas9 技术操作简单、精确性高、用途广泛。同时 CRISPR-Cas9 技术除了应用于基因编辑，改变目的基因的序列、实现基因的敲除或插入外，利用其序列特异性识别的能力，还可以作为 DNA 序列特异性结合平台，与不同蛋白模块融合，实现调控目的基因的表达、改变目的基因的表观遗传修饰、研究染色体三维结构等应用，给分子生物学与生物技术领域带来了革命性的变化。值得注意的是，最近还发展出第四代单碱基编辑技术，可以在基因组特定位点将 C 转换成 T，或者把 A 转换成 G，这种新技术对于修复模型遗传突变具有重要意义。

二、分子生物学与生物技术的发展现状

分子生物学和生物技术一直是我国比较重视的学科方向，我国设立的首批国家重点实验室中，就有分子生物学国家重点实验室。分子生物学和生物技术涌现了许多有里程碑意义的重大发现，如高通量测序技术，基因编辑，单细胞单分子技术，基因组、表观组、转录组、蛋白质组和代谢组等组学技术，生物信息学与计算生物学，类器官，等等，极大推动了生物学和医学研究的发展。我国在高通量测序及多个物种基因组测序、基因编辑技术改良、糖脂代谢、RNA 研究、表观遗传学、蛋白质技术、计算生物学等方面与国际领先水平并跑，局部实现了领跑。

高通量测序技术是分子生物学领域快速发展的一个里程碑。借助测序技术，越来越多的物种和生命体的基因组及转录组全貌被清晰刻画。此外，单细胞层面上的基因表达及调控差异也逐渐被研究者们所关注。随着后基因组时代的到来，将基因芯片与高通量测序相结合，必将从检测效率、准确性以

及自动化程度等方面加快分子生物学领域的发展和应用。单细胞测序技术也是近几年的重要突破。该技术的进步使人们对复杂生命体的发育过程中分子生物学的研究更加细致，能更加精准认识生命过程。

基因编辑技术能够在基因组水平上精确改变 DNA 序列，包括 DNA 序列的删除、插入和替换。基因编辑技术先后经历了 3 代，也就是用了 3 种人工内切酶。第一代是锌指核酸酶（ZFN）技术。其构建起来耗时耗力，技术难度非常大，而且脱靶严重，很快被新技术代替了。紧接着 ZFN 出现的技术是 TALEN 技术，也被认为是第二代基因编辑技术。TALEN 制作起来相对简单，切割活性和靶向结合的特异性也很高，但是与 CRISPR-Cas9 系统相比制作的工作量还是比较大。目前基于 ZFN 和 TALEN 的技术开发已经处于停滞状态，只有在 CRISPR-Cas9 技术解决不了的情况下才会考虑用它们。CRISPR-Cas9 技术被称为第三代基因编辑技术，它操作简单，用途广泛，得到了长足的发展，给生命科学研究领域带来了革命性的变化。我国在基因编辑技术的应用领域制作出了世界上第一个基因编辑猴；首次对人的胚胎进行了编辑；首次实现了对 lncRNA 高通量的功能筛选等。我国在基因编辑的方法改进方面也有一些成就，比如通过在供体质粒上增加编辑位点可以提高同源重组效率；利用附着体质粒表达 CRISPR-Cas9 可以提高编辑效率；把 CRISPR-Cas9 与人类的激活诱导胞苷脱氨酶变体 AID-X 融合实现了定点突变功能；利用 Cpf1 与 rAPOBEC1 的融合构建了新型的碱基编辑器等。在解析 CRISPR 结构方面也有突出成就，解析了 CRISPR/Cpf1 和 C2c2 的晶体结构，为改造这些基因编辑工具打下理论基础，并通过改造 Cas9 构成新的单碱基编辑系统，利用单碱基编辑工具创制了抗除草剂小麦等。

代谢是生物体内发生的用以维系生命活动的一系列有序生物化学反应及其调控的总称。代谢科学作为生命科学基础与应用研究的聚合，已成为人类解决健康、粮食安全、环境保护和绿色制造等重大科学和技术问题的重要推手。近年来受生命科学领域的一系列新技术、新方法的推动，并因其与许多重大疾病的密切相关性，代谢研究作为生命科学领域的一个传统分支，获得了蓬勃的发展。新的代谢调控分子（代谢调控激素、细胞因子、代谢产物、非编码 RNA 等）层出不穷，其功能和作用机理也被陆续阐明。新的代谢组织、肠道菌群、母婴遗传、代谢记忆、组织器官间代谢通信、代谢感知和调控通路、代谢可塑性等代谢新概念与新理论不断被提出。代谢正在迅速向生命科学的各个方向渗透，并与其他领域交叉，催生出如肿瘤代谢、干细胞代谢、免疫代谢、代谢的神经调节等新领域。同时其他科学技术，如数学、化学、计算机科学、材料科学、网络技术、3D 打印技术等，也正越来越多地被运用于代谢研究，推动了全基因组代谢调控网络构建、代谢流建模、数字化器官、人工胰岛等代谢研究新技术的开发和运用。作为驱动未来生命科学与产业发展的引擎，代谢调控已成为全球生命科学的热点研究领域，是各国竞争的科学制高点之一。

药物-靶标相互作用预测是药物重定位的关键步骤。大规模基因组、化学和药理数据的出现为该预测提供了新的机会。科学家提出基于靶标基因、药物、药物副作用、疾病等相互作用异构网络的药物-靶标相互作用预测的机器学习算法，预计以人工智能为导向的伴随诊断将在未来的疾病治疗中发挥重要作用。从靶点筛选到潜在药物分子的发现，传统方法可能需要耗时数月乃至数年。科学家通过变分自编码器以及强化学习方法构建了新型筛选模型，显著缩短新药研发周期。未来几年，基于人工智能的药物开发将成为该领域的新范式。

第三节　重要前沿方向、新兴交叉方向和国际合作重点方向

一、重要前沿方向与关键科学问题

1. 染色质状态及基因转录的整合调控机理

基因的表达过程是分子生物学的核心研究对象。在特定的生理病理条件下，基因的诱导性转录表达通常是通过 DNA 和蛋白质及 RNA 等生物大分子相互作用来实现调控，因此鉴定并研究不同基因中的顺式调控序列和与其互

作的转录因子是研究此类问题的关键。而染色质的状态，包括 DNA 复制、染色质结构、DNA 的表观修饰（如甲基化、乙酰化）、组蛋白修饰等，也对基因表达发挥重要的调控作用。此外近年来研究发现，细胞内的特定生物大分子通过"相分离"聚集起来，许多蛋白质和 RNA 能够分离或浓缩成离散的液滴，形成无膜包裹的细胞器，有证据表明这种液滴形成也影响转录过程，但具体机理不明。目前，对控制相分离过程的基因及其生物学特性仍在初步研究中，对相分离在生理状态及疾病中的作用更是所知甚少，这方面的研究也将为生物大分子的功能研究提供新的视角。

关键科学问题：① DNA 的复制和修复新机理及相关调控蛋白因子的功能鉴定；② DNA- 蛋白、DNA-RNA 间的特异性相互作用的鉴定及其生物功能的研究；③染色质结构和功能的动态调控研究，包括利用基因组和表观遗传组的数据深入解析染色质的时空信息；④非染色质环形 DNA 的功能研究；⑤转录因子及转录复合物的组装、修饰和功能调控；⑥生物大分子的相变和相分离对转录的影响。

2. 基因转录后调控加工过程中的新概念与新机理研究

RNA 的转录后加工是调控基因表达的重要步骤，包括 RNA 的加帽、剪接、多腺苷酸化、编辑、转运、翻译、降解等过程都有复杂的机制实现对基因功能的调控作用。RNA 领域近年来不断有令人吃惊的发现，包括 RNA 自催化、RNA 选择性剪接、miRNA、非编码 RNA、环形 RNA、RNA 修饰等。尤其是对具有调控功能的非编码 RNA 的合成加工新机制和生理 / 病理新功能研究，为全面阐明 RNA 水平的复杂基因表达调控奠定基础。此外，近年来发现编码和非编码 RNA 的界限变得模糊，并且经典 RNA 分子的非常规功能不断被发现。因此对 RNA 的各种转录后复杂调控过程值得进行长期布局、深入研究。尤其应鼓励对中心法则中的一些特例，或在极端应激环境和病理条件下的研究，从而揭示新的基因调控原理与机制。

关键科学问题：① RNA 可变剪接在不同细胞内的调控机理，不同剪接亚型的功能差异及在疾病中的作用；② RNA 选择性多腺苷酸化的调控机理及对其稳定性的影响，具有不同 3'UTR 的亚型间功能差异及在疾病中的作用；③ RNA 转运、定位和降解的新调控机制；④ RNA 修饰的调控新机制及生理功能；⑤RNA 结合蛋白的功能解析，RNA/蛋白复合物的相变和相分离对其功能的调控；⑥新型 RNA 分子的发现与功能鉴定。

3. 基因翻译调控及翻译后加工的新概念与新机理

蛋白质是中心法则的最后产物，也是大多数生命过程的功能性分子。大多数蛋白质是由 mRNA 作为模板翻译成的，而这个翻译过程在不同阶段受到复杂的调控，包括翻译起始、延伸、终止和核糖体的回收和重启动。翻译的起始通常被认为是翻译调控的主要阶段，但是其余步骤的调控在近年来也被更多地注意到。随着核糖体的不同结构被解析，更多的翻译调控蛋白被发现，并且核糖体的异质性得到更好阐明，使得精准研究翻译过程成为可能。此外，蛋白翻译后的加工也是一个对基因功能至关重要的调控过程，一些蛋白修饰更是在翻译中的新生肽链上进行的，因此对这个过程的一系列复杂机理进行深入系统研究是很重要的领域。

关键科学问题：①蛋白翻译过程的动态调控，包括起始、延伸、终止和核糖体重新启动机制；②应激条件下的非典型蛋白合成机理；③蛋白质的修饰、转运和降解过程的整体调控；④核糖体的异质性研究，核糖体蛋白和 rRNA 的修饰及其功能；⑤非 RNA 编码的蛋白质合成；⑥非编码 RNA 的翻译及选择性翻译的调控过程。

4. 多类测序组学技术及工具的开发和应用

随着基因组计划的完成和高通量测序技术的快速发展，人类和很多物种的基因组 DNA 序列已经被解析，基因组学、转录组学和表观遗传组学得到了飞速发展，人类对于自身遗传信息的认识也得到了极大拓展。但是由于染色质结构和功能的复杂性，DNA/RNA 中功能元件和高级机构在生理和病理过程中的时空动态变化和调节机制尚有待进一步阐明。许多高通量测序相关的技术由于流程比较复杂，产生的数据来源多、数据量大、数据种类繁多、结构化标准化程度低而噪声高，为组学大数据的挖掘带来了新的挑战。因此需要用软硬件工具解决上述问题，从而促进生物医药、生物农业、生物安全等方面的发展。

关键科学问题：①多元高通量的组学数据整合分析算法研发、软件优化和硬件加速，尤其是专业机的研发；②单细胞水平高通量数据评估与分析方法的开发、遗传与表观遗传相关个体化组学数据的整合与分析；③基因组、转录组与表观遗传组的数据分析流程开发及在医学诊断领域的应用；④基因组、转录组与表观遗传组等多维组学数据的标准化与整合分析。

5. 复杂生物网络的调控机制研究

复杂生命现象是大量生物分子之间互相调控与协同作用的结果。生物网络技术强调在高度联通的遗传环境中，将生物分子相互作用关系作为整体，来研究生命体的功能与行为，探索重要生命活动（如疾病的起因和精准靶向治疗等）的机理。高通量组学数据的积累对复杂网络调控机制研究提出了新的挑战。复杂网络调控机制研究方面的突破将为研究复杂生命现象提供高效率的工具，也将为解决人类面临的健康、资源和环境等重大问题提供新的机遇。在此方向上的重点布局应始于新型生命系统表征手段的研究，并推动其向单分子、单细胞、多组学并行等方向拓展，构建创新的功能基因组学和表型组学技术，为复杂生物网络的构建、模拟与验证奠定实验技术方法学的基础。同时需要开发创新的复杂生物网络分析原理与方法，构建适应于复杂网络的创新性、普适性、通用性动力学网络构建方法以及大数据挖掘方法。

关键科学问题：①网络分析的新方法及应用，包括并不限于启发式网络分析、基于神经网络的深度学习、高维网络的降维、网络聚类等；②转录与转录后基因调控网络的研究；③蛋白质和核酸的相互作用网络的鉴定与分析；④ miRNA 网络、全细胞分子过程网络的鉴定与分析；⑤微生物组共生网络、微生物组与宿主或环境互作网络等复杂系统的生物调控机制。

6. 基因编辑技术的开发、拓展及新应用

作为新兴的颠覆式生物技术，基因编辑技术的发展与应用关乎国计民生，在生物医药、生物农业、生物生态、生物能源、生物合成和生物安全等方面展现了巨大的潜力。关于基因编辑工具的基础研究及应用开发，以及新型应用场景的拓展和优化，将对分子生物学及生物技术领域带来重大影响。在此领域我们需要拓展基因组和转录组编辑工具的源头，并开发基因编辑工具的功能鉴定评价平台，并依托此平台实现新型基因编辑系统的开发和已有系统的优化，最后需要解决体内递送和安全性问题。我国科学家在该领域的竞争中大部分集中于具体应用，部分领域居于世界领先阵列。比如我国率先利用

该项技术建立大鼠、猪、猴等重要人类疾病动物模型；率先开展人早期胚胎的基因编辑的临床前期研究；率先利用基因编辑技术结合细胞治疗方法治疗癌症患者；获得世界上第一株 CRISPR 编辑的水稻；在三大重要农作物（小麦、水稻和玉米）基因组中首次实现高效、精确的单碱基定点突变育种；首次发现三维基因组染色体编辑重排和组装机制；在基于基因编辑技术的高通量功能基因组学技术开发方面处于领先行列。

关键科学问题：①拓展基因组和转录组编辑工具的源头，建立更广泛的微生物基因组和功能基因数据库，阐明关键编辑蛋白和核酸蛋白复合物的机理；②开发基因编辑工具的功能鉴定评价平台，开发新一代高效廉价、高特异性或者有其他技术优势的基因编辑系统；③基因编辑系统的效率优化、人源化改造、体内递送及安全性研究；④针对遗传性疾病、病毒性感染疾病、肿瘤等重大疾病开展临床前研究；⑤建立猪和猴等重大疾病模型，推进疾病研究、异种器官移植、药物开发和评价；⑥开展农林渔业研发应用，针对不同作物、林木和养殖鱼类的关键生产性状进行遗传改良，获得具有代表性的基因编辑新品种；⑦针对农业动物优良品种培育的关键技术环节，推进基因编辑技术培育具有优良经济性状的大动物新品系；⑧运用编辑技术建立微生物细胞工厂，合成生物燃料、医药分子和中间产物等；⑨基于基因编辑技术对于核酸分子的特异性识别和操控，建立重大传染病的检测方法和治疗方案；⑩针对有害物种管控进行基因驱动技术的研究，并对其潜在生态风险进行研究。

7. 新型基因递送技术的开发

基因递送技术是限制基因治疗、肿瘤免疫治疗、基因编辑发展应用的关键技术。已有基因递送技术包括慢病毒、腺病毒、腺相关病毒、脂质体等技术存在各自的局限；细胞、组织或器官特异性高效递送的要求对现有的基因递送技术提出了更高的挑战。近年来，新型纳米材料发展为基因递送技术发展提供新的技术方法。新型基因递送技术的发展和应用，对生物医药具有重大意义。

关键科学问题：①细胞、组织和器官特异性基因递送的新型策略和原理的基础研究；②特异性基因递送涉及的信号通路、调控蛋白或生物学过程；

③开发新型基因递送材料，以及不同技术路线的组合，提高基因递送效率；
④针对不同的基因递送策略，加强毒副作用、安全性以及免疫调控等研究。

8. 核酸与蛋白的设计和进化

从分子层面上对核酸和蛋白质的人工设计与进化，加速了自然界的进化过程，用"可控"的进化造福人类。通过核酸的指数富集配给系统进化技术，可以得到与靶标高效结合的核酸适配体，部分已作为药物成功上市。蛋白质（酶）的设计和定向进化，提高了酶的催化性能，并极大丰富了可应用功能；利用噬菌体展示技术实现抗体的进化，成功研发了第一个药物单抗。

关键科学问题：①构建快速进化与高通量筛选的方法，基于单细胞技术、单分子技术及自动化平台实现核酸和蛋白质的高效人工进化；②探索蛋白质序列与结构、功能的规律，结合人工智能实现对蛋白质和蛋白质复合物的高效从头设计与理性设计；③发展基于非天然核酸、非天然氨基酸的新型核酸适配体与蛋白质，大幅度增加核酸适配体的稳定性与蛋白质功能的多样性；④针对工、农、医有重大需求的蛋白质（酶）进行设计与进化，服务于国民经济主战场。

9. 单细胞分析技术在复杂体系中的应用

单细胞分析技术，即在单个细胞精度的功能识别与表征，能够在最"深"的水平挖掘生命元件、刻画细胞功能与理解生命过程。单细胞分析对于从自然界中识别与挖掘生物元件、模块或底盘细胞，具有重大意义。理想的单细胞分析方法需具备活体无损、原位、高度特异、非标记、高时空动态范围、提供全景式表型、能分辨复杂功能、多组学同时分析、快速高通量等特征，然而没有现成方法能同时满足上述特征。因此，在本方向，建议聚焦于哺乳动物发育或疾病过程，以及人体、土壤、海洋微生物组等复杂生命体系。

关键科学问题：①发展基于光谱、声场、电场等新原理的非标记式、广谱适用的单细胞表型与表型组分析方法；②开发与表型分析直接对接、高通量耦合细胞裂解与细胞内容物提取的单细胞分选与培养手段；③研发单细胞基因组、转录组、蛋白组、代谢组、相互作用组、表观组，乃至染色质三维构象等单独或并行测定新策略与新方法；④推动单细胞"成像—分选—测序—培养—大数据"全流程的标准化、装备化与智能化，并借助大数据和云计算，开发一系列针对特定单细胞测试、分选、组学分析与培养需求的自动化装备。

10. 先进生物成像技术

生物成像技术是准确理解整个生物系统从分子到细胞再到高级组织的结构和功能信息的重要技术手段。目前没有任何一种技术能兼顾时间分辨率、空间分辨率、空间尺度和功能成像，因此，光电融合显微技术、MRI-PET、PET-CT 等多模态融合成像是必然发展趋势。在光学成像方面，近年来发展的超分辨光学显微成像技术打破了传统光学衍射极限分辨率，但还需要较长采集时间和比太阳光强高十万倍以上的照明光强。这导致成像速度慢且对活体样品伤害大，而且往往带有伪信息，因此，高灵敏度的生物成像探针的研究也是这个领域的关键问题。

关键科学问题：①针对不同类型的生物大分子，开发具备高灵敏度、超高分辨率、动态实时无损观察、高通量自动化等特色的多模态融合成像方法与技术；②光学成像技术的优化与性能迭代，具有三维、高速、超分辨、活体、长时程成像等性能的超分辨光学成像技术的研发；③新型单分子生物探针的研发，包括荧光探针、同位素探针、核磁探针、功能性探针等的研发；④先进成像技术与分子探针在细胞与组织层面的应用。

二、新兴交叉方向与关键科学问题

1. 生物过程的物理操控

利用光、磁、声、电、无线电波、压力、温度等物理手段，对生物过程进行操控是一个新发展起来的前沿交叉学科，也是 21 世纪生命科学领域引人注目的革新。以光遗传学为例，它整合了光学、生物学、化学、信息、工程等多个学科，利用由光敏蛋白质构成的感受器与分子开关，通过光直接对细胞及活体生物内分子活动如基因表达、分子相互作用、分子运动、细胞代谢、电兴奋等进行特异性、可逆、快速、高通量、空间分辨的监测和控制。同时，利用磁、声、压力、无线电波等物理手段也有望实现对这些细胞与活体生命活动的动态调控。这些创新研究技术将引领我们进入微扰生物学时代，使人类对生命现象在时间和空间尺度上的控制程度达到前所未有的水平，为研究复杂生命现象提供极其有用的工具，也为催生新一代生物技术，解决人类面临的健康、资源、能源和环境等重大问题提供新的机遇。

关键科学问题：①挖掘感受光、磁、声、电、无线电波、压力、温度等物理信号的新型生物传感元件、生物模块、基因网络和底盘细胞，解析其功能机制；②发展生物传感器理性设计、工程改造和规模合成的新原理和新方法；③传统生物传感器的优化，结合纳米生物技术解决生物传感器的稳定性差、难以标准化制备等瓶颈问题；④构建具有生物正交性的信号感知、转导与控制技术体系；⑤开发通过光、磁、声、电等物理信号，直接对细胞及活体生物内分子活动进行特异性、可逆、快速、高通量、高时空分辨的监测和控制手段。

2. 生命科学仪器设备研发

科学研究重大成就的获得和新领域的开辟，往往是由仪器和技术方法上的突破来带动的。目前分子生物学在微观方面正向单细胞、单分子水平扩展，在宏观方面则向群落、生态系统乃至生物圈延伸，以便实现对生命现象的跨尺度、全方位认识。与此相对应，分子生物学的进步更加依赖于数学、物理、化学、信息、工程等科学的交叉融合，更加依赖新的技术方法和技术手段。新的生命科学仪器的研制将为全面提升分子生物学研究水平提供强大支撑。因此，在仪器研制方面，将着力支持原创性重大科研仪器设备研制，通过关键核心技术突破或集成创新研制科研仪器设备，为科学研究提供更新颖的手段和工具，用于发现新现象、揭示新规律、验证新原理、获取新数据。

关键科学问题：①开发各类生物大分子的定性定量分析和功能表征的仪器；②针对人造生物元件、模块与细胞，开发标准化、低噪声、高通量进行计算设计、基因组合成与编辑、表型筛选的仪器和装备；③针对复杂微生物群落，开发原位、快速、单细胞精度的功能分析分选，在特定时空尺度完成定向调控或工程改造的仪器和工具；④针对动植物及其器官组织，发展高时空精度、活体乃至原位地观测、干预和控制生理、心理与行为的新装备。

3. DNA 存储与生物计算机

不断积累的海量生物大数据对数据的存储计算技术提出了特殊挑战。例如，很多生物大数据访问频率低但数据收集过程不可复制。对此类数据进行长期安全存储和有效共享需要花费大量硬件资源与电力，已成为各数据中心的一个主要负担。同时，传统的计算机架构在针对生物数据的分析方面也存在一定程度上的资源及任务的不匹配。例如对基因组的分析大多是对字符串的检索比对，并不需要高计算精度。近年来发展起来的以生物大分子作为新存储媒介和计算架构，为未来解决生物大数据的存储和计算的瓶颈问题提供了新的技术路线。此类前瞻性技术将极大地促进计算技术和生物工程的交叉，提高各类生物数据的分析效率并降低耗能。

关键科学问题：①以 DNA 折纸技术为代表的生物大分子固态组装技术；②以 DNA 为介质的信息存储技术，以及对 DNA 存储信息的解码、扩增及随机访问；③ DNA 存储信息的修复，利用核酸或蛋白等生物大分子构建逻辑计算元件和芯片；④对"碳基"计算机的编程技术。

4. 知识产权的管理与转化

生物技术的产业化是新技术造福社会的出口和必要途径。知识产权的保护与转化不仅是一个科学和工程问题，也是一个管理学和法律问题。在知识产权全球化管理的时代，我国在生物技术转化以及相关伦理学研究上存在明显短板，而且随着生物技术的快速发展在知识产权转化上的需求将会不断增加。因此其很可能成为生物技术发展的一个限制步骤。希望在未来在此领域支持"软课题"研究。

关键科学问题：①生物技术情报学研究；②新生物技术的伦理学研究，生物技术的风险评估；③知识产权保护与共享；④生物资源的有效配置和管理。

三、国际合作重点方向与关键科学问题

1. RNA 新调控机理和相关疾病的系统性研究

近些年来，RNA 研究领域日新月异，各类 RNA（特别是非编码 RNA）的新功能不断被揭示。人们发现 RNA 不仅是遗传信息的传递者，同时可以执行各种复杂的调控功能，在很多生理病理过程中发挥重要作用。RNA 研究的

发展新趋势可以概括为下面几点。首先，RNA 领域的一些新发现与人类疾病密切相关，并可以作为新的诊治靶点。例如癌症中的大规模的可变剪接异变正成为下一代靶向治疗的新方向，而环形 RNA 可以直接编码蛋白来影响细胞的应激与转化，并且可以作为癌症的新分子标志物。其次，高通量测序技术的广泛应用，发展出许多可规模化定量检测细胞内核酸动态变化的技术，如 RNA-seq、CLIP-seq、GRO-seq 等，为 RNA 研究的系统化发展提供了技术基础。最后，RNA 研究进入整合生物学时代。不同于传统 RNA 的生物学功能研究，人们开始在系统层面上对 RNA 的代谢过程和生物功能开始进行整合性分析。这些代谢过程包括转录合成、可变剪接、尾端修饰、修饰编辑、转运、翻译和降解等；重要的生物学功能包括基因表达调控、细胞增殖分化迁移、个体发育、肿瘤发生等；研究手段则包括生物化学、分子生物学、结构生物学、影像学、计算与系统生物学等。多方向的交叉整合成为新趋势。

关键科学问题：以 RNA 领域的新发现为切入点（如环形 RNA 的体内合成与生物功能），以重大疾病（如癌症）的分子机理为主要研究内容，利用转录组学数据和生物大分子机器结构数据的整合性分析，系统性研究 RNA 的功能与调控在疾病发生发展中的作用机制。

第四节　发展机制与政策建议

1. 学科动态调整

对以中心法则为代表的生物大分子体内代谢过程的研究进行长期稳定支持，鼓励不同阶段的研究者对未知、存疑或有根本争议的分子生物学过程进行"好奇心驱动"的小科学研究。具体而言，在继续支持表观遗传学和 RNA 生物学等优势方向的同时，鼓励在重要但目前相对"冷门"的方向做系统性探索（例如糖脂生物合成途径），并向生物大分子相变等有潜力领域进行前瞻性布局。

针对关键的生物技术问题的解决及仪器设备研发，做到整体布局来推动多学科交叉和多团队协作攻关的"大科学"。具体而言，在关键生物技术和"卡脖子"技术上尝试工程化的组织方式进行联合攻关，并在相关成果评价上引入多元化标准而不唯论文，在人才培养上向交叉领域的人才培养倾斜，并通过支持生物情报和知识产权研究为此目标服务。

2. 探索新的项目资助形式

在对研究项目的具体资助形式方面，探索长期稳定支持的机制和对优秀项目延续支持的政策。例如，可以对青年项目结题的特别优秀者给予延续，自动成为面上项目；或者对结题特别优秀的面上项目延续为重点项目。这样可以节省优秀科研人员的项目写作时间，也可以节省项目再评审的时间。另外，对人才项目建议在年龄限制上进行柔性管理，并设立不设年龄限制的人才项目，从而促进对优势领域和重点布局领域的长期支持和人才的培养。最后，考虑设置专门博士后项目将其与青年项目分开评审。

第十四章

生物材料、成像与组织工程学发展
战略研究

第一节　内涵与战略地位

　　生物材料、成像与组织工程学结合物理、力学、化学、数学等基础学科以及电学、光学、材料学、计算机科学、信息科学、机械科学等工程学科原理和方法研究生物学和医学问题，定量认识生命现象和生物学过程的基本规律和机制，进而通过调控生物系统以提升人类健康与重大疾病诊治水平。因此，生物材料、成像与组织工程学充分体现出现代科学技术从相互交叉走向有机结合的特征，是国家创新能力在人类健康与重大疾病诊疗领域的重要体现。该学科研究方向主要包括生物力学与生物流变学、生物材料、组织工程、生物成像与生物电子、纳米生物学、生物仿生、人工智能，以及生物与医学工程新技术新方法等领域。

　　生物力学与生物流变学是运用力学理论与方法理解生命体不同层级的运动、变化规律与机制，阐释其结构–功能关系，并将其理论、模拟、实验研究的新思想、新方法、新技术应用于生物医学研究，推动临床医学疾病诊治技术的发展以及生物医学工程仪器与医疗器械研发，提升新药研制的能力，促进工程化构建、类器官、再生与康复医学等新兴应用领域的发展，服务于人类健康。目前，生物力学与生物流变学主要研究与资助方向包括：分子-细胞生物力学、力学生物学、生物流变学、骨骼-肌肉生物力学、血流动力学、生物材料力学与仿生力学，以及人类健康和重大疾病的生物力学基础等。

生物材料是用于生命系统诊断、治疗、修复，替换其病损组织、器官或增进其功能的天然或人工合成的特殊功能材料。其研究涉及材料学、生物学、医学、化学、药学、工程技术和管理科学等多种学科相互交叉渗透，主要研发不同功能的生物材料。生物材料已先后被列为科技部、自然科学基金委等重点资助方向，具体体现在生物材料领域的资助项目数量逐年上升，说明了国家对开展新型生物材料研究的必要性和迫切性的充分认识。目前，生命科学部在生物材料学方面的资助主要集中在植介入器械、组织修复材料和前沿新技术。

组织工程学作为发展迅猛的学科，其定义在过去几十年中不断发展和完善。较新的组织工程定义为：组织工程是一个多学科领域，汇集了来自工程、生命科学和医学的专家（参与学科），利用细胞、生物材料和生物反应器的构建开发三维人造组织和器官（构建模块），可用于增强、修复和/或更换受损和/或患病的组织（终产品应用）。组织工程学作为生命科学发展的又一个里程碑，标志着医学从器官移植的范畴进入组织和器官制造的新时代，也代表着一个国家医学发展的水平。组织工程所实现的宏伟蓝图——人造器官，不仅可直接用来修补或修复因意外损伤等引起功能丧失的体内组织，还将对如恶性肿瘤、糖尿病、心脏病、阿尔茨海默病、帕金森病、脑卒中等顽疾和其他疾病提供治疗方案，其产品也有巨大的市场和商机。

生物成像旨在利用各种生物医学成像技术在不同时空尺度上获得生命体形态、生理、功能和代谢等图像和信号信息。生物电子学则重在获取生命体相关的各种电、磁、热、光等物理以及生化现象引起的生物电信息，包括生物传感、生物电子器件、检测系统以及生物系统的建模和分析等。生物成像与生物电子学使得人们在系统、器官、组织、细胞、分子和基因等不同水平上，从不同时间和空间尺度来观测生物体结构、功能和各种活动过程成为可能，是基础生物学研究和临床医学的重要工具。近年来以应用需求驱动的生物医学成像技术原理创新和融合创新成为生命科学和临床医学研究发展的制高点。其资助范围包括生物成像新原理、新方法和新设备研制，生物图像和生物信息的获取、传感、处理、分析、模拟、显示、记录、存储和传输的方法学等。

纳米生物学是在纳米尺度考察构成生物机体的分子间作用特征，阐明生物分子的结构与功能关系，以及研究纳米材料与生物机体相互作用机理的交叉学科，是纳米技术的重要组成部分。纳米生物学是从纳米尺度来观察、研究生命现象，以对分子的操纵和改性为目标，实现更深入理解生命体和更加精准调控生命过程。纳米生物学包括纳米医学、纳米生物技术和纳米生物材料等分支，其相关的基金资助范围以纳米诊疗的先进技术为主，具体包括：纳米影像探针与生物检测、纳米载体与递送、纳米生物效应、纳米生物安全性评价及技术、其他纳米生物学技术等。此外，纳米材料的免疫效应及其分子机制、功能纳米材料对生物微环境的作用与调控、纳米载体的高效输运技术、纳米生物材料的大规模可控制备技术等研究方向亟需深入和系统研究。

此外，生物仿生学是模拟生物系统的原理以建造技术系统，或者使人造系统具有生物系统特征或类似特征的科学；而人工智能则是研究、开发用于模拟、延伸和扩展人的智能的理论、方法、技术及应用系统的科学。生物仿生与人工智能的主要研究方向包括仿生的生物学基础、脑机接口、生物学特征的表征及智能处理与生物大数据处理。生物与医学工程新技术新方法是基于生命体从分子水平到器官水平的认知，提出基本概念，进而开发创新的生物学制品、材料、加工方法、植入物、器械和信息学的新技术新方法，其主要研究方向包括器官芯片、细胞与生物大分子工程、生物制造与3D打印、微纳制造与微流控技术、大科学装置生物成像新技术。

第二节　发展趋势与发展现状

一、生物材料、成像与组织工程学的发展趋势

物理观测、力学设计、化学表征、数学建模、生物学检测等方法的进

步，以及光电成像、材料制备、信息处理、工程构建等技术的发展，大大提升了生物材料、成像与组织工程学科在定量化、可视化、系统化水平的研究，使得在多尺度（从基因、分子、细胞、组织、器官到个体）、多场耦合（光、电、力、磁、热、声）下认识生命现象和生物学过程的时空变化规律、调控生物系统成为可能。该学科研究呈现从工程到生物、从现象到机理、从影响到调控、从基础到应用的发展规律与态势。

（一）生物力学与生物流变学

生物力学与生物流变学研究经历了以研究生命体不同层级结构的力学性质为重点，到以力学因素调控生命体生物学过程为重点的转变。随着生物力学研究的深入，人们逐渐认识到生理力学微环境对生命体生物学过程的不可或缺性。力学因素或环境对生物学过程的调控规律、机制及其应用是生物力学与生物流变学的研究重点，多尺度分析和跨尺度整合不断深入，呈现从微观向宏观综合、从宏观到微观深化的发展态势。具体体现在：强调微观机制的分子-细胞生物力学与力学生物学向跨尺度力学-化学-生物学耦合整合发展；强调宏观规律的骨骼-肌肉生物力学、心血管生物力学向微观细胞-分子生物力学机制深入；干细胞、免疫、肿瘤、神经等领域的生物力学方兴未艾；基于组织再生、创伤康复的生物力学以及生物材料力学与仿生力学体现出强大应用潜力和前景；生物力学新概念、新技术与新方法始终是关注的重点。

（二）生物材料

生物材料的发展大约经历了三个阶段。第一个阶段主要是开发惰性生物材料，其特点是材料的物理功能与组织匹配，但材料本身与组织环境反应趋于惰性；第二个阶段发展到生物化生物材料，主要特点是不仅材料的物理功能与组织匹配，更加关注材料与组织/细胞之间相互作用的改善；第三个阶段进一步提升到能主动与人体细胞、组织产生可控的相互作用的生物活性生物材料，帮助机体实现组织的修复和再生；其发展规律主要是基于材料和生物环境的相互作用与需求展开。近年来，生物材料的生物学效应越来越多地被发现、归纳和总结，通过探索材料特征对其生物学功能的影响及其调控规律，系统分析材料特性与生物功能的关联性，对新型生物材料的设计、制备和应用将产生重要的指导作用。因此，深入探究不同生物材料对人体免疫系统、神经系统、心血管系统、人体代谢过程及对人体信息传递和功能调控等方面的影响仍将成为该方向的研究热点。生物材料作为一个高新技术已经形成相当规模的产业，全球市场一直保持较高的年复合增长率。

（三）组织工程

组织工程的研究同样大致经历了三个发展阶段。第一个阶段，主要探索体外构建工程组织的可行性；第二个阶段，主要是通过动物试验验证工程组织的修复功能；第三个阶段是实现组织工程的终极目标"临床应用"。近年来，随着材料学的发展，信息技术、工程技术特别是基因工程的介入、移植免疫和干细胞研究的突破，多学科交叉融合为组织工程的快速发展注入新活力，组织工程研究进入了整合研究的新时代。组织工程技术的成功依赖于种子细胞、生物材料以及有利于细胞存活、分化的外部环境等三个基本要素。此外，运用组织工程原理，通过 3D 培养技术在体外诱导干细胞或器官祖细胞分化为在结构和功能上均类似目标器官的类器官，以及不单一依赖于外源性种子细胞体内组织工程也将在器官移植、基础研究及临床诊疗各方面有重要的应用价值。

（四）生物成像与生物电子学

生物成像运用光的波长、强度、相位等物理性质，在宏观、介观和微观尺度获取生物体的结构、功能和分子水平信息，从而可视化生物体内的生理病理信息和生物化学过程。现代光物理学的发展，使得新颖的成像机制和方法不断涌现，对医学光学成像的发展产生了重大影响。同时，光学成像技术中参数自由度的增加，可以对波前、相位、频谱和空间模式进行调控，也给发展新的光学成像技术带来更多契机，以满足对超快时间解析度、高空间分辨率和表征能力的应用需求。近年来，前沿生物成像技术的发展主要集中于光-物质相互作用的成像机制创新，以及光场调控/探测的方法创新。而超快光学领域的发展在提高光学表征时间分辨率的研究中发挥着重要作用。此外，前沿成像技术的发展越来越趋向综合采用多种成像对比机制融合或者光场调控方法融合的技术路线。随着成像系统视场增大、分辨率和成像速度提高，高质量的生物医学图像数据，使得光学成像也逐渐具备了定量化的分析能力。因此，图像信息的处理也日益趋近大数据科学领域。而随着电子技术、信息技术和计算机技术的发展，生物电子学领域的发展聚焦在研究生物界面的电子传递、能量转换和信息处理等过程及理化机制，发展生物信息的编码、转换和获取技术；研究生物信息传感的新原理和新技术，研制高灵敏、高特异性的生物传感器；研究单分子、单细胞水平的实时、原位、在线生物信息检测和处理方法；研究生物学与半导体的界面与接口，发展生物电子芯片技术，开拓生物电子器件在信息科学与生命科学领域的创新应用。

（五）纳米生物学

步入21世纪，纳米生物学的相关技术突破和发展是实现对人类疾病精准诊疗的一个重要突破口。纳米生物学的总体发展规律与发展态势体现为从利用传统技术来解决和研究生物学问题，到核心关键纳米技术的开发；从合成和制备用于疾病诊疗的纳米材料，到利用生物大分子制造分子器件，模仿和制造类似生物大分子的分子机器，以此来指导发展全新的疾病诊疗策略。我国是纳米科学和技术研究和产业化大国，纳米生物医药产业是提高我国纳米产业国际竞争力的重要领域。针对人类疾病临床治疗中的难点和关键科学问题，发展基于纳米医学、纳米生物技术和纳米生物材料的疾病诊疗创新体系和策略，建立纳米生物学基础研究与临床转化应用紧密结合的全链条式研究平台，建立纳米药物代谢及临床前安全性研究的标准化方法，将为我国纳米药物走入临床提供科学依据和技术支持，为完善我国纳米医药相关管理机制提供重要参考，进而促进纳米生物学相关产业的可持续发展及国际影响力，有效推动我国纳米生物学的快速发展，取得良好的经济社会效益。

二、生物材料、成像与组织工程学的发展现状

近年来，我国在生物材料、成像与组织工程学科领域取得重要进展。例如，阐释了力学因素对获得性免疫、肿瘤转移以及对称性发育过程的调控及机理；提出了"组织诱导性生物材料"新概念及"材料生物学"新方向，并

在骨、软骨、肌腱、角膜、皮肤、神经等人工组织研发方面处于国际前列；发展了高分辨率微型化双光子显微镜技术并入选 *Nature Methods* 评选的年度技术；研发了可在体精准实现时空控制的高效定点药物输运 DNA 纳米机器人。未来该学科将重点关注多尺度力学-化学-生物学耦合机理与应用、生物材料对生命体不同组织器官的功能调控、工程组织与宿主微环境的交互作用、（超）高分辨生物医学成像技术研发及应用，以及类生物大分子的纳米器件制备及功能等领域。

（一）生物力学与生物流变学

近年来，世界生物力学与生物流变学研究蓬勃发展，相继报道了力学因素对生命体遗传、发育、免疫等生物学过程的调控规律，明确了重要力学敏感蛋白及力学信号转导机制，并提出了力学医学、力学免疫学、力学组学等新概念，建立了力谱-荧光谱耦合等生物力学研究新技术、新方法，研究队伍日益壮大。国内生物力学发展态势和水平与国际同步。近年来我国在心脑血管、骨骼-肌肉、干细胞、免疫、肿瘤、神经等的生物力学调控方面的研究发展迅速，从分子、细胞层次阐释了力学因素对获得性免疫、肿瘤转移以及对称性发育过程的调控及机理，并在国际期刊发表学术论文，研究水平与国际相当。根据国际生物力学发展趋势和国内研究现状，国内生物力学与生物流变学的未来发展布局主要包括：分子-细胞生物力学，力学生物学，生物流变学，骨骼-肌肉生物力学，血流动力学，人类健康和重大疾病的生物力学基础，以及生物材料力学与仿生力学。强调宏观现象与微观机理研究并重，立足基础研究，面向临床应用。

（二）生物材料

我国是生物医用材料和器械的需求大国，需求增长率远大于国际市场。但是，我国生物材料产业起步较晚导致很多方向落后于发达国家。经过近 40 年的努力，生物材料的研发和产业发展取得重大进步并进入高速发展阶段。在科学研究上，包括浙江大学、四川大学、华东理工大学和中国科学院等高校和科研机构在国家大力支持下对生物材料进行了深入的研究，一些研究方向已处于国际先进水平，在生物材料的国际主要期刊发表了大量研究成果，相关学会也得到关注和众多会员的支持，成功主办了一些具有国际影响力的会议。在产业上，包括心血管支架、封堵器、生物型硬膜补片、骨创伤修复器械等生物医用材料已经实现了进口替代，孵化了包括山东威高、乐普（北京）医疗、江苏鱼跃医疗、广东冠昊生物、上海微创、创生医疗和康辉医疗等一批企业。虽然在个别领域我们获得了突破，总体而言，我国生物材料研究还是与发达国家具有一定的差距。为了进一步促进我国生物材料研究的快速发展，需要特别关注发展创新的理论体系，以及生物材料与包括互联网技术、3D打印技术、可穿戴设备、个性化植入物、精准医疗等新领域的交叉研究。

（三）组织工程

近年来，随着生物材料、种子细胞以及生长因子等组织工程基本要素的深入研究以及组织构建技术的快速发展，目前我国组织工程研究初步形成了以组织构建和临床应用为特色的格局，多种产品如骨、软骨、肌腱、角膜、皮肤、神经等的研发处于国际前列，一系列具有临床应用前景的组织工程产品相继涌现，部分产品已走上临床，一些复杂功能器官的模拟与人工构建也获得了重要进展。然而，组织工程领域中一些关键技术和重要基础科学问题尚待解决，例如，对组织工程化构建技术以及工程化组织的形成过程与机制了解较少，复杂功能器官的构建处于起步阶段，需进一步围绕组织工程基本要素与宿主微环境的交互作用机制深入研究，通过创新材料与生物医学工程构建和改善再生微环境，实现组织与器官的完美再生修复的目标。

（四）生物成像与生物电子学

在不同尺度的生物成像方面，基于我国国内工作原创发明的一些生物医学成像技术方法在世界上已经处于领先水平。例如，我国科学家首次发明的高分辨率微型化双光子显微镜技术，与其他动物活体成像技术一起成为 *Nature Methods* 杂志评选的年度技术，并在神经科学领域得到应用。我国科学家发明的超分辨率光镜–电镜联合成像技术，应用于解析全脑整体连接组的高分辨率连续切片成像等，也都在各自领域内引起强烈的反响，并被应用到生物医学研究中。在半导体生物学方面，我国已开始在脑机接口、半导体生物检测芯片等方面逐步开始探索和应用，华为等高科技企业也开始布局和发力。整体来说虽然我国目前生物成像与生物电子学研发和应用的势头蓬勃兴盛，但与国际先进水平仍存在一些差距，主要体现为：①重应用，轻研发，自主创新能力较弱；②资源碎片化，重复建设，使用效率较低；③技术研发和应用缺乏合力，未能集中优势，缺乏与临床的深度融合；④生命科学和半导体行业之间仍然存在较高的壁垒，生物电子高端技术仍然受制于发达国家。建议汇集相关交叉学科领域的顶尖技术专家、应用科学家和技术市场化转化团队，支持在核心发展方向上孕育出"从0到1"的生物医学成像与生物电子技术，打通整个方向上下游产业链条，尤其要突破"卡脖子"的基础材料和器件问题，并基于半导体芯片、大数据和人工智能着力发展出一系列的能够实际应用于生物医疗场景的微型便携式智能化的新一代诊疗设备，广泛推动生物医疗领域的成像、传感与检测方式、手段和理念的新发展，引领科研转化。

（五）纳米生物学

纳米生物学分为纳米生物材料、智能纳米材料、纳米诊疗技术与方法、仿生与人工智能、纳米医学、纳米生物与医学工程新技术新方法等分支领域，由于纳米生物学的相关研究内容涉及多学科的相互交叉与渗透，目前国内有数百个研究组从事相关研究并有着长期的工作积累。纳米生物学研究相关单位分布在北京、上海、天津、南京、武汉、深圳、广州等多个地区。近年来国内的纳米生物学发展飞速，以相关主题检索中国发表的SCI期刊文章数目，从2015年开始超过万篇，每年平均增长超过10%，显示我国在该领域的迅猛发展势头。此外，纳米生物医药材料与器件的产业化也十分蓬勃，出现了多家公司从事相关的科研和产业化经营。近年来，尽管我国科学家已经在纳米生物学研究领域快速跟进，在研究人员的体量、分支学科覆盖和高水平成果产出方面，取得了可喜的成绩，然而，目前尚缺乏行业政策引领、优势资源聚集效应和高水平成果集成效应：一方面限制我国优秀科学家在纳米生物学领域发挥合力、产生更多标志性成果和提升国际影响力；另一方面也制约我国在相关领域的创新协作、多学科交叉的宽口径普及以及现代化和国际化发展。因此，非常有必要针对国际研究热点并结合我国纳米生物学发展现状，在纳米材料的免疫效应及其分子机制、功能纳米材料对生物微环境的作用与调控、纳米载体的高效输运技术、纳米生物材料的大规模可控制备技术等关键"卡脖子"问题上，集中优势、合力研究、发挥高水平集成效应，以更好推动纳米生物学交叉学科的发展。

第三节　重要前沿方向、新兴交叉方向和国际合作重点方向

一、重要前沿方向与关键科学问题

1. 分子-细胞层次的力学-化学-生物学耦合

生理力学环境是调控生命体生物学过程的关键因素，但是其内在机制还远不清楚。分子与细胞分别是生命活动的直接执行者和生命活动的基本单元，深入认识分子层次的力学-化学耦合规律与细胞层次的力学-生物学耦合规律，主要包括力学因素对生物大分子组装动力学、微观构象或相互作用反应动力学的调控，以及细胞感知、传递、转导及应答力学微环境的内在机制等，揭示力学因素调控生命过程内在机制的核心问题，也将为药物设计、组织工程与再生医学等国家重大应用需求研究奠定基础。同时，分子-细胞层次的生物力学研究在组织再生、纳米材料、微纳器件、药物释放等方面具有应用前景，可为优化材料结构、提高材料性能等提供科学依据和仿生学启迪。

关键科学问题：①分子层次的力学-化学耦合规律及其微观结构基础；②细胞层次的力学-生物学耦合规律及力学信号的感知、传递、转导与应答机制；③跨尺度生物力学模型及其在生理病理过程中的应用基础；④干细胞、免疫、肿瘤、脑与神经、发育等重要生物学过程的生物力学机制及其调控策略。

2. 组织-器官的生物力学行为及其在健康与疾病中的作用机制

生命体作为复杂的力学体系，其生命活动、健康、疾病与体内力学环境

息息相关。组织与器官生长于相应的应力场中，并实现其生物学功能；生理条件下，组织与器官的应力分布必须满足其功能优化的需求。例如，骨骼-关节-肌肉作为人体的力学支撑系统调控人体的运动能力，心脑血管与体液流动作为人体的循环代谢系统决定人体的新陈代谢，对其生物力学规律的研究不仅是理解生命体这一复杂力学系统的重要内容，也是相关重大疾病预防、诊断与治疗的重要基础。此外，运动、感知、呼吸、消化、泌尿生殖等系统的生物力学研究逐步深入，其与病理生理过程的关联日益显著。基于对不同生理系统生命活动与病理变化的生物力学规律的认识，不仅可发展用于健康保障与疾病诊疗的新概念和新方法，而且还可研发基于生物力学优化设计的植介入体、康复辅具、柔性器件、可穿戴设备等。

关键科学问题：①骨骼-关节-肌肉的生物力学规律及其在（植）介入体中的应用基础；②心脑血管系统的力学生物学机制及其在重建（重构）中的作用；③其他生理系统的生物力学规律及其调控机制；④组织-器官工程化构建的关键生物力学问题；⑤基于手术规划和个体化医疗的生物力学新概念、新方法和新技术；⑥康复辅具、柔性与可穿戴器件的生物力学设计与健康工程。

3. 纳米复合生物材料的仿生构建与基于天然生物材料的力学设计

纳米生物材料是由纳米技术和生物材料交叉产生的新型研究方向，一般指具有纳米尺度的生物医用材料。纳米生物材料各方面性能突出，具有比强度、比模量高和抗生理腐蚀、抗疲劳性能强等理化特性，可以满足临床日益增长的对高性能材料的需求，将成为未来生物医用材料的主要研究方向。将两种以上纳米尺寸的颗粒/薄膜复合或叠加则形成纳米复合材料，具有多种生物功能和模拟复杂生物环境的巨大潜力，从而重塑疾病微环境。基于天然生物材料对纳米复合生物材料进行相应的仿生设计、疾病微环境调控和重塑，具有重要的生物医学应用前景。同时，天然生物材料具有独特的层级结构和力学性质，仿生力学设计具有重要的应用前景。近年来，人们重点关注天然生物材料的多尺度力学模型与计算方法、材料与生物组织互作的力学问题、生物仿生设计与制备技术等。天然生物材料多尺度力学的系统研究，以及基于仿生学启示发展的不同尺度上可控的新概念、新方法、新技术，可应用于生物传感器、生物芯片、医用生物材料、药物（缓）控释等领域，成为生物材料力学与仿生力学研究的重要方向。

关键科学问题：①高性能、仿生纳米复合生物材料的构建、精准组装与制备；②智能纳米复合生物材料的生物学效应；③纳米复合生物材料的功能修饰、微环境智能响应与组织修复和再生；④天然生物材料、仿生与运动的多尺度力学关联与跨尺度力学耦合；⑤基于天然生物材料设计和仿生构建的理论模拟与力学调控；⑥基于生命特征的材料设计与特殊或疾病环境的生理适应和功能评价。

4. 智能化生物材料的医学应用

生物分子组装构筑生物材料，生物材料进一步组装成生物部件。生物材料是研究人工器官和临床医疗器械的基础。纵观生物材料从惰性化到生物化再到生物活性化的发展过程，其发展历程取决于材料与组织/细胞之间相互作用。近年来，随着生物技术和临床医学的快速发展，临床患者的需求越来越精细化、复杂化、多样化，智能化生物材料是满足相关需求的主要开发方向，也必将是下一代生物材料的研发重点。目前，智能化生物材料的研究已经获得包括美国在内的发达国家极大的关注，成为生物材料研究的前沿方向。虽然我国目前在该方向已经获得了一定的研究成果，但是缺乏原创性和高水平研究。针对目前现状，优先开展智能化生物材料的研究将有助于增强我国在下一代生物材料开发中的话语权。智能化生物材料的研究具体包括7大功能，即传感、反馈、信息识别与积累、响应、自诊断、自修复和自适应。

关键科学问题：①新型智能化生物材料的设计和开发；②基于临床需求的智能化生物材料设计、构筑和生物学研究；③基于生物材料的肿瘤免疫调控、肿瘤疫苗及可穿戴设备研究；④个性化精准治疗的生物材料器械开发；⑤智能化生物材料的生物效应。

5. 生物材料表/界面的生物功能化与组织作用机制

调控生物材料与生命体组成环境相互作用的关键在于材料的表面成分与细胞、血液、免疫系统等的相互作用。因此，生物材料表/界面的生物功能化在生物材料的综合性能中扮演着极为关键的角色，是生物医用材料研究和发展的一个热点和重要领域。通过对材料表面的物理处理或特定化学、生物分子修饰来改变材料表面物理、化学或生物性能，可以有效调控材料与生物体之间的相互作用，进而实现组织修复、再生或疾病的长期监测和生理功能的增强。我国目前在材料表面修饰具有抗菌功能、细胞行为调控等功能和凝血功能等方面进行了一定程度的研究。结合目前国际研究发展趋势，生物材料表/界面的生物功能化与细胞、组织作用的分子动态机制和生物学效应的分类分析对于新型生物材料的研发具有重要指导意义。

关键科学问题：①分子水平和动态过程研究生物材料表面与组织（细胞）相互作用规律；②生物材料表/界面功能化与机体免疫系统的作用规律与机制；③生物材料表/界面结构与组织（细胞）相互作用机制；④生物材料表面活性修饰与诱导组织再生的关系；⑤生物材料表/界面与组织（细胞）的作用原位/实时追踪技术。

6. 基于生物材料构建人工生物器官

生物材料是研制人工器官的物质基础，新型生物材料的研制可能引起人工器官及相应临床治疗技术的飞跃。主要包括两方面的研究内容，其一是体外生物材料仿生构筑生命器官；其二是生物材料调控干细胞定向分化与类器官构建。前者主要研究、开发用于修复、维护、促进人体各种组织或器官损伤后的功能和形态的生物替代物，后者从追求真实模拟人体生理环境并兼顾可行性的角度出发，体外构建类似于真实器官的模拟系统用于疾病发生、发展机制的研究和药物的高通量体外筛选。人工器官的研究在国外得到广泛的关注并发表大量高水平工作，我国在该方面比较落后，亟须提高该方向的研究水平。该方向目前的发展目标是在组织器官构建中实现血管化和神经支配。微流控芯片技术在该方向表现出巨大的潜力，可以在结构上模拟器官的微结构和微环境。因此，将人工器官与多功能复杂芯片有机整合代表着将来的研究方向。

关键科学问题：①生物材料在器官体外形成和发育过程中的调控机制；②基于器官组织微结构与微环境特征的微系统仿生构筑；③干细胞与生物材料的相互作用及其功能化机制；④生物材料调控类器官组装结构及其功能化研究；⑤生物材料介导人工器官构建、体内移植修复和功能评价。

7. 组织工程基本要素与宿主微环境的交互作用机制

组织再生受到微环境的影响，研究微环境对于设计新一代的组织再生材料至关重要。组织再生微环境除了与生物材料相关，如材料的化学组成、几何特征、电化学性、软硬度与生物力学微环境、表面化学修饰等之外，还涉及免疫识别-耐受-排斥、再血管化、神经支配、力学匹配、功能调节、老化等诸多生物学和生物医学工程问题。同时，在组织再生的过程中，干细胞扮演了无可替代的重要作用。新型生物材料通过多种组织工程构建的方法，构建和改善再生微环境，从多个维度调控干细胞的相关细胞学行为，并通过交互作用促进组织修复与再生，其核心问题是材料与细胞的相互作用。设计与制备具有人体组织/器官相似结构与功能的工程化组织是研究组织工程基本要素与宿主微环境交互作用机制的理想途径，也是组织工程研究面临的重大挑战。组织器官结构复杂、功能多样、生物学环境各异、具有微血管网络系统，需要新的设计原理和革新性的制备方法；针对不同组织器官的仿生设计原理研究以及发展先进的制备方法学，是组织工程研究中的重要科学问题。

关键科学问题：①组织、器官诱导再生的细胞及分子机制；②特定工程化组织的设计原理、制备方法学与工程制造原理；③工程化组织与机体免疫再生系统的相互作用及其对组织再生的影响机制；④材料生物学原理和调控规律、特定工程化组织的基质材料和支架的仿生设计；⑤精确调控细胞响应的微环境构建策略。

8. 基于 3D 生物打印技术的工程化组织/器官再造

不同学科之间的交叉融合在不断地拓展着再生医学的研究体系，催生了一系列新的研究方向，如 3D 生物打印等。3D 打印技术相较其他快速成型技术，具有高精度、三维细胞与细胞外基质构建、高效率、个性化制造等特点。3D 生物打印的出现有望在一定程度上解决体外模拟和再造人体组织和器官的复杂精细结构，建立有特定形态和功能的人工组织和器官的技术挑战。通过与组织工程技术联合应用，3D 生物打印不仅使组织器官的构建更加便捷，同时扩展可构建的组织器官类型，大幅提升可打印组织器官的复杂度。目前，3D 生物打印不仅能够构建牙齿、假肢等无生命组织，能够打印软骨、气管等结构较为简单的人体组织，而且有望实现肝脏、心脏、骨骼、肌肉等功能性血管化复杂组织器官的构建。因此，生物3D打印对于仿生构建具有人体生理功能与结构的组织与类器官十分重要，是组织工程学重要的发展方向。

关键科学问题：①目标组织宏观与微观结构的同步仿生，针对不同功能区域构建不同微结构，实现各层次微结构之间的过渡与衔接；②基于多细胞打印的仿生体内类组织、类器官构建；③生物打印对生物墨水中细胞活性及诱导细胞分化的调控；④打印结构血管化构建。

9. 生物医学成像的新原理、新机制及其成像模式和核心部件

生物医学成像技术日新月异，其科学问题和技术难点具有高度的整合度。在成像新原理和新机制探索方面，包括在天文、量子等领域前沿的成像方法在生物医学成像中的跨界结合，也包括探索新型部件应用于生物成像领域的重大突破。在提高生物成像关键指标方面：时间与空间分辨率、成像视场与穿透深度、光漂白和光毒性是光学成像的关键指标，受到光传播的基本物理原理和生物组织自身特征的限制相互制约。通过应用多个光学表征变量、研发新的数学重建方法实现成像原理创新，或者利用新光学器件或者新探针等，可能将目前多种成像方法的某一指标特征推进到极限，实现在特定的生物医学成像需求上大的突破。在多模态跨尺度成像方面：以光声、多光子、共聚焦、OCT、拉曼、散斑、DOT、FMT等为代表的新型生物成像方法，在生物医学研究领域扮演了重要角色。但是任何一种技术在具备其独特成像优势的同时，也都面临适用性与局限性的挑战。融合多种模态和跨尺度的成像模式，将能够为生物医学过程提供更精细更全面的信息。另外，在生物成像的基础核心部件攻关方面也存在广阔发展空间。

关键科学问题：①基于新原理和新机制的新型生物成像手段；②推动活细胞超分辨率成像时空间分辨率的极限；③推动活体高分辨率成像的时空分辨率和成像深度的极限；④推动多种模态融合、跨越不同空间尺度的高分辨率生物成像手段；⑤推动生物结构功能影像组学，并建立与其他的组学测量方法之间的联系。

10. 用于"智慧医疗"的生物电子器件和系统

"智慧医疗"是医疗健康领域的重要发展方向，生化微纳传感器和微流控系统可实现便携、低成本并且准确的现场检测设备和实时监控的医疗设备，

是解决这一问题的关键有效手段。同时还需要微弱信号读出和放大电路、体内外无线能量和信号传输技术研究的有力支撑。针对可穿戴和可植入器件和系统：设计和制造微型的生物电极，声学、生物化学和压力等传感器，形成高性能的可穿戴和植入器件，对人的重要生理指标进行实时准确的监测。通过信号处理芯片与无线通信芯片可以组成健康监测微系统，将信息传送给手机等个人智能终端，再通过终端上传到医疗网络，对多种备受关注的慢性病实现长期监控、预警。针对便携式现场检测、医疗诊断微系统：发展基于电学原理的新型超高灵敏生化传感新原理与新方法，为临床检验等重要国计民生领域提供下一代技术解决方案。基于纳米尺度空间内离子输运等特性，发展新型、超高灵敏、普适的生化传感新原理，研制典型超高灵敏生化传感器件，实现重金属离子、蛋白、核酸等多种生化指标的高精度检测。

关键科学问题：①生物-微纳兼容材料和制造；②多域、多场传感器的异质异构集成方法；③智能传感器中新型高灵敏生化传感原理和方法；④植入器件的长期生物安全性；⑤生物学、信息科学、机械学交叉融合问题。

11. 纳米智能诊疗技术的研发及其作用机制

聚焦人类健康与疾病，目前对于各类疾病的分子表型及其在疾病发生发展过程中的动态演化规律的认识还不足。利用纳米智能诊疗技术能够精确解析生物活性分子的动态变化、分布及其与疾病微环境的相互作用；更直接、更准确地表征生命体的生理和病理状态，深入了解疾病发生的机理，研究与人类健康和疾病相关的科学问题，实现对疾病的早期预防、诊断和治疗。利用纳米智能诊疗技术深入认识和理解生命体的生理与病理过程是纳米生物学的核心问题，也是生命科学研究的前沿领域。

关键科学问题：①纳米智能诊疗系统的精准构筑；②纳米智能诊疗系统体内行为的实时监控；③纳米智能诊疗系统与疾病微环境的相互作用机制；④纳米系统与疾病智能诊疗的时空间构效关系。

12. 功能纳米材料对生物微环境的作用与调控

通过特定组装，或者通过化学合成、生物修饰所制备获得的功能纳米材料在生物体内应用过程中，其自身、降解产物或者释放的活性载带分子可在生理或病理条件下，与定位的周围生物微环境如免疫微环境、基质微环境

（如蛋白组装、蛋白酶活性、离子浓度、pH 强度、氧气消耗等）、分化发育微环境（如各种生物因子等）等发生相互作用，进而调控相关器官、组织或细胞微环境中的物理、化学或生物因素，从而有效改善其生物特征。

关键科学问题：①功能纳米材料对免疫微环境的作用及调控机制；②功能纳米材料对基质微环境的作用及调控机制；③功能纳米材料对分化发育微环境的作用及调控机制；④功能纳米材料调控生物微环境的时空间构效关系。

二、新兴交叉方向与关键科学问题

1. 重要生命类器官的工程化构建与仿生构筑

类器官构建是从系统水平研究生命体生物学功能，进而实现增强、修复、更换受损或患病组织/器官的重要途径，是集生命科学、工程科学、数理科学、材料科学等为一体的交叉研究。

关键科学问题：①基于特定力学、物理微环境与结构特征的类器官生物力学评价和生物学功能验证；②类器官内蛋白质相互作用、细胞动力学的原位、实时、动态成像与检测；③生物材料调控类器官组装结构及其功能化；④类器官构建的纳米系统设计原理以及微环境调控；⑤类器官构建与仿生构筑的分子-细胞机制。

2. 生命体与半导体融合技术

生命体与半导体集成电路的融合技术是发展智能生物材料、高性能生物传感、功能仿生器件、微型生物机器人以及生物类脑的关键技术。该技术不仅在疾病诊断、治疗、康复，以及人工组织和器官、增进器官功能和人机接口等方面具有巨大的应用空间，而且在未来超高密度信息存储、低功耗可修复信息处理系统方面也有颠覆性的应用前景。该技术是信息和生命交叉领域的重大基础性、前瞻性和战略性科学问题和颠覆性技术，是未来生物技术和信息技术领域的国际竞争的制高点之一。生物与半导体融合技术通过生物系统和半导体集成电路技术的有机紧密结合，支持高通量、可扩展、低成本的生物信息分析检测和细胞执行操作；通过研究半导体基质的生物相容性，实现芯片与细胞的融合，利用电场干预增强生物系统和细胞的活力；通过研究生物半导体混合系统中增强半导体表面生物相容性的基础和实际局限性，提升生物相关环境中电子或半导体界面的长期可靠性。

关键科学问题：①生命体和半导体界面的相容性；②生命体与半导体界面上电磁信号的高效耦合、增强效应及其机制；③半导体器件对生物信号识别、转换、处理以及传输机制；④基于生物分子的信息存储与逻辑计算原理；⑤基于真实神经网络的混合智能模型，以及神经系统的人机交互机制。

三、国际合作重点方向与关键科学问题

1. 生物材料调控肿瘤血管、免疫治疗的机制

肿瘤微环境与肿瘤的生长、转移与免疫逃逸等行为密切相关。肿瘤与微环境之间的作用关系是现代肿瘤生物学的一个关键和核心问题。近年来由于肿瘤细胞学和分子生物学的进展，人们对于肿瘤和环境的相互关系有了更加深入的了解。通过微环境中的血管输送氧气和营养成分是肿瘤生长和发展的基础。肿瘤血管同时也会为肿瘤干细胞提供合适的生长环境，从而为肿瘤细胞的转移和免疫细胞的浸润提供通道。肿瘤血管结构和功能异常也是肿瘤微环境的标志之一。因此，靶向调控肿瘤血管成为目前肿瘤治疗的研究热点。肿瘤免疫治疗通过激活人体本身的免疫系统，依靠自身的免疫机能杀灭肿瘤细胞。肿瘤免疫治疗在多种肿瘤的治疗中展示出强大的抑制肿瘤生长的能力，相应的多种肿瘤免疫治疗药物已经获得批准临床应用。虽然一些免疫疗法有有效的治疗效果，但是仍然有很多患者对免疫疗法没有明显的反应。随着生物学的深入研究，越来越多的证据表明肿瘤微环境的复杂性和多样性对免疫治疗的效果具有重要影响。因此，精准调控肿瘤微环境和血管对于肿瘤的治疗具有重要的意义。通过与国际上知名的肿瘤微环境研究团队合作，围绕设计、构建可精确调控肿瘤微环境和血管的生物材料体系和工程组织可以有效提高我国在该方向的研究水平。

关键科学问题：①生物材料调控肿瘤微环境的生物机制；②靶向肿瘤血管的新型生物材料构建；③不同活性生物材料与肿瘤微环境相互作用机制；

④生物材料调控微环境对免疫体系的影响；⑤调控肿瘤微环境的生物材料代谢行为和安全性评价。

2. 面向生物医学共性问题的多模态跨尺度生物成像方法

多模态跨尺度成像是对同一研究对象利用多种成像模态，跨越不同时间和空间尺度，通过图像数据融合，全景式呈现生命活动的过程。生命体的结构与功能跨越多个量级的时空尺度，且紧密关联、互相影响。任何宏观尺度的生物行为和病理现象均有其介观水平的细胞机制，而介观现象又由其微观水平的分子机制所决定。因此，全面准确理解整个生物系统需要采集和整合从分子到细胞再到组织的跨层次、跨尺度的结构和功能信息。目前生物医学成像技术体系中存在的一个突出问题就是不同成像方法所获取的信息通常是割裂和脱节的，迫切需要建设高水平、大型综合生物医学成像设施，实现多模态、跨尺度成像，"一站式"满足重大生物医学问题研究的需求。针对该问题，国际上早已开始部署和规划国家级别的生物医学影像研发中心并建立了国际联盟。我们需要加入这个联盟，并起到中国应有的作用。

关键科学问题：①新型多模态生物成像探针的研发；②生物成像数据的智能处理与知识提取；③新型多模态生物成像耦合系统的研制。

3. 纳米机器人的构筑及其生物医学应用

纳米机器人是机器人工程学的一种新兴科技；它是根据分子水平的生物学原理设计制造的，可对纳米空间进行操作的功能分子器件，属于分子仿生学的范畴，也称分子机器人。纳米机器人是纳米生物学中具有诱惑力的内容，也是当今高新科技的前沿热点之一，因此一些发达国家已经制定相关的战略性计划，投入巨资抢占纳米机器人战略高地。目前研发的纳米机器人属于第一代，是生物系统和机械系统的有机结合体；第二代纳米机器人是直接把原子或分子装配成具有特定功能的纳米尺度的分子装置；第三代纳米机器人是有类似纳米计算机能力的，可以进行人机对话的智能微纳装置。纳米机器人的潜在用途十分广泛，其中特别重要的就是应用于医疗和军事领域。随着科学技术的发展和现代医学的进步，医用纳米机器人将在癌症治疗、清洁伤口、去除血块、清除毒素、精准释放药物、充当免疫系统等方面释放出巨大潜力。

关键科学问题：①纳米机器人的精准构筑原理；②纳米机器人的智能化

技术；③纳米机器人与生命体系相互作用及其功能化机制；④工程化构建的纳米机器人设计原理以及微环境调控；⑤纳米机器人及其生物学效应的时空间构效关系。

第四节　发展机制与政策建议

1. 科学研究

进一步加强学科间的交叉和融合，发现具有创新性的科学问题、"卡脖子"技术难点，尤其关注非共识和"从0到1"的关键问题，加强基础研究的同时合理引导应用研究及产品产业化。注重重大项目和重大研究计划的顶层设计，建立相对客观公正的成果评价体系，针对薄弱学科进行倾向性扶持。

2. 人才队伍

提高生物材料、成像与组织工程学科人才基金的资助率，加强优秀团队建设，促进创新群体成长，强化后备人才的培养，吸引海外优秀人才。

3. 环境建设

加强综合性研究平台和基地建设，重视与产业界密切相关的关键技术基地建设，重视重大需求牵引的重大科学仪器设备的研究，提升整体技术能力和装备水平。依托本学科的特色，重点发展具有核心竞争力的前沿产业，培育一批具有国际市场竞争力的企业，改变高技术产业依赖进口的局面。

4. 国际合作

增加不同层次人才国内外交流的基金资助方式，通过扩大不同层次的人员交流，加强与国际同行的实质性合作，提升国际学术地位。

主要参考文献

陈凡，钱前，王台，等 . 2018. 2017 年中国植物科学若干领域重要研究进展 . 植物学报，53
（4）：391-440.

邓秀新，王力荣，李绍华，等 . 2019. 果树育种 40 年回顾与展望 . 果树学报，36（04）：
514-520.

丁陈君，陈方，吴晓燕，等 . 2018. 生物成像技术发展态势分析 . 世界科技研究与发展，40
（04）：368-375.

国家自然科学基金委员会，中国科学院 . 2011. 未来 10 年中国学科发展战略：生物学 . 北
京：科学出版社 .

国家自然科学基金委员会 . 2016. 国家自然科学基金委员会"十三五"发展规划 . 国家自然
科学基金委员会 .

焦瑞身 . 2004. 新世纪微生物学者的一项重要任务——未培养微生物的分离培养 . 生物工程
学报，（05）：641-645.

裴钢 . 2009. 中国干细胞研究大有希望——干细胞研究专刊序言 . 生命科学，21（05）：
607.

钱前，漆小泉，林荣呈，等 . 2019. 2018 年中国植物科学若干领域重要研究进展 . 植物学报，
54（4）：405-440.

王婷，范时盼，陈晔光 . 2021. 类器官：新冠病毒研究新模型 . 中国科学：生命科学，51：
1-12.

王小菁，萧浪涛，董爱武，等 . 2017. 2016 年中国植物科学若干领域重要研究进展 . 植物学
报，52（4）：394-452.

魏辅文，单磊，胡义波，等 . 2019. 保护演化生物学——保护生物学的新分支 . 中国科学：

生命科学，（04）：212-222.

许智宏，张宪省，苏英华，等 . 2019. 植物细胞全能性和再生 . 中国科学：生命科学，49（10）：1282-1300.

杨淑华，王台，钱前，等 . 2016. 2015 年中国植物科学若干领域重要研究进展 . 植物学报，51（4）：416-472.

尹长城 . 2018. 冷冻电镜技术的突破导致结构生物学发生革命性变化 . 中国生物化学与分子生物学报，34（01）：1-12.

中共中央，国务院 . 2016. "健康中国 2030" 规划纲要 . 新华社 .

中国科学技术协会，中国解剖学会 . 2014. 2012—2013 人体解剖与组织胚胎学学科发展报告 . 北京：中国科学技术出版社 .

中国科学技术协会，中国微生物学会 . 2010. 2009—2010 微生物学学科发展报告 . 北京：中国科学技术出版社 .

中国科学院 . 2014. 2014 科学发展报告 . 北京：科学出版社 .

中国养殖业可持续发展战略研究项目组 . 2013. 中国养殖业可持续发展战略研究：水产养殖卷 . 北京：中国农业出版社 .

中华人民共和国国务院 . 2006. 国家中长期科学和技术发展规划纲要（2006—2020 年）. 中华人民共和国国务院 .

邹振，康乐 . 2018. 媒介生物学与媒介昆虫 . 昆虫学报，61：1-10.

Aamodt J M, Grainger D W. 2016. Extracellular matrix-based biomaterial scaffolds and the host response. Biomaterials, 86: 68-82.

Ajalloueian F, Lemon G, Hilborn J, et al. 2018. Bladder biomechanics and the use of scaffolds for regenerative medicine in the urinary bladder. Nat Rev Urol, 15: 155-174.

Atala A, Kasper F K, Mikos A G. 2012. Engineering complex tissues. Sci Transl Med, 4: 160.

Bai R, Yan C, Wan R, et al. 2017. Structure of the post-catalytic spliceosome from saccharomyces cerevisiae. Cell, 171(7): 1589-1598.

Bass J, Lazar M A. 2016. Circadian time signatures of fitness and disease. Science, 354(6315): 994-999.

Belle M, Godefroy D, Couly G, et al. 2017. Tridimensional visualization and analysis of early human development. Cell, 169(1): 161-173.

Berens M L, Wolinska K W, Spaepen S, et al. 2019. Balancing trade-offs between biotic and abiotic stress responses through leaf age-dependent variation in stress hormone cross-talk. PNAS, 116: 2364-2373.

278

Bertram J, Newman E A, Dewar C. 2019. Comparison of two maximum entropy models highlights the metabolic structure metacommunities as a key determinant of local community assembly. Ecological Modelling, 4 108720.

Bi Y, Chen Q, Wang Q, et al. 2016. G sis, evolution and prevalence of H5N6 avian influenza viruses in China. Cell Host & Microb 0(6): 810-821.

Bjerke I E, Øvsthus M, Papp E A, et al. 18. Data integration through brain atlasing: Human Brain Project tools and strategies. Eur P iatry, 50: 70-76.

Blottière H M, de Vos W M, Ehrlich S D, et 2013. Human intestinal metagenomics: state of the art and future. Current Opinion in Microbi y, 16(3): 232-239.

Bowles R D, Setton L A. 2017. Biomaterial r intervertebral disc regeneration and repair. Biomaterials, 129: 54-67.

Calatayud M, Koren O, Collado M C. 2019. Mat l microbiome and metabolic health program microbiome development and health of the offsp g. Trends in Endocrinology & Metabolism, 30(10): 735-744.

Cameron D E, Bashor C J, Collins J J. 2014. A brief l ry of synthetic biology. Nature Reviews Microbiology, 12: 381-390.

Cao K, Li Y, Deng C H, et al. 2019. Comparative popula genomics identified genomic regions and candidate genes associated with fruit domesticatic raits in peach. Plant Biotechnol, 17: 1954-1970.

Cao L, Liu S, Li Y, et al. 2019. The nuclear matrix protein S surveils viral RNA and facilitates immunity by activating antiviral enhancers and super-enha rs. Cell Host & Microbe, 26(3): 369-384.

Cao Y, Li M, Lu J, et al. 2019. Bridging the academic and indu al metrics for next-generation practical batteries. Nature Nanotechnology, 14: 200-207.

Carreno F R, Frazer A. 2017. Vagal nerve stimulation for treatment-resistant depression. Neurotherapeutics, 14: 716-727.

Carroll R G, Timmons G A, Cervantes-Silva M P, et al. 2019. Immunometabolism around the clock. Trends in Molecular Medicine, 25(7): 612-625.

Cederroth C R, Albrecht U, Bass J, et al. 2019. Medicine in the fourth dimension. Cell Metabolism, 30(2): 238-250.

Chai Q, Wang X, Qiang L, et al. 2019. A Mycobacterium tuberculosis surface protein recruits ubiquitin to trigger host xenophagy. Nat Commun, 10: 1973.

Chantranupong L, Wolfson R L, Sabatini D M. 2015. Nutrient-sensing mechanisms across evolution. Cell, 161: 67-83.

Chen B C, Legant W R, Wang K, et al. 2014. Lattice light-sheet microscopy: imaging molecules to embryos at high spatiotemporal resolution. Science, 346: 1257998.

Chen C, Xing D, Tan L, et al. 2017. Single-cell whole-genome analyses by linear amplification via transposon insertion (LIANTI). Science, 356: 189-194.

Chen J, Chen Z J. 2018. PtdIns4P on dispersed trans-Golgi network mediates NLRP3 inflammasome activation. Nature, 564: 71-76.

Chen J, He J, Ni R, et al. 2019. Cerebrovascular injuries induce lymphatic invasion into brain parenchyma to guide vascular regeneration in zebrafish. Dev Cell, 49: 697-710.

Chen J, Niu Y, Li Z, et al. 2017. Sex allocation in gynodioecious Cyananthus delavayi differs between gender morphs and soil quality. Plant Reproduction, 30: 107-117.

Chen J, Sathiyamoorthy K, Zhang X, et al. 2018. Ephrin receptor A2 is a functional entry receptor for Epstein-Barr virus. Nat Microbiol, 3: 172-180.

Chen K, Liu J, Liu S, et al. 2017. Methyltransferase SETD2-mediated methylation of STAT1 is critical for interferon antiviral activity. Cell, 170: 492-506.

Chen X, Sun X, Yang W, et al. 2018. An autoimmune disease variant of IgG1 modulates B cell activation and differentiation. Science, 362: 700-705.

Chen Y, Yu J, Niu Y, et al. 2017. Modeling rett syndrome using TALEN-edited MECP2 mutant cynomolgus monkeys. Cell, 169: 945-955.

Cordero O X, Polz M F. 2014. Explaining microbial genomic diversity in light of evolutionary ecology. Nat Rev Microbiol, 12: 263-273.

Cui Y, Yu C, Yan Y, et al. 2013. Historical variations in mutation rate in an epidemic pathogen, Yersinia pestis. PNAS, 110: 577-582.

Dai H Q, Wang B A, Yang L, et al. 2016. TET-mediated DNA demethylation controls gastrulation by regulating Lefty-Nodal signalling. Nature, 538: 528-532.

Dal Co A, van Vliet S, Ackermann M. 2019. Emergent microscale gradients give rise to metabolic cross-feeding and antibiotic tolerance in clonal bacterial populations. Philos Trans R Soc Lond B Biol Sci, 374: 20190080.

Dearden L, Ozanne S E. 2015. Early life origins of metabolic disease: developmental programming of hypothalamic pathways controlling energy homeostasis. Front Neuroendocrinol, 39: 3-16.

Debanne D, Campanac E, Bialowas A, et al. 2011. Axon physiology. Physiol Rev, 91: 555-602.

Deng X, Qiu Q, He K, et al. 2018. The seekers: how epigenetic modifying enzymes find their hidden genomic targets in Arabidopsis. Curr Opin Plant Biol, 45: 75-81.

Deng X, Zhang X, Li W, et al. 2018. Chronic liver injury induces conversion of biliary epithelial cells into hepatocytes. Cell Stem Cell, 23: 114-122.

Deng Y, Zhai K, Xie Z, et al. 2017. Epigenetic regulation of antagonistic receptors confers rice blast resistance with yield balance. Science, 355: 962-965.

Deng Z, Ma S, Zhou H, et al. 2015. Tyrosine phosphatase SHP-2 mediates C-type lectin receptor-induced activation of the kinase Syk and anti-fungal TH17 responses. Nat Immunol, 16: 642-652.

Dong R, Liu Y, Mou L, et al. 2019. Microfluidics-based biomaterials and biodevices. Adv Mater, 31: 1805033.

Du Z, Zheng H, Huang B, et al. 2017. Allelic reprogramming of 3D chromatin architecture during early mammalian development. Nature, 547: 232-235.

Edwards C A, Kouzani A, Lee K H, et al. 2017. Neurostimulation devices for the treatment of neurologic disorders. Mayo Clin Proc, 92: 1427-1444.

Efeyan A, Comb W C, Sabatini D M. 2015. Nutrient-sensing mechanisms and pathways. Nature, 517: 302-310.

Ellegren H. 2014. Genome sequencing and population genomics in non-model organisms. Trends Ecol Evol, 29: 51-63.

Eng R C, Sampathkumar A. 2018. Getting into shape: the mechanics behind plant morphogenesis. Curr Opin Plant Biol, 46: 25-31.

Facklam A L, Volpatti L R, Anderson D G. 2019. Biomaterials for personalized cell therapy. Adv Mater, 1902005.

Falkowski P G, Fenchel T, Delong E F. 2008. The microbial engines that drive Earth's biogeochemical cycles. Science, 320: 1034-1039.

Fan W, Evans R M. 2017. Exercise mimetics: impact on health and performance. Cell Metab, 25: 242-247.

Faria M, Bjornmalm M, Thurecht K J, et al. 2018. Minimum information reporting in bio-nano experimental literature. Nat Nanotechnol, 13: 777-785.

Fiorani F, Schurr U. 2013. Future scenarios for plant phenotyping. Annu Rev Plant Biol, 64: 267-291.

Fischer B M, Walther M, Uhd Jepsen P. 2002. Far-infrared vibrational modes of DNA components studied by terahertz time-domain spectroscopy. Phys Med Biol, 47: 3807-3814.

Fong E L, Watson B M, Kasper F K, et al. 2012. Building bridges: leveraging interdisciplinary collaborations in the development of biomaterials to meet clinical needs. Adv Mater, 24: 4995-5013.

Franz S, Rammelt S, Scharnweber D, et al. 2011. Immune responses to implants - a review of the implications for the design of immunomodulatory biomaterials. Biomaterials, 32: 6692-6709.

Frey N, Venturelli S, Zender L, et al. 2018. Cellular senescence in gastrointestinal diseases: from pathogenesis to therapeutics. Nat Rev Gastroenterol Hepatol, 15: 81-95.

Fu Z, Peng D, Zhang M, et al. 2020. mEosEM withstands osmium staining and Epon embedding for super-resolution CLEM. Nat Methods, 17: 55-58.

Gabriel B M, Zierath J R. 2017. The limits of exercise physiology: from performance to health. Cell Metab, 25: 1000-1011.

Gao L, Wu K, Liu Z, et al. 2018. Chromatin accessibility landscape in human early embryos and its association with evolution. Cell, 173: 248-259.

Ge Z, Bergonci T, Zhao Y, et al. 2017. Arabidopsis pollen tube integrity and sperm release are regulated by RALF-mediated signaling. Science, 358: 1596-1600.

Glasser M F, Coalson T S, Robinson E C, et al. 2016. A multi-modal parcellation of human cerebral cortex. Nature, 536: 171-178.

Gluckman P D, Hanson M A, Cooper C, et al. 2008. Effect of in utero and early-life conditions on adult health and disease. N Engl J Med, 359: 61-73.

Goldberg M S. 2019. Improving cancer immunotherapy through nanotechnology. Nature Reviews Cancer, 19: 587-602.

Gu J, Wu M, Guo R, et al. 2016. The architecture of the mammalian respirasome. Nature, 537: 639-643.

Gubert C, Kong G, Renoir T, et al. 2020. Exercise, diet and stress as modulators of gut microbiota: implications for neurodegenerative diseases. Neurobiol Dis, 134: 104621.

Guo C, Xie S, Chi Z, et al. 2016. Bile acids control inflammation and metabolic disorder through inhibition of NLRP3 inflammasome. Immunity, 45: 944.

Guo R, Zong S, Wu M, et al. 2017. Architecture of human mitochondrial respiratory megacomplex $I_2 III_2 IV_2$. Cell, 170: 1247-1257.

Guo Y, Li D, Zhang S, et al. 2018. Visualizing intracellular organelle and cytoskeletal interactions at nanoscale resolution on millisecond timescales. Cell, 175: 1430-1442.

Guo Z, Yang W, Chang Y, et al. 2018. Genome-wide association studies of image traits reveal genetic architecture of drought resistance in rice. Mol Plant, 11: 789-805.

Han X, Wang R, Zhou Y, et al. 2018. Mapping the mouse cell atlas by microwell-seq. Cell, 173: 1307.

Han Y, Liu Q, Hou J, et al. 2018. Tumor-induced generation of splenic erythroblast-like ter-cells promotes tumor progression. Cell, 173: 634-648.

Hannezo E, Heisenberg C P. 2019. Mechanochemical feedback loops in development and disease. Cell, 178: 12-25.

He J, Lu H, Zou Q, et al. 2014. Regeneration of liver after extreme hepatocyte loss occurs mainly via biliary transdifferentiation in zebrafish. Gastroenterology, 2014, 146: 789-800.

He J, Zhang X, Wei Y, et al. 2016. Low-dose interleukin-2 treatment selectively modulates $CD4^+$ T cell subsets in patients with systemic lupus erythematosus. Nat Med, 22: 991-993.

Herrera J, Henke C A, Bitterman P B. 2018. Extracellular matrix as a driver of progressive fibrosis. J Clin Invest, 128: 45-53.

Herriges M, Morrisey E E. 2014. Lung development: orchestrating the generation and regeneration of a complex organ. Development, 141: 502-513.

Hilgendorff A, O'Reilly M A. 2015. Bronchopulmonary dysplasia early changes leading to long-term consequences. Front Med (Lausanne), 2015, 2: 2.

Hong L, Dumond M, Zhu M, et al. 2018. Heterogeneity and robustness in plant morphogenesis: from cells to organs. Annu Rev Plant Biol, 69: 469-495.

Hu B, Jin C, Li H B, et al. 2016. The DNA-sensing AIM2 inflammasome controls radiation-induced cell death and tissue injury. Science, 354: 765-768.

Hu M M, Yang Q, Xie X Q, et al. 2016. Sumoylation promotes the stability of the DNA sensor cGAS and the adaptor STING to regulate the kinetics of response to DNA virus. Immunity, 45: 555-569.

Hu Y, An Q, Sheu K, et al. 2018. Single cell multi-omics technology: methodology and application. Front Cell Dev Biol, 6: 28.

Huang X, Fan J, Li L, et al. 2018. Fast, long-term, super-resolution imaging with Hessian structured illumination microscopy. Nat Biotechnol, 36: 451-459.

Huebsch N, Mooney D J. 2009. Inspiration and application in the evolution of biomaterials. Nature, 462: 426-432.

Huynh D, Heo K S. 2019. Therapeutic targets for endothelial dysfunction in vascular diseases.

Arch Pharm Res, 42: 848-861.

Hwang B, Lee J H, Bang D. 2018. Single-cell RNA sequencing technologies and bioinformatics pipelines. Exp Mol Med, 50: 96.

Ioannidis J, Kim B, Trounson A. 2018. How to design preclinical studies in nanomedicine and cell therapy to maximize the prospects of clinical translation. Nat Biomed Eng, 2: 797-809.

Jiang L, Liu X, Xiong G, et al. 2013. DWARF 53 acts as a repressor of strigolactone signalling in rice. Nature, 504: 401-405.

Jiang L, Zhang J, Wang J J, et al. 2013. Sperm, but not oocyte, DNA methylome is inherited by zebrafish early embryos. Cell, 153: 773-784.

Jin S, Zong Y, Gao Q, et al. 2019. Cytosine, but not adenine, base editors induce genome-wide off-target mutations in rice. Science, 364: 292-295.

Kandel E R, Markram H, Matthews P M, et al. 2013. Neuroscience thinks big (and collaboratively). Nat Rev Neurosci, 14: 659-664.

Karas P J, Mikell C B, Christian E, et al. 2013. Deep brain stimulation: a mechanistic and clinical update. Neurosurg Focus, 35: E1.

Ke Y, Xu Y, Chen X, et al. 2017. 3D chromatin structures of mature gametes and structural reprogramming during mammalian embryogenesis. Cell, 170: 367-381.

Klein A M, Treutlein B. 2019. Single cell analyses of development in the modern era. Development, 146: 181396.

Kong X, Zhang L, Ding Z. 2016. 26S proteasome: hunter and prey in auxin signaling. Trends Plant Sci, 21: 546-548.

Lhuaire M, Tonnelet R, Renard Y, et al. 2015. Developmental anatomy of the liver from computerized three-dimensional reconstructions of four human embryos (from Carnegie stage 14 to 23). Ann Anat, 200: 105-113.

Li A, Gong H, Zhang B, et al. 2010. Micro-optical sectioning tomography to obtain a high-resolution atlas of the mouse brain. Science, 330: 1404-1408.

Li D, Shao L, Chen B C, et al. 2015. ADVANCED IMAGING. Extended-resolution structured illumination imaging of endocytic and cytoskeletal dynamics. Science, 349: aab3500.

Li D, Xue W, Li M, et al. 2018. VCAM-1(+) macrophages guide the homing of HSPCs to a vascular niche. Nature, 564: 119-124.

Li H B, Tong J, Zhu S, et al. 2017. m(6)A mRNA methylation controls T cell homeostasis by targeting the IL-7/STAT5/SOCS pathways. Nature, 548: 338-342.

Li P, Jiang W, Yu Q, et al. 2017. Ubiquitination and degradation of GBPs by a Shigella effector to suppress host defence. Nature, 551: 378-383.

Li S, Jiang Q, Liu S, et al. 2018. A DNA nanorobot functions as a cancer therapeutic in response to a molecular trigger *in vivo*. Nat Biotechnol, 36: 258-264.

Li S, Zhang L, Yao Q, et al. 2013. Pathogen blocks host death receptor signalling by arginine GlcNAcylation of death domains. Nature, 501: 242-246.

Li X, Zhang Q, Ding Y, et al. 2016. Methyltransferase Dnmt3a upregulates HDAC9 to deacetylate the kinase TBK1 for activation of antiviral innate immunity. Nat Immunol, 17: 806-815.

Lika K, Augustine S, Kooijman S. 2019. Body size as emergent property of metabolism. Journal of Sea Research, 143: 8-17.

Lin X, Zhou Q, Zhao C, et al. 2019. An ectoderm-derived myeloid-like cell population functions as antigen transporters for langerhans cells in zebrafish epidermis. Dev Cell, 49: 605-617.

Lin Y C, Guo Y R, Miyagi A, et al. 2019. Force-induced conformational changes in PIEZO1. Nature, 573: 230-234.

Liu B, Zhang M, Chu H, et al. 2017. The ubiquitin E3 ligase TRIM31 promotes aggregation and activation of the signaling adaptor MAVS through Lys63-linked polyubiquitination. Nat Immunol, 18: 214-224.

Liu C, Wu C, Yang Q, et al. 2016. Macrophages mediate the repair of brain vascular rupture through direct physical adhesion and mechanical traction. Immunity, 44: 1162-1176.

Liu G, Chater K F, Chandra G, et al. 2013. Molecular regulation of antibiotic biosynthesis in streptomyces. Microbiol Mol Biol Rev, 77: 112-143.

Liu J, Liu Y, Nie K, et al. 2016. Flavivirus NS1 protein in infected host sera enhances viral acquisition by mosquitoes. Nat Microbiol, 1: 16087.

Liu J, Qian C, Cao X. 2016. Post-translational modification control of innate immunity. Immunity, 45: 15-30.

Liu Q, Huang X, Zhang H, et al. 2015. c-kit(+) cells adopt vascular endothelial but not epithelial cell fates during lung maintenance and repair. Nat Med, 21: 866-868.

Liu Q, Liu K, Cui G, et al. 2019. Author Correction: Lung regeneration by multipotent stem cells residing at the bronchioalveolar-duct junction. Nat Genet, 51: 766.

Liu S, Alexander R K, Lee C H. 2014. Lipid metabolites as metabolic messengers in inter-organ communication. Trends Endocrinol Metab, 25: 356-363.

Long S P, Marshall-Colon A, Zhu X G. 2015. Meeting the global food demand of the future by engineering crop photosynthesis and yield potential. Cell, 161: 56-66.

Lopez-Otin C, Blasco M A, Partridge L, et al. 2013. The hallmarks of aging. Cell, 153: 1194-1217.

Lorenz L, Axnick J, Buschmann T, et al. 2018. Mechanosensing by beta1 integrin induces angiocrine signals for liver growth and survival. Nature, 562: 128-132.

Loudermilk E L, Dyer L, Pokswinski S, et al. 2019. Simulating groundcover community assembly in a frequently burned ecosystem using a simple neutral model. Front Plant Sci, 10: 1107.

Lozano A M, Lipsman N, Bergman H, et al. 2019. Deep brain stimulation: current challenges and future directions. Nat Rev Neurol, 15: 148-160.

Lu P, Shih C, Qi H. 2017. Ephrin B1-mediated repulsion and signaling control germinal center T cell territoriality and function. Science, 356.

Lu Y, Aimetti A A, Langer R, et al. 2017. Bioresponsive materials. Nature Reviews Materials, 2: 16075.

Luo W W, Li S, Li C, et al. 2016. iRhom2 is essential for innate immunity to DNA viruses by mediating trafficking and stability of the adaptor STING. Nat Immunol, 17: 1057-1066.

Ma Z, Zhu P, Shi H, et al. 2019. PTC-bearing mRNA elicits a genetic compensation response via Upf3a and COMPASS components. Nature, 568: 259-263.

Mansell T, Saffery R. 2017. The end of the beginning: epigenetic variation in utero as a mediator of later human health and disease. Epigenomics, 9: 217-221.

Maynard J J, Johnson M G. 2018. Applying fingerprint Fourier transformed infrared spectroscopy and chemometrics to assess soil ecosystem disturbance and recovery. Journal of Soil and Water Conservation, 73: 443-451.

McCallen E, Knott J, Nunez-Mir G, et al. 2019. Trends in ecology: shifts in ecological research themes over the past four decades. Frontiers in ecology and the environment, 17: 109-116.

Meng X, Liu X, Guo X, et al. 2018. FBXO38 mediates PD-1 ubiquitination and regulates anti-tumour immunity of T cells. Nature, 564: 130-135.

Migliaccio S, Greco E A, Wannenes F, et al. 2014. Adipose, bone and muscle tissues as new endocrine organs: role of reciprocal regulation for osteoporosis and obesity development. Horm Mol Biol Clin Investig, 17: 39-51.

Mishra V, Banga J, Silveyra P. 2018. Oxidative stress and cellular pathways of asthma and inflammation: therapeutic strategies and pharmacological targets. Pharmacol Ther, 181: 169-182.

Murphy S V, Atala A. 2014. 3D bioprinting of tissues and organs. Nat Biotechnol, 32: 773-785.

Musiek E S, Holtzman D M. 2016. Mechanisms linking circadian clocks, sleep, and neurodegeneration. Science, 354: 1004-1008.

Nam J, Son S, Park K S, et al. 2019. Cancer nanomedicine for combination cancer immunotherapy. Nature Reviews Materials, 4: 398-414.

Nawata C M, Pannabecker T L. 2018. Mammalian urine concentration: a review of renal medullary architecture and membrane transporters. J Comp Physiol B, 188: 899-918.

Neufer P D, Bamman M M, Muoio D M, et al. 2015. Understanding the cellular and molecular mechanisms of physical activity-induced health benefits. Cell Metab, 22: 4-11.

Neuwelt E A, Bauer B, Fahlke C, et al. 2011. Engaging neuroscience to advance translational research in brain barrier biology. Nat Rev Neurosci, 12: 169-182.

Nguyen E H, Murphy W L. 2018. Customizable biomaterials as tools for advanced anti-angiogenic drug discovery. Biomaterials, 181: 53-66.

Ning X, Wang Y, Jing M, et al. 2019. Apoptotic caspases suppress type I interferon production via the cleavage of cGAS, MAVS, and IRF3. Mol Cell, 74: 19-31.

Niu Y, Shen B, Cui Y, et al. 2014. Generation of gene-modified cynomolgus monkey via Cas9/RNA-mediated gene targeting in one-cell embryos. Cell, 156: 836-843.

Ounkomol C, Seshamani S, Maleckar M M, et al. 2018. Label-free prediction of three-dimensional fluorescence images from transmitted-light microscopy. Nat Methods, 15: 917-920.

Pi X, Zhao S, Wang W, et al. 2019. The pigment-protein network of a diatom photosystem II-light-harvesting antenna supercomplex. Science, 365.

Pollard P J, Ratcliffe P J. 2009. Cancer. Puzzling patterns of predisposition. Science, 324: 192-194.

Qi J, Wu B, Feng S, et al. 2017. Mechanical regulation of organ asymmetry in leaves. Nat Plants, 3: 724-733.

Qi Z, Chen Y G. 2015. Regulation of intestinal stem cell fate specification. Science China (Life Sciences), 58(6): 570-578.

Qin N, Yang F, Li A, et al. 2014. Alterations of the human gut microbiome in liver cirrhosis. Nature, 513: 59-64.

Quigley E. 2017. Microbiota-brain-gut axis and neurodegenerative diseases. Curr Neurol Neurosci Rep, 17: 94.

Reinke H, Asher G. 2019. Crosstalk between metabolism and circadian clocks. Nat Rev Mol Cell

Biol, 20: 227-241.

Rossi D J, Jamieson C H, Weissman I L. 2008. Stems cells and the pathways to aging and cancer. Cell, 132: 681-696.

Royer L A, Lemon W C, Chhetri R K, et al. 2016. Adaptive light-sheet microscopy for long-term, high-resolution imaging in living organisms. Nat Biotechnol, 34: 1267-1278.

Sadtler K, Singh A, Wolf M T, et al. 2016. Design, clinical translation and immunological response of biomaterials in regenerative medicine. Nature Reviews Materials, 1.

Saffery R. 2017. Effects of the in utero environment on the epigenome. Epigenomics, 9: 209-211.

Scheetz L, Park K S, Li Q, et al. 2019. Engineering patient-specific cancer immunotherapies. Nat Biomed Eng, 3: 768-782.

Schudel A, Francis D M, Thomas S N. 2019. Material design for lymph node drug delivery. Nature Reviews Materials, 4: 415-428.

Seidel G E. 2015. Lessons from reproductive technology research. Annu Rev Anim Biosci, 3: 467-487.

Shen Q, Zhang Q, Shi Y, et al. 2018. Tet2 promotes pathogen infection-induced myelopoiesis through mRNA oxidation. Nature, 554: 123-127.

Shi Q, Chen Y G. 2021. Regulation of Dishevelled protein activity and stability by post-translational modifications and autophagy. Trends in Biochemical Sciences, 46(12): 1003-1016.

Shi Y, Wu Y, Zhang W, et al. 2014. Enabling the 'host jump': structural determinants of receptor-binding specificity in influenza A viruses. Nat Rev Microbiol, 12: 822-831.

Si K, Fiolka R, Cui M. 2012. Fluorescence imaging beyond the ballistic regime by ultrasound pulse guided digital phase conjugation. Nat Photonics, 6: 657-661.

Singh P P, Demmitt B A, Nath R D, et al. 2019. The genetics of aging: a vertebrate perspective. Cell, 177: 200-220.

Song G, Liu B, Li Z, et al. 2016. E3 ubiquitin ligase RNF128 promotes innate antiviral immunity through K63-linked ubiquitination of TBK1. Nat Immunol, 17: 1342-1351.

Sorek R, Lawrence C M, Wiedenheft B. 2013. CRISPR-mediated adaptive immune systems in bacteria and archaea. Annu Rev Biochem, 82: 237-266.

Stephanopoulos G. 2012. Synthetic biology and metabolic engineering. ACS Synth Biol, 1: 514-525.

Stern J H, Rutkowski J M, Scherer P E. 2016. Adiponectin, leptin, and fatty acids in the maintenance of metabolic homeostasis through adipose tissue crosstalk. Cell Metab, 23: 770-

784.

Su X, Ma J, Wei X, et al. 2017. Structure and assembly mechanism of plant C2S2M2-type PSII-LHCII supercomplex. Science, 357: 815-820.

Szebeni J, Simberg D, Gonzalez-Fernandez A, et al. 2018. Roadmap and strategy for overcoming infusion reactions to nanomedicines. Nat Nanotechnol, 13: 1100-1108.

Tajik A, Zhang Y, Wei F, et al. 2016. Transcription upregulation via force-induced direct stretching of chromatin. Nat Mater, 15: 1287-1296.

Tian X, Hu T, Zhang H, et al. 2014. Vessel formation. De novo formation of a distinct coronary vascular population in neonatal heart. Science, 345: 90-94.

Vamosi J C, Magallon S, Mayrose I, et al. 2018. Macroevolutionary patterns of flowering plant speciation and extinction. Annu Rev Plant Biol, 69: 685-706.

Walker J, Gao H, Zhang J, et al. 2018. Sexual-lineage-specific DNA methylation regulates meiosis in Arabidopsis. Nat Genet, 50: 130-137.

Wan R, Yan C, Bai R, et al. 2016. Structure of a yeast catalytic step I spliceosome at 3.4 A resolution. Science, 353: 895-904.

Wan R, Yan C, Bai R, et al. 2017. Structure of an intron lariat spliceosome from saccharomyces cerevisiae. Cell, 171: 120-132.

Wang C, Guan Y, Lv M, et al. 2018. Manganese increases the sensitivity of the cGAS-STING pathway for double-stranded DNA and is required for the host defense against DNA viruses. Immunity, 48: 675-687.

Wang D, Cai C, Dong X, et al. 2015. Identification of multipotent mammary stem cells by protein C receptor expression. Nature, 517: 81-84.

Wang H, Shi Y, Song J, et al. 2016. Ebola viral glycoprotein bound to its endosomal receptor niemann-pick C1. Cell, 164: 258-268.

Wang H W, Lei J, Shi Y. 2017. Biological cryo-electron microscopy in China. Protein Sci, 26: 16-31.

Wang L, Wen M, Cao X. 2019. Nuclear hnRNPA2B1 initiates and amplifies the innate immune response to DNA viruses. Science, 365.

Wang L, Zhang J, Duan J, et al. 2014. Programming and inheritance of parental DNA methylomes in mammals. Cell, 157: 979-991.

Wang L V, Hu S. 2012. Photoacoustic tomography: in vivo imaging from organelles to organs. Science, 335: 1458-1462.

Wang Q, Zhang Y, Yang C, et al. 2010. Acetylation of metabolic enzymes coordinates carbon source utilization and metabolic flux. Science, 327: 1004-1007.

Wang T, Liang L, Xue Y, et al. 2016. A receptor heteromer mediates the male perception of female attractants in plants. Nature, 531: 241-244.

Wang W, Ji J, Li X, et al. 2014. Angucyclines as signals modulate the behaviors of *Streptomyces coelicolor*. PNAS, 111: 5688-5693.

Wang W, Yu L J, Xu C, et al. 2019. Structural basis for blue-green light harvesting and energy dissipation in diatoms. Science, 363.

Wang X, Khalil R A. 2018. Matrix metalloproteinases, vascular remodeling, and vascular disease. Adv Pharmacol, 81: 241-330.

Wang Y, Gao W, Shi X, et al. 2017. Chemotherapy drugs induce pyroptosis through caspase-3 cleavage of a gasdermin. Nature, 547: 99-103.

Wang Y, Ning X, Gao P, et al. 2017. Inflammasome activation triggers caspase-1-mediated cleavage of cGAS to regulate responses to DNA virus infection. Immunity, 46: 393-404.

Wang Y, Shi J, Yan J, et al. 2017. Germinal-center development of memory B cells driven by IL-9 from follicular helper T cells. Nat Immunol, 18: 921-930.

Watson E, Yilmaz L S, Walhout A J. 2015. Understanding metabolic regulation at a systems level: metabolite sensing, mathematical predictions, and model organisms. Annu Rev Genet, 49: 553-575.

Wei F, Wu Q, Hu Y, et al. 2019. Conservation metagenomics: a new branch of conservation biology. Sci China Life Sci, 62: 168-178.

Wei X, Su X, Cao P, et al. 2016. Structure of spinach photosystem II-LHCII supercomplex at 3.2 A resolution. Nature, 534: 69-74.

Wu J, Huang B, Chen H, et al. 2016. The landscape of accessible chromatin in mammalian preimplantation embryos. Nature, 534: 652-657.

Wu J, Xu J, Liu B, et al. 2018. Chromatin analysis in human early development reveals epigenetic transition during ZGA. Nature, 557: 256-260.

Wu M, Gu J, Guo R, et al. 2016. Structure of mammalian respiratory supercomplex $I_1 III_2 IV_1$. Cell, 2016, 167: 1598-1609.

Wyatt T D. 2014. Pheromones and Animal Behavior: Chemical Signals and Signatures. Cambridge: Cambridge University Press.

Xia P, Wang S, Xiong Z, et al. 2018. The ER membrane adaptor ERAdP senses the bacterial second messenger c-di-AMP and initiates anti-bacterial immunity. Nat Immunol, 19: 141-150.

Xia P, Ye B, Wang S, et al. 2016. Glutamylation of the DNA sensor cGAS regulates its binding and synthase activity in antiviral immunity. Nat Immunol, 17: 369-378.

Xiao X, Shi X, Fan Y, et al. 2016. The costimulatory receptor OX40 inhibits interleukin-17 expression through activation of repressive chromatin remodeling pathways. Immunity, 44: 1271-1283.

Xing Q, Huang P, Yang J, et al. 2014. Visualizing an ultra-weak protein-protein interaction in phosphorylation signaling. Angew Chem Int Ed Engl, 53: 11501-11505.

Xu J, Zhu L, He S, et al. 2015. Temporal-spatial resolution fate mapping reveals distinct origins for embryonic and adult microglia in zebrafish. Dev Cell, 34: 632-641.

Xu L, Huang Q, Wang H, et al. 2017. The kinase mTORC1 promotes the generation and suppressive function of follicular regulatory T cells. Immunity, 47: 538-551.

Xu W, Yang H, Liu Y, et al. 2011. Oncometabolite 2-hydroxyglutarate is a competitive inhibitor of alpha-ketoglutarate-dependent dioxygenases. Cancer Cell, 19: 17-30.

Yan C, Hang J, Wan R, et al. 2015. Structure of a yeast spliceosome at 3.6-angstrom resolution. Science, 349: 1182-1191.

Yan C, Wan R, Bai R, et al. 2016. Structure of a yeast activated spliceosome at 3.5 A resolution. Science, 353: 904-911.

Yan C, Wan R, Bai R, et al. 2017. Structure of a yeast step II catalytically activated spliceosome. Science, 355: 149-155.

Yan H, Zhong G, Xu G, et al. 2012. Sodium taurocholate cotransporting polypeptide is a functional receptor for human hepatitis B and D virus. Elife, 1: e00049.

Yan L, Chen J, Zhu X, et al. 2018. Maternal Huluwa dictates the embryonic body axis through beta-catenin in vertebrates. Science, 362: 910.

Yan Y, Jiang W, Liu L, et al. 2015. Dopamine controls systemic inflammation through inhibition of NLRP3 inflammasome. Cell, 160: 62-73.

Yang I V, Lozupone C A, Schwartz D A. 2017. The environment, epigenome, and asthma. J Allergy Clin Immunol, 140: 14-23.

Yang W, Bai Y, Xiong Y, et al. 2016. Potentiating the antitumour response of CD8(+) T cells by modulating cholesterol metabolism. Nature, 531: 651-655.

Yao J, Kaberniuk A A, Li L, et al. 2016. Multiscale photoacoustic tomography using reversibly switchable bacterial phytochrome as a near-infrared photochromic probe. Nat Methods, 13: 67-73.

Zacchigna S, Lambrechts D, Carmeliet P. 2008. Neurovascular signalling defects in neurodegeneration. Nat Rev Neurosci, 9: 169-181.

Zhang B, Zheng H, Huang B, et al. 2016. Allelic reprogramming of the histone modification H3K4me3 in early mammalian development. Nature, 537: 553-557.

Zhang C, Chen Y, Sun B, et al. 2017. m(6)A modulates haematopoietic stem and progenitor cell specification. Nature, 549: 273-276.

Zhang C S, Hawley S A, Zong Y, et al. 2017. Fructose-1,6-bisphosphate and aldolase mediate glucose sensing by AMPK. Nature, 548: 112-116.

Zhang G, Huang H, Liu D, et al. 2015. N6-methyladenine DNA modification in Drosophila. Cell, 161: 893-906.

Zhang H, Li D, Zhao L, et al. 2013. Genome sequencing of 161 Mycobacterium tuberculosis isolates from China identifies genes and intergenic regions associated with drug resistance. Nat Genet, 45: 1255-1260.

Zhang H, Pu W, Tian X, et al. 2016. Genetic lineage tracing identifies endocardial origin of liver vasculature. Nat Genet, 48: 537-543.

Zhang J, Ma J, Liu D, et al. 2017. Structure of phycobilisome from the red alga Griffithsia pacifica. Nature, 551: 57-63.

Zhang M, Liu Y, Chen Y G. 2020. Generation of 3D human gastrointestinal organoids: principle and applications. Cell Regeneration, 9: 6.

Zhang Q, Zhao K, Shen Q, et al. 2015. Tet2 is required to resolve inflammation by recruiting Hdac2 to specifically repress IL-6. Nature, 525: 389-393.

Zhang T Q, Xu Z G, Shang G D, et al. 2019. A single-cell RNA sequencing profiles the developmental landscape of arabidopsis root. Mol Plant, 12: 648-660.

Zhao S, Lin Y, Xu W, et al. 2009. Glioma-derived mutations in IDH1 dominantly inhibit IDH1 catalytic activity and induce HIF-1alpha. Science, 324: 261-265.

Zhao S, Xu W, Jiang W, et al. 2010. Regulation of cellular metabolism by protein lysine acetylation. Science, 327: 1000-1004.

Zhong S, Liu M, Wang Z, et al. 2019. Cysteine-rich peptides promote interspecific genetic isolation in Arabidopsis. Science, 364.

Zhong S, Zhang S, Fan X, et al. 2018. A single-cell RNA-seq survey of the developmental landscape of the human prefrontal cortex. Nature, 555: 524-528.

Zhou F, Li X, Wang W, et al. 2016. Tracing haematopoietic stem cell formation at single-cell resolution. Nature, 533: 487-492.

Zhou P, Fan H, Lan T, et al. 2018. Fatal swine acute diarrhoea syndrome caused by an HKU2-related coronavirus of bat origin. Nature, 556: 255-258.

Zhou P, She Y, Dong N, et al. 2018. Alpha-kinase 1 is a cytosolic innate immune receptor for bacterial ADP-heptose. Nature, 561: 122-126.

Zhu C, Chen W, Lou J, et al. 2019. Mechanosensing through immunoreceptors. Nat Immunol, 20: 1269-1278.

Zhu J K. 2016. Abiotic stress signaling and responses in plants. Cell, 167: 313-324.

Zierath J R, Wallberg-Henriksson H. 2015. Looking ahead perspective: where will the future of exercise biology take us?. Cell Metab, 22: 25-30.

Zong W, Wu R, Li M, et al. 2017. Fast high-resolution miniature two-photon microscopy for brain imaging in freely behaving mice. Nat Methods, 14: 713-719.

Zuo E, Sun Y, Wei W, et al. 2019. Cytosine base editor generates substantial off-target single-nucleotide variants in mouse embryos. Science, 364: 289-292.

关键词索引